SHUANGTAN MUBIAOXIADE
JIANZHU JIENENG SHEJI YU SHIGONG

双碳目标下的
建筑节能设计与施工

■ 赵汝生　李　博　贾崇俊◎编著

中国石化出版社
·北京·

内 容 提 要

本书主要研究建筑节能设计与施工两大方面内容，融入双碳目标、绿色节能等理念，包括：绪论、建筑规划设计中的节能技术、建筑围护结构节能设计、通风与空调节能设计、建筑照明节能设计、建筑给水排水节能设计、墙体节能工程施工、幕墙节能工程施工、门窗节能工程施工、屋面节能工程施工、楼地面节能工程施工、通风与空调节能工程施工和建筑配电与照明节能工程施工。本书旨在引导我国建筑节能技术的进步，共同推动我国建筑节能及相关行业的发展，为我国实现节能减排、双碳目标做出贡献。

本书适合建筑设计人员、建筑施工技术人员及相关从业人员参考和使用。

图书在版编目(CIP)数据

双碳目标下的建筑节能设计与施工 / 赵汝生，李博，贾崇俊编著 .—北京 ：中国石化出版社，2024. 7.
ISBN 978-7-5114-7589-3

Ⅰ. TU111. 4

中国国家版本馆 CIP 数据核字第 2024BQ4318 号

中国石化出版社出版发行

地址：北京市东城区安定门外大街 58 号
邮编：100011 电话：(010)57512500
发行部电话：(010)57512575
http://www. sinopec-press. com
E-mail：press@ sinopec. com
北京艾普海德印刷有限公司印刷
全国各地新华书店经销

*

787 毫米×1092 毫米 16 开本 15. 75 印张 371 千字
2024 年 7 月第 1 版 2024 年 7 月第 1 次印刷
定价：89. 00 元

《双碳目标下的建筑节能设计与施工》编委会

主　编　赵汝生　首都医科大学附属北京安贞医院

李　博　首都医科大学附属北京安定医院

贾崇俊　云南省城乡规划设计研究院

副主编　王晓东　中国华西企业股份有限公司

吴洪超　中电建建筑集团有限公司

前言

2020年9月，我国在联合国大会上提出了二氧化碳排放力争于2030年前达到峰值，努力争取2060年前实现碳中和的“双碳”目标。建筑行业作为我国的支柱产业，存在着产业链长、资源消耗大、能耗高、碳排放量大、建造方式粗放等问题，还需进一步绿色创新发展。根据《中国建筑能耗与碳排放研究报告(2023年)》，2021年全国建筑全过程能耗总量(含房屋建筑与基础设施)为23.5亿tce，占全国能源消费总量比重为44.7%；2021年全国建筑全过程碳排放总量为50.1亿t CO_2，占全国能源相关碳排放总量的比重为47.1%。所以，建筑工程实施绿色低碳发展已成为行业高质量转型升级发展并实现双碳目标的关键。

要实现建筑工程绿色低碳发展，则必须推行建筑节能设计与施工。积极探索节能技术，并将其应用于建筑设计与施工中，可以有效降低建筑能源消耗，缓解能源危机，有助于保护生态环境，从而推动建筑行业良性发展，进而促进双碳目标的实现。

本书主要研究建筑节能设计与施工两大方面内容，融入双碳目标、绿色节能等理念，包括：绪论、建筑规划设计中的节能技术、建筑围护结构节能设计、通风与空调节能设计、建筑照明节能设计、建筑给水排水节能设计、墙体节能工程施工、幕墙节能工程施工、门窗节能工程施工、屋面节能工程施工、楼地面节能工程施工、通风与空调节能工程施工和建筑配电与照明节能工程施工。本书旨在引导我国建筑节能技术的进步，共同推动我国建筑节能及相关行业的发展，为我国实现节能减排、双碳目标做出贡献。本书适合建筑设计人员、建筑施工技术人员及相关从业人员参考和使用。

在编写过程中，虽然对本书的特色建设做了许多努力，但由于水平和能力有限，书中仍存在一些疏漏或不妥之处，敬请读者们使用时批评指正，以便改进。

目录

第1章 绪 论

1.1 双碳目标下的建筑业低碳转型

1.1.1 建筑业碳排放及低碳发展现状

1. 建筑业全生命周期的碳排放现状

建筑业全生命周期涵盖建筑材料(简称“建材”)生产、运输、建筑施工、运行及拆除五个阶段。这里仅探讨建材生产、建筑施工及建筑运行阶段。

根据中国建筑节能协会和重庆大学城乡建设与发展研究院联合发布的《中国建筑能耗与碳排放研究报告(2023年)》，2021年全国建筑全过程碳排放总量为50.1亿t CO_2，占全国能源相关碳排放总量的比重为47.1%。其中：建材生产阶段碳排放26.0亿t CO_2，占全国能源相关碳排放总量的比重为24.4%；建筑施工阶段碳排放1.1亿t CO_2，占全国能源相关碳排放总量的比重为1.0%；建筑运行阶段碳排放23.0亿t CO_2，占全国能源相关碳排放总量的比重为21.6%。

从上述数据来看，建材生产阶段、建筑运行阶段是建筑碳排放量的主要贡献者。建材生产阶段的碳排放主要源自水泥、钢铁等建材；建筑运行阶段主要分为公共建筑、城镇居建(“居建”即居住建筑)和农村居建三类，碳排放量占比分别约为41%、40%和19%。

2010—2021年，全国建筑全过程碳排放由31.9亿t CO_2上升至50.1亿t CO_2，扩大至约1.6倍，年均增速为4.2%。分阶段碳排放增速明显放缓，“十二五”和“十三五”期间年均增速分别为6.4%和2.0%，2021年全国建筑全过程碳排放相比2020年同比增长4.3%。

从建筑业全生命周期的不同阶段来看，建材生产阶段，受钢铁、水泥等消耗量增速缓慢影响，碳排放增速明显下降；建筑施工阶段，通过提高施工管理的精细化和绿色化要求，碳排放增速持续减缓；建筑运行阶段，得益于建筑能源结构优化及电气化应用的提升，直接碳排放在2016年后呈现下降趋势。

2. 建筑业减碳技术发展现状

要实现建筑业低碳发展，亟须探索适合我国国情的减碳技术路径。我国建筑业低碳转型技术主要集中在建筑设计、建筑节能和可再生能源利用三个方面。

(1) 建筑设计。可从源头上控制建筑在全生命周期中的碳排放和能源消耗。目前，我国要求新建建筑需严格执行《绿色建筑评价标准》(GB/T 50378—2019)，在项目立项、规划、设计、评审阶段就纳入可持续理念。同时，自2022年4月1日起实施的《建筑节能与可再生能源利用通用规范》(GB 55015—2021)第2.0.5条规定："新建、扩建和改建建筑以及既有建筑节能改造均应进行建筑节能设计。建设项目可行性研究报告、建设方案和初步设计文件应包含建筑能耗、可再生能源利用及建筑碳排放分析报告。施工图设计文件应明确建筑节能措施及可再生能源利用系统运营管理的技术要求。"此外，我国建立了全国绿色建材采信应用数据库，发布标识产品推广目录，以期满足设计师对绿色建材功能型号的设计需求。以BIM(Building Information Modeling，建筑信息模型)为主的信息化技术的逐步成熟更是为可持续设计方案提供了优化决策途径。

(2) 建筑节能。主要有围护结构节能、供热系统节能、供冷系统节能、照明节能和电器节能五类。目前，我国持续推进建筑供热网管及智能调温调控，应用建筑设备优化控制策略，以提高采暖空调系统和电器系统效率；进一步推广LED(Light Emitting Diode，发光二极管)等高效节能灯具，建设照明数字化系统。

(3) 可再生能源利用。集中在风能、太阳能和地热能等非化石能源的应用方面。其中，以太阳能光伏技术应用最广。《2030年前碳达峰行动方案》提出："加快优化建筑用能结构。深化可再生能源建筑应用，推广光伏发电与建筑一体化应用。……到2025年，城镇建筑可再生能源替代率达到8%，新建公共机构建筑、新建厂房屋顶光伏覆盖率力争达到50%。"目前，我国超低/近零能耗建筑技术标准体系完善，《零碳建筑技术标准》在征求意见阶段，预期将很快执行，核心技术成熟，具有规模化推广潜力，已在多地开展示范应用；在高效用能系统方面，高效照明智能控制技术、高效制冷机房系统、智能楼宇技术等的技术成熟度和市场化率逐步提高。

1.1.2 建筑业低碳转型的背景

温室气体的超负荷排放使全球气候问题日益严峻，碳减排是减缓气候变化的首要任务。随着经济发展和城镇化进程演进，我国温室气体排放量增加显著。为积极参与和应对气候变化全球治理，推进碳减排工作，2020年，我国提出了双碳战略目标，稳妥推进碳达峰、碳中和。碳达峰指一定时间内二氧化碳排放总量达到峰值，随后进入平稳下降的过程，即某地区二氧化碳排放量由增转降的历史拐点。碳中和意味着一定地域内"净"温室气体排放需要大致下降到零，即在进入大气的温室气体排放和吸收的碳汇之间达到平衡。

建筑业是我国碳排放的主要行业之一，在实现双碳战略目标方面承担着重要任务。2021年，我国建筑业的碳排放量占全国碳排放总量的47.1%，建筑业碳减排潜力大。同时，长期以来我国建筑业按粗放模式发展，导致目前既有建筑能源消耗巨大。与发达国家相比，我国面临人居密度大、城市高质量更新技术复杂、城镇化水平仍将持续提高等多重挑战，实现建筑业双碳目标的任务艰巨。

为做好建筑业节能降碳工作，近年来我国出台了多项推动建筑业绿色低碳发展的政策举措。2020年，住房和城乡建设部等7部门发布的《绿色建筑创建行动方案》提出，发展超低能耗建筑和近零能耗建筑；2021年，国务院办公厅在《中共中央国务院关于完整准确全面贯彻新发展理念做好碳达峰碳中和工作的意见》中提出，大力发展节能低碳建筑，全面推广绿色低碳建材；2022 年，住房和城乡建设部在《“十四五”绿色建筑与建筑节能发展规划》中进一步详细指明了各地区要因地制宜地执行节能低碳标准，并以更高的要求明确了到 2025 年我国低能耗建筑和绿色建筑的占比面积。

碳源是建筑业全生命周期中产生碳排放的来源。根据碳排放量产生的边界，建筑的碳排放量包括隐含碳排放量和运行碳排放量两大类。建筑隐含碳排放是指建筑材料生产、运输，建筑施工，建筑垃圾以及人员生产生活等活动带来的碳排放。建筑运行碳排放包含建筑直接碳排放和建筑间接碳排放。建筑直接碳排放是指建筑运行阶段，建筑物或建筑设备直接使用消费煤炭、天然气等化石能源带来的碳排放，主要产生于建筑炊事、燃气热水和供暖等活动。建筑间接碳排放是指建筑运行阶段，建筑物或建筑设备产生的除直接使用燃料外的能源消耗，如电力和热力两大二次能源带来的碳排放，这是建筑运行碳排放的主要来源。

建筑碳排放示意图如图 1. 1 所示。以前建筑运行碳排放占比较高，所以业界更加关注建筑运行碳排放。但目前我国建筑隐含碳排放占全社会总碳排放的比重越来越高，所以社会对于建筑隐含碳排放及其减排潜力的关注度持续提升。目前，只有从全生命周期进行碳排放管理，系统研究建筑业低碳发展策略，加强低碳建材的研发与使用，高度重视绿色建筑设计、优化绿色建筑建设流程、创新绿色建筑运营模式，以及加强全产业链上下游合作，构建绿色循环协同的全产业链体系，才能有效促进双碳目标的落实。

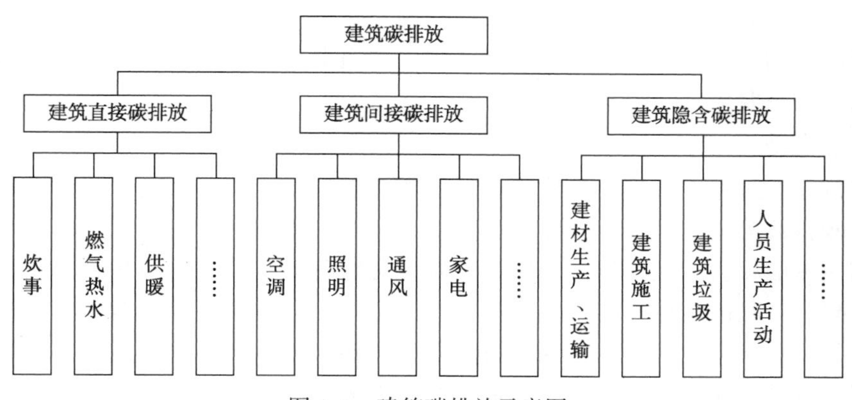

图 1. 1　建筑碳排放示意图

1. 1. 3　建筑业低碳转型对策

1. 规划阶段低碳发展对策

(1) 建造方式上推行装配式建筑

传统的建筑施工由于受场地固定限制，建筑材料堆放拥挤、施工噪声影响严重、空间利用不够灵活、建筑垃圾产生较多，严重污染生态环境。装配式建筑将传统建造方式中的模板加工、钢筋安装、混凝土浇筑等主要环节作业转移到工厂进行，再将工业化生产的部品部件通过可靠的安装方式，按照标准化流程，采用干法进行施工装配。与传统现浇作业相比，可有效提升劳动生产效率、减少人工和资源能源消耗、减少建筑垃圾、减少环境污染。

根据中信证券研究部发布的《装配式建筑深度研究报告》，装配式建筑高效节能，全生命周期或降低碳排放超过40%，是实现建筑行业“碳达峰”和“碳中和”的重要技术路径。此外，钢结构建筑相比于传统混凝土结构建筑有几项较为明显的优势。例如，钢结构建筑是在工厂内预先制作好部件，减少了现场施工时间；钢结构的强度高于混凝土的强度，在同等荷载状况下，钢结构建筑的钢筋等钢材用量得以减少。因此，钢结构建筑在建筑领域的应用也是我国建筑业减少碳排放、促进可持续发展的有效途径。所以，装配式建筑流水化生产的建筑施工形式，不仅有利于提高施工效率、降低施工成本，也有利于降低能源损耗和减少对生态环境的污染与破坏，更契合目前绿色、低碳、环保的发展理念。

（2）积极推广被动式超低能耗建筑

目前，我国还缺乏建筑业全生命周期碳排放核算标准、建筑碳排放量监测与核查体系等。随着经济发展与新基建规模的扩大，能耗较大的数据中心、交通枢纽等工程均成为建筑减碳的重要对象。被动式建筑在设计时基于气候、地域等因素，根据使用者的舒适性要求，科学设计合理的建筑围护结构和开窗、空间布局，并在运行中最大可能地利用当地丰富的天然气、太阳能、风能、地热及生物质能等能源，从而减少采暖、空调、照明灯等设备对常规能源的消耗，获得最适合的居住环境的同时减少碳排放。此外，被动式建筑还通过选择节能、高效的设备系统提高能源的使用效率，降低碳排放。因此，被动式超低能耗建筑充分利用当地的自然气候资源，采用适当的建筑手段来尽量削弱外界气候对室内热舒适环境的不利影响，从全生命周期的角度实现了建筑低能耗，或者零能耗甚至负能耗，是实现双碳目标的重要措施。

（3）加强绿色低碳策划

在建筑物建设过程中，建设单位往往对容积率、建筑面积、楼高等更加关注，对建筑物的能耗、碳排放等关注不够。所以，在建筑业全生命周期中，应在顶层设计环节赋予绿色低碳策划更多的权重。在项目策划阶段，制定好绿色低碳策划的目标额和实施路线，明确绿色低碳建造产品的总体性能和主要指标。制定全生命周期各阶段绿色低碳建造的控制要点和碳排放量化指标，从而在前期决策阶段实现经济效益、环境效益、社会效益的协同最大化，全面推动行业绿色低碳循环发展，为实现双碳战略目标注入关键动能。

2. 设计阶段低碳发展对策

在设计阶段，首先尽可能采用环保可再生材料、高强度和高耐久性材料，减少采用在生产过程中高耗能、高污染，对生态环境影响较大的材料；其次，各地方应加快推进建立绿色建材认证标识和机制，加强绿色建材的推广和利用力度，保障绿色建材的采用率得到提高；最后，加强低碳节能设计，限定碳排放强度。具体来说，各地区应进一步提升建筑低碳节能设计，限定碳排放强度。

在设计阶段，要严格遵循“低碳化”的原则，利用BIM技术对通风、日照、采光、空气质量、空间布局、室内外热环境、室内外声环境、施工工艺以及建筑节能、碳排放情况进行模拟和优化，运用先进技术手段优化建筑设计方案和施工工艺流程，提高效率、降低能耗，实现建筑节能低碳，并尽量利用自然通风和采光，从根本上降低建筑建造和运行中的碳排放。同时，加强对新能源技术及减排措施等方面的研究与开发，完善建筑产品结构体系和功能组合系统，以实现绿色循环经济发展模式，综合运用各种方法减少碳排放量。总之，在设计阶段，要将低碳化、碳排放量以及减排措施等相关的指标作为参考，对建筑设计进行科学合理优化。不仅要加强新能源技术与节能环保技术的研究和推广工作，提高全社会资源节约意识和环境保护理念，还要加大力度开发新型绿色建筑材料及设备来降低能耗，减少温室气体排放。

3. 施工阶段低碳发展对策

（1）使用BIM技术，实现绿色智慧施工管理

在工程建设中，利用BIM技术，通过调整工程现场的具体情况，实现施工方案节水、节能、节材、节地。通过BIM三维信息模型，可对二维设计图纸进行碰撞检查、及时发现问题并优化，并在电脑端通过虚拟施工深化设计，通过BIM指导施工，大大减少施工中的二次返工、材料浪费以及费用增加等问题，最大化减少能耗。通过BIM技术，实现类似于制造业的标准化设计、精细化施工、信息化管理、产业化生产，从而减少更多的资源能源消耗、减少碳排放，实现高水平的节能降碳。利用BIM技术，可以对施工现场进行分析，并对施工材料的摆放、人员和设备的布置进行仿真分析，从而最大程度优化施工的流程，使施工时间最短、资源配置最优。在建筑业的施工过程以及产业链各个环节，BIM技术可实现对资源和能源消耗及环境保护等方面的有效控制，并进行项目环境影响分析以及环境效益评价等工作，建立绿色生产体系。加强对施工过程中产生废弃物的处理情况及处置效果，强化建筑施工期间的能源和环境管理，使建筑业施工阶段各个环节都得到有效控制。

（2）打造绿色产业链，实现全流程节能减排

绿色供应链体系是在国家整体部署的决策下，秉承绿色发展理念，涵盖供应端、物流端、数据端和消费端为一体的绿色循环体系。在确保质量、安全、稳定的前提下，通过建立绿色供应链来达到节能减排的目的。在生产环节，采用绿色建材、高性能混凝土等材料，带动下游施工环节节能环保；在采购环节，通过电子招投标手段进行绿色采购；在流通运输环节，通过使用节能交通工具实现绿色物流；在施工环节，通过数字化手段实现原材料供需关系的精准匹配、精准下料、精益生产；在回收环节，注重对原材料、能源以及废弃物等的合理利用，通过回收残次品、部分零件等，延长产品使用寿命，降低生产新产品带来的资源环境压力。如此形成各环节良性绿色循环体系，为绿水青山优质产品转化提供切实落地的有效渠道。

4. 运行阶段低碳发展对策

（1）推广使用可再生能源，使建筑绿色低碳运行

在运行期，积极鼓励使用新技术、新设备、新工艺，有效利用太阳能、地热能、风能、生物质能等绿色、低碳、可再生能源，并积极践行“气代煤、电代煤”等国家政策，减少煤、油等化石能源的直接消耗，减少燃煤供热供暖、空调、照明等方面产生的能耗，提高能源使用效率。随着我国建筑业快速发展，使用传统的化石能源所排放的废气和污水日益严重。

双碳目标的提出使得应用新型可再生能源在未来一段时间内或将成为主要发展趋势。可以对既有建筑的围护结构、设备系统、新能源利用系统等方面进行改造，研究开发应用太阳能、风能和生物质能等新能源作为主要能源来降低碳排放量、节约资源、保护环境。对于水资源不丰富地区，可设置雨水收集系统，储存回收利用雨水。比如应用“光储直柔”技术，可节省电流逆变过程需要的投资费用，不仅提升电能利用率，还可提高电源的品质和安全性。其中“光”与“储”，即指分布式太阳能与分布式存储，“直”是指建筑配用网的结构发生变化，由传统的交流配电网络向低压直流配电网络过渡，“柔”指的是建筑电气设备具有可中断、可调整的功能，对建筑电力的要求实现由刚性向柔性的转换。目前“光储直柔”技术已在大兴机场、雄安新区等重大项目中试点使用，未来可进一步大量推广使用。

(2) 精准监测建筑能耗数据，实施数字化智慧运营

智能建筑通过智能控制和连接设备，不仅可提高建筑使用者的舒适度，还能降低建筑能耗。依据《建筑设备监控系统工程技术规范》(JGJ/T 334—2014)分析建筑运营阶段能耗监测指标，将建筑实时能耗监测数据分为动态数据及静态数据两种。静态数据包括：建筑面积、采暖面积、空调面积、体形系数等；动态数据包括：室内温湿度、室内二氧化碳浓度、门窗启闭状态、电器工作数据等。通过在建筑内部安装温度传感器、门窗传感器、CO_2浓度传感器等传感仪器对建筑内部各能耗监测指标进行数据的采集，并基于 Zig Bee(基于 IEEE 802. 15. 4 标准的低功耗局域网协议，又称“紫蜂协议”)无线传感网络建立能耗数据实时信息化传输的路径，实现对各参数的高精度采集与传输，使管理者能够随时查看建筑内部各设备及构件的运营状态，从根本上提高暖通空调等设备系统的使用性能，从而降低电耗和成本，实现节能降碳、高效运营管控。智能技术除了减少碳排放，还可利用空间和能源实现产能和储能，从而使建筑变成负碳建筑，进一步降低能耗和减少碳排放。

5. 建筑垃圾源头减量，末端资源化利用

随着城市乡村的不断更新发展，我国建筑垃圾产生量逐年增加。建筑垃圾的处置方式还以填埋回填、围海造地为主，建筑垃圾分类不够，致使年均资源化利用率不足，远低于欧美、日韩国家。不仅造成了资源的严重浪费，而且在源头和末端对环境产生了多次污染，严重增加了碳排放。因此，如何管控和利用建筑垃圾迫在眉睫。

在源头减量层面，可以采用《建筑垃圾处理技术标准》(CJJ/T 134—2019)中有关建筑垃圾产量的算法，对企业过去承建的工程项目，根据备案的技术方案及施工管理等相关资料进行建筑垃圾产量的精准核算，充分利用 BIM 技术对项目施工情景进行模拟，通过“灰色预测模型”等建模方法开发建筑垃圾产量预测系统，以预测企业承建类似工程项目建筑垃圾的产量。解决工程项目建材大量消耗等问题，从源头减少建筑垃圾的产生，实现建筑垃圾减量化。

在末端资源化利用层面，我国应尽量减少不合理的大拆大建，并加快制定建筑垃圾分类、收运及处置的机制方案，加强研发建筑垃圾资源化利用技术，完善建筑垃圾再生产品利用体系，逐步形成完整成熟的规模化产业链，对建筑废弃物进行资源化处理，将建筑废弃物转变成其他可再生资源，达到经济效益与环境效益双赢的目的。

1.2 双碳目标下的建筑节能设计概述

1.2.1 建筑节能的定义和内涵

1. 建筑节能的定义

(1) 节能的基本概念

关于节能的定义，不同的国家有不同的解释。在《中华人民共和国节约能源法》中明确指出："节约能源(简称'节能')，是指加强用能管理，采取技术上可行、经济上合理以及环境和社会可以承受的措施，从能源生产到消费的各个环节，降低消耗、减少损失和污染物排放、制止浪费，有效、合理地利用能源。"

节能是一个综合性、世界性的课题，也是一个非常复杂的社会经济问题。因此，节能不能简单地认为只是少用能。节能的核心是如何科学利用能源、提高能源效率。从能源消费的角度，能源效率是指为终端用户提供的能源服务与所消耗的能源量之比。

(2) 建筑节能的概念

建筑节能指确保改善建筑舒适条件，合理使用资源，以不断提高能源使用效率。具体地说，它是在建筑规划、设计、施工、改造和使用过程中，实施节能效率标准，使用节能技术、工艺、设备、材料和产品，加强建筑物用能系统(采暖、制冷、通风、给排水等)的运行管理，采用节能型用能系统和可再生能源利用系统，切实降低建筑能耗的活动。

2. 建筑节能的内涵

随着我国城市化的快速发展和人们对生活水平要求的不断提高，对于居住环境也提出更高的要求，绿色建筑也就应运而生。《绿色建筑评价标准》(GB/T 50378—2019)指出：绿色建筑是指"在全寿命期内，节约资源、保护环境、减少污染，为人们提供健康、适用、高效的使用空间，最大限度地实现人与自然和谐共生的高质量建筑"。绿色建筑是综合运用当代建筑学、生态学及其他技术科学的成果，把住宅建造成一个小的生态系统，为居住者提供生机盎然、自然气息深厚、方便舒适并节省能源、没有污染的居住环境。由此可见，绿色建筑最大的特点之一就是节能。

国内外工程实践充分证明，建筑节能的内涵是指建筑物在施工和使用过程中，人们依照有关法律、法规的规定，采用节能型的建筑规划、设计，使用节能型的材料、器具、产品和技术，以提高建筑物的保温隔热性能，减少采暖、制冷、照明等能耗，在满足人们对建筑舒适性需求的前提下，达到在建筑物使用过程中，能源利用率得以提高的目的。

1.2.2 建筑节能设计的重要性

(1) 建筑节能设计是大气环境保护的需要

从我国的能源结构来看，我国的煤炭和水力资源比较丰富，建筑采暖和用电仍以煤炭为主。然而，在煤炭燃烧过程中会产生大量的二氧化碳、二氧化硫、氮氧化物及悬浮颗粒。

二氧化碳会造成地球大气外层的“温室效应”，严重危害人类的生存环境；二氧化硫和氮氧化物等污染物，不但是造成呼吸道疾病、肺癌的根源之一，而且容易形成酸雨，成为破坏建筑物和自然界植物的元凶。此外，除煤炭外其他的天然气等能源作为供暖锅炉的热量来源，也会产生大量温室气体；同时，建材的生产运输建造等过程中使用的化石能源，运行过程中照明、热水、电梯设备若不能高效利用，也是导致能耗和碳排放居高不下的重要原因。

由此可见，在保持采暖使用要求的前提下，如何尽量减少煤炭、天然气等化石能源的用量是建筑节能设计中的重点。通过节能设计减少能源消耗，就减少了向大气排放污染物，也就改善了大气环境，减少了温室效应。因此，采用建筑节能设计，实际上是保护环境。

（2）建筑节能设计是可持续发展的需要

20 世纪 70 年代的石油危机使人类终于明白，能源是人类赖以生存的宝贵财富，是制约经济可持续发展的重要因素，是改善人民生活的重要物质基础，也是维系国家安全的重要战略物资。长期以来，我国能源增长的速度滞后于国民生产总值的增长速度，能源短缺已成为制约我国国民经济发展的瓶颈。

建筑节能设计是可持续发展概念的具体体现，也是世界性的建筑设计大潮流，现已成为世界建筑界共同关注的课题。经过几十年的探索和实践，人们对建筑节能含义的认识也不断深入。由最初提出的“能源节约(energy saving)”，发展为“在建筑中保持能源(energy conservation)”，现在成为“提高建筑中的能源利用效率(energy efficiency)”，使建筑节能概念产生新的飞跃。

目前，建筑业已成为我国新的能耗大户。必须依靠建筑节能技术来节约大量能源，用来保障经济的可持续发展，采用建筑节能设计是必然的选择。

（3）建筑节能设计是改善室内热环境的需要

舒适宜人的建筑热环境是现代生活的基本标志，是确保人们身体健康、提高工作和生产效率的重要措施之一。在我国，随着现代化建筑的发展和人民生活水平的提高，对建筑热环境舒适性的要求也越来越高。

我国大部分地区属于冬冷夏热气候，同时，我国气候的明显特点是冬夏季持续时间长，而春秋季持续时间短。这种特殊而恶劣的气候条件，决定了我国大部分地区在搞好建筑规划和单体节能设计的同时，还需要借助于采暖空调设备的调节创造适宜的室内热环境，这需要消耗大量的能源。能源日益紧缺，污染治理高标准要求，这些都说明我国只有在搞好建筑节能设计的条件下改善室内热环境才有现实意义。

（4）双碳目标对建筑业绿色发展的现实要求

美国、德国、日本等国制定有关建筑业低碳发展规划，甚至将这些规划纳入国家战略，保障建筑业绿色可持续发展。美国《能源政策法案》针对大型公共建筑规定有节能和节水的措施，《节能政策法》也制定有建筑节能的管理体系。针对建筑业节能技术和绿色发展，美国的《节能建筑认证法案》有明确的规范和要求。2017 年，美国白宫发布《美国基础设施重建战略规划》，将韧性、绿色和耐久作为评价建筑产品和基础设施可持续发展的重要指标，并提出到2030年，建筑工程建设百分之百要实现碳中性设计。美国绿色建筑委员会建立的《绿色建筑评估体系》已成为世界各国建筑绿色可持续发展评价最有影响力的标准。德国颁布有《建筑节能法》，其《建筑保温条例》《供暖设备条例》等法律和条例也规定了不同领域的建筑在节能技术和绿色可持续发展方面的要求。在建筑业低碳发展方面，德国颁布有《建筑节能条例》和《可持续建筑评价标准》，着眼于建筑全寿命周期，将建筑业可持续发展、减少能源消耗和温室气体排放的理念融入建筑技术领域。同时，为加强对建筑物能耗和碳排放的监管，德国还制定有建筑能源证书制度和既有建筑改造制度，以确保建筑节能减排目标的实现。2008年，日本在第七次修订版的《建筑基准法》中，针对建筑业碳减排做出了明确的规定。《住宅节省能源基准》《建筑废弃物再资源化》《低碳城市促进法》等法律对建筑能源消耗标准、建筑废弃物回收、低碳建筑的认证条件做了规定。日本的《建筑物综合环境性能评价体系》针对不同用途、不同规模的建筑物制定有特定环境性能下的环境效率评价方法。同时，针对建筑工地上的高碳排放、管理水平低、安全和质量问题，日本制定了“iConstruction（建设工地生产力革命）”战略，从建筑产品的质量品质、施工安全、环境效益和绿色创新等方面进行部署和要求。

建筑业为推动中国经济发展、造福社会、改善人类生存环境、提高人们生活水平做出了重要贡献。但是建筑业在快速发展的同时也消耗了大量的自然资源，排放了大量的废弃物，造成环境压力。“十四五”是中国碳达峰的窗口期，建筑业具有巨大的碳减排潜力和市场发展潜力。面对资源供需紧张、环境污染严重、生态系统受损的严峻形势，推进建筑业绿色发展，既是统筹发展与安全，提升人民群众幸福感、满足感的重要路径，也是顺应数字化、智能化发展趋势，培育壮大经济发展新动能的关键举措。

一方面，从中国建筑业绿色低碳发展的现状来看。博士张凯等认为，绿色建筑节能减排低碳的内涵特征符合双碳目标的方向，然而当前社会主体参与度、接受度并不高。学者Zhang等认为，中国建筑业碳排放呈现明显的上升趋势，建筑业碳排放量呈现出明显的区域差异性，东南部地区排放量较大，其他区域排放量较低。学者Li等认为，当前针对建筑业领域的相关研究主要集中在建筑运营阶段的节能减排，而忽视了工程建设项目的立项策划、设计与施工等关键阶段对建筑行业实现双碳战略的重要影响。学者Utomo等认为，工业化水平提高、居民消费水平增长、城市化快速扩张及环境规制缺失是导致建筑业高碳排放的主要驱动因素。

另一方面，从中国建筑业绿色低碳转型的路径来看。中国工程院院士、中国钢结构协会会长岳清瑞认为，建筑业碳排放仅次于煤电、工业生产及交通运输领域，总体排量较高，推进智能建造与新型建筑工业化全产业链转型升级，加快数字技术与精益制造、绿色建造的深度融合是建筑业低碳转型的重要路径。中国建筑业协会绿色建造与智能建筑分会会长肖绪文认为，强化政策引导、双碳工作路线图、总承包模式创新和示范工程对实现“资源节约、环境友好、品质保障”的建造目标至关重要。中国工程院院士陈湘生认为，低碳建设和智能运维有利于保障中国建筑业可持续健康发展。博士郭红领等认为，在碳达峰、碳中和背景下，绿色建造和智能建造是建筑业转型升级的主要方向和主要目标。

1.2.3 双碳目标下的建筑节能设计思路

(1) 优化整体布局，改良结构空间

在建筑整体布局方面，应当重视对建筑所在地自然环境、气候条件及周边环境特征的考察评估，再基于节能降耗的理念进行设计。例如，我国东南地区属于亚热带季风气候，虽然夏季阳光直射程度较高，但有来自东南海洋方向的季风，因此，在建筑整体布局的时候，将客厅、卧室等功能区主要布局为朝南方向，可以在保证采光的情况下减少室内温差变化。如果建筑北面光照条件不如南朝向，但照度均匀性较好，可以通过配置角度合适的浅色墙面，增加北朝向房屋的采光度，节省照明用电。在室内结构空间优化方面，尽量减少不必要的墙体布置，提升室内环境的通透性。再根据功能分区和暖通空调、新风系统的配置要求，对空间进行合理改造，在有效保证功能区功能作用的基础上减少能耗。

同时，根据不同热工区域，设置合理的朝向、布局、建筑体形系数、窗墙比、屋面天窗面积比等，包括辅助的被动式太阳房设计、可再生能源利用方案等，从被动式策划规划设计层面提升建筑的节能降碳效果。

(2) 采用环保材料，提高资源利用率

在现代建筑设计中，设计师需要秉承节能环保的基本理念，对建筑建造所用到的材料进行评估。具体来说，严格要求用到的所有建筑材料符合环保要求，全面摒弃对环境污染严重或是大量采用不可再生资源的建筑材料。同时，针对房屋建筑不同部位，对相应的建筑材料进行优选，以满足节能降耗的相关需求。首先，在外墙及屋面保温层的设计中，选择具有较强保温、防水、防火、隔音性能的材料，以有效发挥保温层的作用；其次，在墙体材料方面，除承重墙、剪力墙以外，选择蒸压加气砌块作为主要材料，这种材料具有质量轻、保温隔热性能强、隔音性好的优势；最后，在设计方案审核方面，组织施工、业主代表及监理等，对相关设计方案的环保性及材料环保标准进行审核，在保证其符合绿色低碳建筑要求的基础上，为后续建筑施工的资源优化配置打下可靠基础。

(3) 选择节能设备系统，优化设备效率

电气系统是住宅能耗的主体。因此，针对该系统本身的节能设计很重要。首先，设计师应尽量确保所有电气设备及设施符合节能环保要求，避免采用高能耗或存在环境污染问题的设备。例如：在暖通空调系统的选择方面，可采用配备了变频技术的设备，该设备能够根据环境温度动态化调整电机运行频率，进而在满足居住者温度调节需求的基础上减少设备能耗。其次，针对房屋住宅用户的相关需求，结合环境特点选择合适的节能设备。例如：福州地区拥有比较丰富的太阳能资源，在热水系统配置方面可配备太阳能热水系统。这样，住宅用户每年有超过 8 个月的时间可以利用太阳能热水系统获取热水，满足日常使用需求，很大程度上降低了能耗。在照明系统方面，除了选择单位能耗更低的节能灯具以外，可在建筑公共区域配备环境光线感应灯具，该灯具可以根据环境光线的强弱调节自身光照强度，在满足建筑公共区域基本照明需求的同时，减少照明能耗。再次，在电气设备设施及线路布局方面，根据住宅空间布局情况，选择合适的设备安装位置，并且预留足够大的散热空间，避免设备运行过程中因散热不良而出现能耗增高的情况。最后，在线路布局方面，通过合理布局，缩短管道、线缆敷设长度，减少转角拐弯的情况，在节省材料的同时，减少设备系统运行过程的热损失。

(4) 优化墙体设计，改善屋面保温性能

在针对住宅建筑进行节能设计时，首先应当重视对建筑墙体及屋面的设计优化。例如：针对建筑外墙部分，结合热工区域及当地建材条件选取外保温、内保温或复合保温等材料。保温层的主要部分根据防火保温等需求，选取有机保温材料或无机保温材料，例如应用挤塑聚苯板、岩棉板、保温砂浆(聚苯颗粒或膨胀玻化微珠)及部分较新材料 STP 真空板[Super Thin Panel，超薄真空绝热(保温)板]、石墨烯、热反射涂料等，这些材料在强度、保温性、隔热性、隔音性等方面都达到了较高水平。在屋面设计方面，除了配置隔热层以外，还可布局绿化区域。通过种植绿化植物的方式，在提升建筑美观度的同时，提高屋面保温隔热性，达到节能降耗的目的。

此外，墙体部分在条件适宜时亦可采用立体绿化优化保温隔热性能。严寒寒冷地区还应对地面的热阻 R 进行优化设计，设置适当的保温材料，减少围护结构的热损失，满足《建筑节能与可再生能源利用通用规范》(GB 55015—2021)等相关规范的要求。

(5) 改善门窗结构，优选窗体材料

在建筑结构体中，门窗部分的能耗在门窗结构的优化设计方面尤其重要。根据相关数据统计，外窗传热耗热量和空气渗透耗热量占到总体热损失的 50%。做好门窗节能后，节能效果提升较为显著。首先，设计师根据建筑整体情况适当提升南朝向窗体的面积，扩大采光面、提升通风性；然后，在窗体、门框和墙体之间使用保温密封材料，在提升强度的同时保证气密性及保温性能。在窗体材料方面，选择保温性和强度均符合要求的塑料窗、隔热铝合金窗、玻璃钢窗以及钢塑复合窗、木塑复合窗、铝木复合窗等；必要时，可采用真空玻璃、充惰性气体中空玻璃、三中空玻璃、中空玻璃暖边，气密保温材料发泡聚氨酯填充安装缝隙，外窗框宜与基层墙体外侧平齐，且外保温系统宜压住窗框 20~25mm。这类窗体具有较好的保温、隔热及隔音性能。基于此，即使窗体面积较大，依然可以将能耗水平控制在理想范围内。

(6) 合理把控装饰设计，满足节能需求

室内装饰设计是现代建筑设计中很重要的环节，这部分设计工作更多的是考虑住宅使用者的个性化需求。在绿色低碳建筑设计理念下，装饰设计人员也应当严格秉承节能降耗、减少环境污染的相关原则，对设计方案进行合理把控，严格保证材料符合环保标准，减少使用冗余的装饰材料，为使用者创造整洁、舒适的室内环境。可在土建施工图设计阶段，就尽可能采用全装修一体化的设计，建筑全装修交付能够有效杜绝擅自改变房屋结构等“乱装修”现象，保证建筑安全，避免能源和材料浪费，降低装修成本，节约项目时间，减少室内装修污染及装修带来的环境污染，并避免装修扰民，更加符合现阶段人民对于健康、环保和经济性的要求，对于积极推进绿色建筑实施具有重要的作用。另外，在细节设计方面，也可以通过合适的装饰设计减少建筑能耗。例如：在一些环境光线较差、采光不足的房屋内，可以大量使用浅色的墙面装饰材料，改善采光效果，减少人工照明能耗。同时，使用保温性更好的环保饰面材料，杜绝传统饰面材料带来的环境污染及能耗问题。

1.3 双碳目标下的建筑节能施工概述

1.3.1 节能施工技术概述

1. 定义

一方面，可定义为工程项目实际施工过程当中，尽可能使用自然资源替代人造资源，最大程度上降低对环境造成的污染，要全部使用对环境污染最低的建筑资源所涉及的相关施工技术；另一方面，主要指可以运用可再生能源与资源来代替一次性能源与资源，减少其在建筑工程项目施工当中的消耗。

无论从哪一角度进行节能施工技术的定义和解释，其最终目标都在于最大程度上降低建筑工程项目施工中对环境的污染，包括大气环境、水环境和土壤环境。同时，节能施工技术也强调充分利用环保材料和低排放能源，即讲求对能源与资源的节约与最大化利用。

由此可见，节能施工技术的重点在于环保、节能。其中，环保不仅是指建筑工程项目实际施工中强调对自然的和谐统一，还要尽量回归自然，为人们营造出更加良好的生态宜居、健康环保的居住环境。节能是指最大程度上降低对不可再生资源的使用，要通过多种节能技术方法和材料来打造低碳且可实现健康、生态循环与可持续发展的建筑工程项目。尤其在现代社会发展当中，这种绿色节能环保施工技术的应用已经在先进科技支撑下得以实现，而且人们的绿色环保意识也不断强化，越来越重视对绿色节能施工技术的应用和研究。

2. 特征

（1）节约性特征

建筑工程项目施工的每个环节都需要大量施工材料，尤其现代建筑工程项目建设规模不断扩大，功能要求越来越多样化，在内部格局设计与各项电器安装方面所使用的建筑材料也越来越复杂，使施工技术要求不断升高，针对建筑施工材料各项性能也提出更多标准及需求。

节能施工技术的应用不但能有效保护诸多资源与能源的过度消耗，还会帮助建筑方合理有效控制工程造价，从而实现建筑成本造价的节约，特别是建筑工程项目的施工材料方面所发挥的成本占据整个工程项目的50%～70%，是项目成本的重要支出项。实际施工中，采用节能施工技术可将绿色环保材料投入所需领域，回收与循环利用特殊材料，从而最大程度上降低采购施工材料的成本压力。

（2）可持续性特征

节能施工技术的价值作用不仅体现在实际的施工阶段和不同施工环节中，更体现在建筑工程项目方面，确保建筑在后续正常使用期间呈现出绿色环保效果。建筑结构与施工材料都需要结合可持续发展的基本特征合理筛选，针对建筑工程项目的实际结构，借助于节能施工技术来实现风能与光能等自然资源高效化利用，在保证建筑工程项目舒适性和功能性基础上，降低对不可再生资源的消耗。

1.3.2 双碳目标下的建筑节能施工技术应用

1. 绿色节能建材

绿色建材是指采用清洁生产技术、少消耗自然资源和能源、大量使用工业或城市固态废物生产的无毒害、无污染、无放射性、有利于环境保护和人体健康的建筑材料。绿色建材的应用以健康、环保、节材为目标，以循环、再生、减少资源消耗为手段，实现建筑材料的低碳可持续发展。人们越来越重视绿色建材的使用，它也是实现绿色节能建筑施工的关键部分。传统的建材在生产和使用过程会消耗大量的资源，污染环境，对环境造成负面影响，也会因为使用和管理不当造成建材的损耗和浪费。绿色建材的使用可以很好地避免这类问题，从建材的生产到使用都结合绿色环保理念，满足绿色节能建筑施工的要求。比如选用资源和能源节约型材料，此类建材在生产环节可以明显减少对资源的过多消耗，从材料的开采、运输、加工、转换、使用等各个环节上努力减少能源的损失和浪费，采用新工艺、新技术和新型设备，生产中常用免烧或者低温合成，耗能低并且提高热效率、降低热损失、提高原料的利用率。使用环境友好型材料，如利用新工艺、新技术对城市或者工业产生的固体垃圾经过无害化处理生产出的新建材，此类建材具有可降解特性，能降低对环境的污染。比如使用工业废渣或者生活垃圾生产水泥等。使用循环再生材料，对旧建筑材料进行适当清洁或修整，达到合格标准后再次投入建筑施工中，可以有效减少材料的浪费。

2. 围护结构节能技术

围护结构是建筑的重要组成部分，也是建筑能耗所要考虑的重点部分，其能耗直接影响着建筑的节能效果。在建筑设计阶段，应考虑节能设计理念，合理设计围护结构。对于建筑施工阶段围护结构的节能技术，需要涉及各个方面。在传统施工中，往往会忽略节能方面的理念，比如施工材料、施工工艺技术等方面不能科学选择和应用，使得所选施工材料对环境有一定的污染，造成能源浪费等，不能满足工程的节能发展。引入节能理念和技术，就要充分根据不同围护结构部分的实际情况，选择绿色节能的施工材料和工艺技术，降低对环境的污染和减少能源的浪费，提高经济效益，保障工程环保的良好发展。因此，建筑围护结构的环保节能技术具有重要意义，应重点结合外墙结构、门窗结构、屋面结构等特点，针对性、科学性地选择使用先进的节能技术，达到预期的节能环保施工目的。

(1) 屋面节能施工

屋面是建筑结构的重要组成部分，具有防水、保温和隔热等功能，其能耗相对于整个建筑物能耗占有一定的比例。屋面节能施工是在保证正常施工条件下，对屋面建筑材料的选择、施工技术有更高的要求，使其能够降低屋面的能耗。对于屋面防水施工，防水工艺的好坏在一定程度上决定了房屋的品质。比如选用涂膜防水工艺，可以有效增大屋面的防水性能，提高整体耐久性。此工艺施工方法简单，降低任务量，其所选用的涂膜材质较节能环保，如合成型高分子防水涂料，对周围的环境污染小，既满足建筑使用要求，也能实现绿色节能施工要求。对于屋面保温，保温材料应该合理选用导热系数较低，高效隔热性材料，同时具备一定的低吸水率，保温层含水量高会降低保温层的保温效果。可以选用聚氨酯屋面保温防水一体化技术，喷涂简单，具有保温性、隔热性、环保型、经济型等优点。在屋面位置可以设置绝热功能材料，创建节能型的复合性材料，选用合适的隔热涂料。在屋面使用质量符合标准的架空隔热板，合理控制其与屋面之间的距离，增强通风性能、散热性能与隔热性能，设置具备反射降温功能的屋顶结构。

（2）外墙节能施工

外墙面积在建筑物围护结构中占比较大，其散热量也很大，外墙能耗是影响建筑物能耗的关键因素，影响外墙能耗的重要原因是外墙散热，减少外墙散热，提高外墙的保温隔热性能，可以降低外墙能耗，达到节能的目的。对于外墙的施工，要根据气候条件和房间的使用功能，充分考虑到墙体的质量及节能环保性，墙体的节能主要是能够减少与外界的热交换，尽可能降低房屋的散热量，其措施重点放在外墙保温施工中。在施工时，要严格按照设计标准和墙体施工流程，施工人员要加强管理，所选用的保温材料质量和特性要满足相关的标准要求。同时，要加强防水措施，以此充分保证保温材料的保温性能，减少墙体散热，达到节能效果。对于保温材料的选择，要重点考虑其隔热保温特性和材料特性，可以选择无机隔热保温和有机绝热保温材料。选择阻燃性较好的保温材料，通常无机保温材料阻燃效果好，可以使用有机材料与无机材料的综合技术提高保温性能和阻燃性能。选择热熔性能较好的材料，避免材料在使用过程中因受热出现变形垮塌现象。选择导热系数较低，能够高效隔热的保温材料，合理设计其在保温墙体中的使用率与厚度。

（3）门窗节能施工

在建筑物能耗中，门窗的散热量是除了墙体散热量外最大的影响因素，它的热量损失主要包括热对流、热辐射和门窗缝隙引起的空气渗漏。对门窗进行节能技术和施工可以有效地减少建筑物的整体能耗。在设计阶段，节能技术可以通过改变窗户的朝向、形状和大小等来实现；在施工阶段，需要科学合理地选择门窗所使用的材料，对门窗的安装效果要高度重视，严格检查门窗材料的质量和规格，满足设计图纸要求。对于窗户遮阳问题，要从所选材料、制作方法、安装工艺方便等几方面来考虑。选用遮阳玻璃，比如热辐射玻璃，此类遮阳玻璃隔热保温效果好、美观、使用方便、经济。适当增加镶嵌部分的空间层次数量，提升所镶嵌材料在红外线方面的反射性能，增强热绝缘性，提升保温隔热性能。在窗框位置镶嵌保温材料，进行保温阻热处置，减少传热性能。做好门窗与结构周边的防水和保温密封施工，进一步增强门窗的节能环保性。

3. 智慧建造应用

采用定制化5G（5th Generation Mobile Communication Technology，第五代移动通信技术）网络，围绕“人、机、料、法、环、测”，研发5G智慧工地平台，结合人工智能、区块链、云计算与边缘计算、大数据等技术建造5G智慧工地。

在工程建设过程中，采用BIM先行与智慧展馆展示的双重原则，打造党建与科技展厅二合一智慧建造展厅，利用滑轨屏技术、3D(Three Dimensions，三维)透明屏技术、VR(Virtual Reality，虚拟现实技术)党建、智慧大数据看板、实体动态沙盘+项目宣传片等方式全方位地展示施工工艺难点和建设项目科技管理手段。同时党建引领智慧建造，宣贯VR安全教育，旨在提高工人整体安全意识和综合素质。

施工现场采用5G全景球机结合BIM实时了解现场施工进度，对现场进行可视化管理，这套系统搭载AI(Artificial Intelligence，人工智能)算法，联动视频监控自动巡检，可实时监控工地现场不安全行为，陌生人闯入、翻越围栏、消防栓位移、火灾等自动报警，加强了现场管控智能化。项目大门采用人脸识别系统，通过人证合一、人脸门禁等设备对工地上的每一个员工进行实名制管理，规范工地用工管理、员工考勤管理及人员出入管理。同时，设立小型气象站，对场区内空气情况进行监测，如出现PM 2.5(指大气中空气动力学当量直径小于或等于2.5微米的颗粒物，也称为“可入肺颗粒物”)或粉尘超标现象喷淋装置会自动降尘。车辆识别结合GPS(Global Positioning System，全球定位系统)，合理规划废弃物排放路线，让绿色建造管控规范化。此外，基于传感器技术、数字技术、无线传输网络与远程数据通信技术融为一体的综合性技术系统，可高效率地检测塔机、升降机等大型机械设备施工安全，具有吊群防碰撞、单塔防超载、倾翻，力矩检测预警等功能。建立互联协同、智能生产、科学管理的施工项目信息化生态圈。

此外，采用全过程BIM技术管理。设计阶段，基于BIM技术进行隐形碳计算；施工阶段，BIM技术实现三维总平面布置、深化设计优化、自动生成材料清单、专业间碰撞检查、现场指导施工、施工方案优化、施工进度模拟、施工工艺模拟、可视化交底等，达到节能减排、降本增效效果；运维阶段，采用数字技术进行低碳、节能监管和多维度赋能智慧建造。

综上所述，节能施工技术是当代建筑行业施工发展的必然趋势。在实际建筑工程施工中，在保障建筑物质量和安全的前提下，科学合理地利用绿色建筑材料和节能施工技术，积极采用BIM等新技术，能够有效地降低资源的消耗，保护环境，最大限度实现绿色节能的目标，促进建筑行业可持续发展，实现双碳目标。

第2章　建筑规划设计中的节能技术

2.1　建筑选址与建筑布局

2.1.1　建筑选址

对于建筑选址，要全面了解建筑所在区域的气候条件、地形地貌等对建筑物的影响，争取建筑向阳、避风建造。

1. 气候条件对建筑物的影响

建筑的地域性首先表现为地理环境的差异性和特殊性，它包括建筑所在地区的自然环境特征，如气候条件、地形地貌、自然资源等。其中，气候条件对建筑的作用最为突出。因此，进行建筑节能设计前，应了解当地的太阳辐射照度、冬季日照率、冬夏两季最冷月和最热月平均气温、空气湿度、冬夏两季主导风向(包括根据所在气候区的主导风向可采取的利用或者规避措施等)以及建筑物室外的微气候环境，并通过《建筑节能与可再生能源利用通用规范》(GB 55015—2021)、《公共建筑节能设计标准》(GB 50189—2015)、《温和地区居住建筑节能设计标准》(JGJ 475—2019)、《严寒和寒冷地区居住建筑节能设计标准》(JGJ 26—2018)、《夏热冬冷地区居住建筑节能设计标准》(JGJ 134—2010)、《夏热冬暖地区居住建筑节能设计标准》(JGJ 75—2012)等各项规范及附录，查找落实。设计时，还应考虑充分利用建筑物所处区域的自然能源和条件，在尽可能不消耗常规能源的前提下，遵循气候设计方法和利用建筑技术措施，创造出适宜于人们生活和工作所需要的室内热环境。

以居住区为例，如能够采取措施利用建筑周围的微气候条件，达到改善室内热环境的目的，就能在一定程度上减少对采暖空调设备的依赖，减小能耗。

2. 地形地貌对建筑能耗的影响

建筑所处位置的地形地貌，如位于平地或坡地、山谷或山顶、江河或湖泊水系等，将直接影响建筑室内外热环境和建筑能耗的大小。

在严寒或寒冷地区，建筑宜布置在向阳、避风的地域，不宜布置在山谷、洼地、沟底等凹形地域。这主要是考虑冬季冷气流容易在凹地聚集，形成对建筑物的“霜洞”效应，这样位于凹地底层或半地下室层面的建筑想保持所需的室内温度，将会增加采暖能耗。图2.1显示了这种现象。但是，在夏季炎热地区，建筑布置在上述地方是相对有利的。因为这些地方往往容易实现自然通风，尤其是晚上，高处凉爽气流会“自然”地流向凹地，带走室内热量，在降低通风、空调能耗的同时改善了室内热环境。

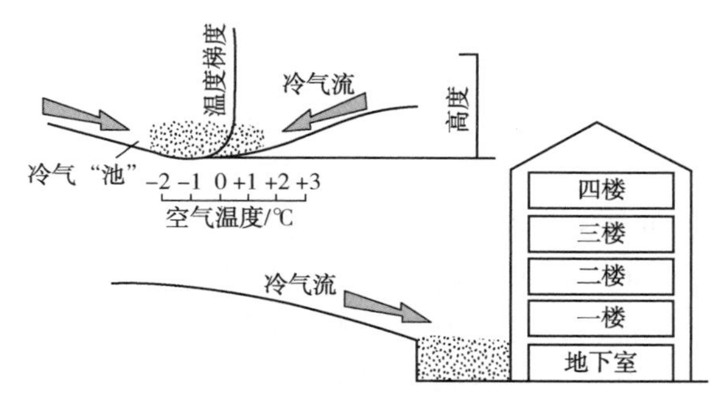

图 2.1 低洼地区对建筑物的“霜洞”效应

在江河湖海地区，因地表水陆分布、表面覆盖等的不同，昼间受太阳辐射和夜间受长波辐射散热作用时，陆地和水体增温或冷却不均而产生昼夜不同方向的地方风。在建筑设计时，可充分利用这种地方风，以改善夏季室内热环境，降低空调能耗。

此外，建筑物室外地面的覆盖层(如植被、地砖或混凝土地面)及其透水性也会影响室外的微气候环境，从而影响建筑采暖和空调能耗的大小。因此，在建筑节能规划设计时，在满足绿地率、容积率等使用需求的情况下，根据《城市居住区热环境设计标准》(JGJ 286—2013)，尽可能在夏季平均迎风面积比、活动场地的遮阳覆盖率、通风架空率、绿化遮阳体的叶面积指数、户外活动场地和人行道路地面渗透与蒸发指标、屋面的绿化面积、绿地水面设计等方面优化，达到较好的平均热岛强度、湿球黑球温度(Wet Bulb Globe Temperature，WBGT)，以改善建筑物室外的微气候环境。

3. 争取建筑向阳、避风建造

为满足冬暖夏凉的目的，合理地利用阳光是最经济有效的途径。人类生存、身心健康、卫生、工作效率也与日照有着密切关系。在建筑节能规划设计中，应对以下几方面予以注意。

(1) 注意选择建筑物的最佳朝向。在严寒和寒冷地区、夏热冬冷地区和夏热冬暖地区，居住建筑和公共建筑朝向应以南北朝向或接近南北朝向为主，可使建筑物主要房间朝南，有利于冬季争取日照、夏季减少太阳辐射热。可针对不同地区，根据《建筑节能与可再生能源利用通用规范》(GB 55015—2021)合理调整建筑最佳朝向范围，以做到节约能源、提高土地效率。

(2) 应选择满足日照要求、不受周围其他建筑物严重遮挡阳光的基地。

(3) 居住和公共建筑的基地应选择在向阳、避风的地段上。冷空气的风压和冷风渗透均对建筑物冬季防寒保温带来不利影响，尤其对严寒、寒冷和部分夏热冬冷地区的建筑物影响很大。建筑节能规划设计时，应在避风基址上建造，或建筑物大面积墙面、门窗设置时避开冬季主导风向。以建筑物围护体系不同部位的风压分析图作为设计依据，对建筑围护结构保温及各类门窗洞口、通风口进行防冷风渗透设计。建筑策划规划设计前期，可通过风环境设计软件，先对建筑场地风环境进行模拟，对比选择更优风环境的规划设计方案。

(4) 利用建筑楼群合理布局，争取日照。建筑楼群组团中，各建筑的形状、布局、走向都会产生不同的阴影区。随着纬度的增加，建筑物背面阴影区的范围也将增大。在规划布局时，注意从各种布局处理中争取最佳的日照。

2.1.2 建筑布局

建筑布局与建筑节能也是密切相关的。影响建筑布局的主要气候因素有日照、风向、气温、雨雪等。在规划设计时，可通过建筑布局形成优化微气候环境的良好界面，建立气候防护单元，从而有利于节能。设计组织气候防护单元，要充分根据规划地域的自然环境因素、气候特征、建筑物的功能等形成利于节能的区域空间，充分利用和争取日照，避免季风的干扰，组织内部气流，利用建筑的外界面，形成对冬季恶劣气候条件的有利防护，改善建筑的日照和风环境，达到节能的效果。

建筑群的布局可以从平面和空间两个方面考虑。一般的建筑组团平面布局有行列式、错列式、周边式、混合式、自由式等。

(1) 行列式——成排成行地布置建筑物。这种布置方式能够争取最好的建筑朝向。若注意保持建筑物间的日照间距，可使大多数居住房间得到良好的日照，并有利于自然通风，是目前广泛采用的一种布局方式。

(2) 错列式——可以避免“风影效应”，同时利用山墙空间争取日照。

(3) 周边式——沿街道周边布置建筑。这种布置方式虽然可以使街坊内空间集中开阔，但有相当多的居住房间得不到良好的日照，对自然通风也不利。这种布置方式仅适于严寒和部分寒冷地区。

(4) 混合式——行列式和部分周边式的组合形式。这种布置方式可较好地组成一些气候防护单元，又有行列式日照通风的优点。在严寒和部分寒冷地区是一种较好的建筑群组团方式。

(5) 自由式——当地形比较复杂时，密切结合地形构成自由变化的布置形式。这种布置方式可以充分利用地形特点，便于采用多种平面形式和高低层及长短不同的体形组合。可以避免互相遮挡阳光，对日照及自然通风有利，是最常见的一种组团布置形式。

另外，规划布局中，要注意条形与点式建筑结合布置，将点式住宅布置在朝向好的位置，条形住宅布置在其后，有利于利用空隙争取日照，如图 2.2 所示。

从空间方面考虑，在组合建筑群中，当一栋建筑远高于其他建筑时，它在迎风面上会受到沉重的下冲气流的冲击，如图 2.3(a)所示。另一种情况出现在若干栋建筑组合时，在迎冬季来风方向减少某一栋建筑，均能产生由于其间的空地带来的下冲气流，如图 2.3(b)所示。这些下冲气流与附近水平方向的气流形成高速风及涡流，从而加大风压，加大热损失。

在我国南方及东南沿海地区，需要重点考虑夏季防热及通风。建筑规划设计时，应科学利用山谷风、水陆风、街巷风、林园风等自然资源，选择利于室内通风、改善室内热环境的建筑布局，从而降低空调能耗。

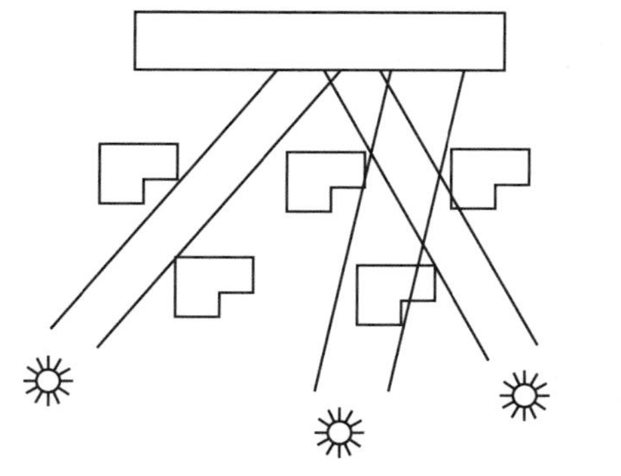

图 2.2　条形与点式建筑结合布置争取最佳日照

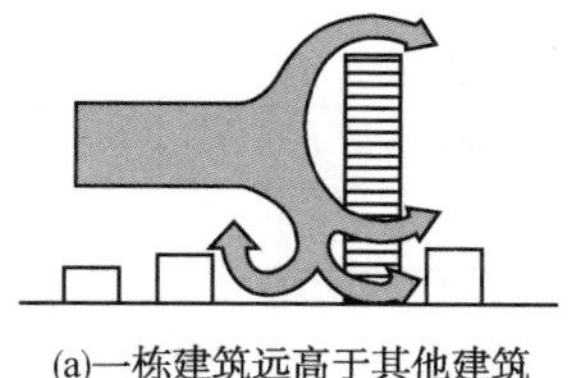

(a)一栋建筑远高于其他建筑

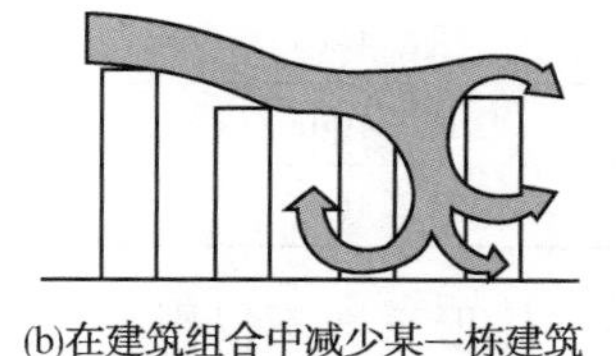

(b)在建筑组合中减少某一栋建筑

图 2.3　建筑物组合产生的下冲气流

2.2　建筑体形与建筑朝向

2.2.1　建筑体形

1. 建筑物体形系数与节能的关系

建筑体形的变化直接影响建筑采暖、空调能耗的大小。所以，建筑体形的设计应尽可能利于节能。具体设计中，通过控制建筑物体形系数达到减少建筑物能耗的目的。

建筑物体形系数(S)是指建筑物与室外大气接触的外表面积(F_0)(不包括地面、不采暖楼梯间隔墙和户门的面积)与其所包围的体积(V_0)的比值。见式(2.1)。

$$S=\frac{F_0}{V_0} \tag{2.1}$$

式中，符号意义同前。

建筑物体形系数的大小对建筑能耗的影响非常显著。在计算住宅建筑中的体形系数时，外表面积不包括地面和楼梯间隔墙及分户门的面积。建筑物的体形系数越大，说明单位建筑空间的热量散失面积越大，则建筑物的能耗就越高。如图 2.4 和表 2.1 所示，同体积的不同体形会有不同的体形系数。其中，立方体的体形系数比值最小。

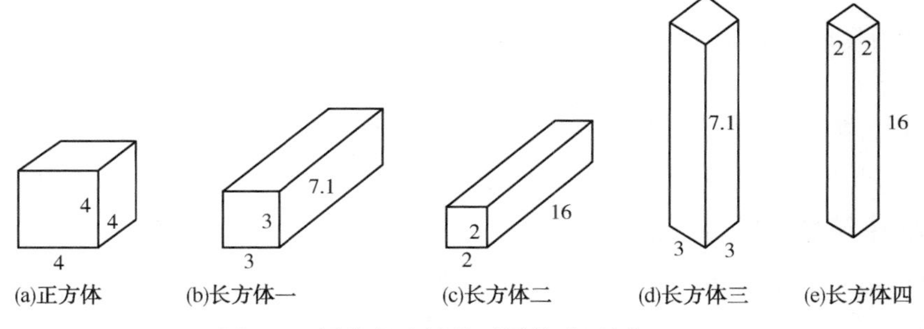

图 2.4　同体积建筑的不同体形(单位：m)

表 2.1　同体积建筑的不同体形系数

立体的体形	表面积 F_0/m^2	建筑体积 V_0/m^3	体形系数(表面积/体积)/m^{-1}
图 2.4(a)	80.0	64	1.25
图 2.4(b)	81.9	64	1.28
图 2.4(c)	104.0	64	1.63
图 2.4(d)	94.2	64	1.47
图 2.4(e)	132.0	64	2.06

体形系数不仅影响建筑物耗能量，还与建筑层数、体量、建筑造型、平面布局、采光通风等密切相关。所以，从降低建筑能耗的角度出发，在满足建筑使用功能、优化建筑平面布局、美化建筑造型的前提下，应尽可能将建筑物体形系数控制在一个较小的范围内。

在《建筑节能与可再生能源利用通用规范》(GB 55015—2021)中，对居住建筑体形系数进行了规定。如表 2.2 所示。

表 2.2　居住建筑体形系数限值

热工区划	建筑层数	
	≤3 层	>3 层
严寒地区	≤0.55	≤0.30
寒冷地区	≤0.57	≤0.33
夏热冬冷 A 区	≤0.60	≤0.40
温和 A 区	≤0.60	≤0.45

注：热工区划详见《民用建筑热工设计规范》(GB 50176—2016)。

2. 最佳节能体形

建筑物作为一个整体，其最佳节能体形与室外空气温度、太阳辐射照度、风向、风速、围护结构构造及其热工特性等各方面因素有关。从理论上讲，当建筑物各朝向围护结构的平均有效传热系数不同时，对同样体积的建筑物，其各朝向围护结构的平均有效传热系数与其面积的乘积都相等的体形是最佳节能体形。如图 2.5 所示，并可以用式(2.2)表示。

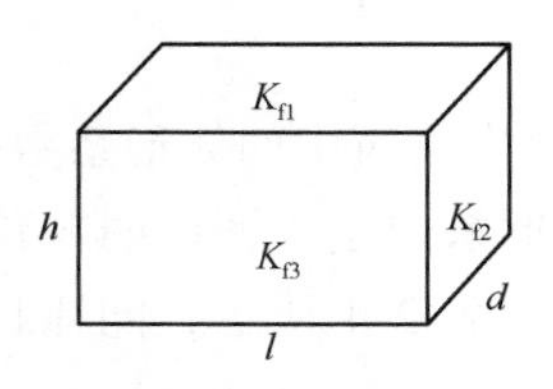

图 2.5　最佳节能体形计算

$$lhK_{f3} = ldK_{f1} = dhK_{f2} \tag{2.2}$$

式中，l 为长度；h 为高度；d 为宽度；K_{f1}、K_{f2}、K_{f3}为各朝向围护结构的平均有效传热系数。

当建筑物各朝向围护结构的平均有效传热系数相同时，同样体积的建筑物，体形系数最小的体形，是最佳节能体形。

3. 控制建筑物体形系数

建筑物体形系数常受多种因素影响，且人们的设计常追求建筑体形的变化，不满足仅采用简单的几何形体，所以，详细讨论控制建筑物体形系数的途径是比较困难的。

提出控制建筑物体形系数是为了使特定体积的建筑物在冬季和夏季冷热作用下，从面积因素考虑，使建筑物外围护部分接受的冷、热量尽可能最少，从而减少建筑物的耗能量。一般来讲，可以采取以下几种方法控制或降低建筑物的体形系数。

（1）加大建筑体量。即加大建筑的基底面积，增加建筑物的长度和进深尺寸。多层住宅是建筑中常见的住宅形式，且基本上是以不同套型组合的单元式住宅。以套型为 115m^2、层高为 2.8m 的 6 层单元式住宅为例计算(取进深为 10m，建筑长度为 23m)。

当为一个单元组合成一幢时，体形系数 S_1 见式(2.3)；当为二个单元组合成一幢时，体形系数 S_2 见式(2.4)；当为三个单元组合成一幢时，体形系数 S_3 见式(2.5)。

$$S_1=\frac{F_0}{V_0}=\frac{1418}{4140}=0.34 \tag{2.3}$$

$$S_2=\frac{F_0}{V_0}=\frac{2476}{8280}=0.30 \tag{2.4}$$

$$S_3=\frac{F_0}{V_0}=\frac{3534}{12420}=0.29 \tag{2.5}$$

式中，符号意义同前。

尤其是严寒、寒冷和部分夏热冬冷地区，建筑物的耗热量指标随体形系数的增加近乎直线上升。所以，低层和少单元住宅对节能不利，即体量较小的建筑物不利于节能。对于高层建筑，在建筑面积相近的条件下，高层塔式住宅耗热量指标比高层板式住宅高 10%~14%。

在部分夏热冬冷和夏热冬暖地区，建筑物全年能耗主要是夏季的空调能耗。由于室内外的空气温差远不如严寒和寒冷地区大，且建筑物外围护结构存在白天得热、夜间散热现象，所以，体形系数的变化对建筑空调能耗的影响比严寒和寒冷地区对建筑采暖能耗的影响小。

（2）外形变化尽可能减至最低限度。要求在平面布局上，建筑物外形不宜凹凸太多，体形不要太复杂，尽可能力求规整，以避免因凹凸太多造成外围护面积增大而提高建筑物体形系数，从而增大建筑物耗能量。

（3）合理提高建筑物层数。低层住宅对节能不利，体积较小的建筑物，其外围护结构的热损失占建筑物总热损失的绝大部分。增加建筑物层数对减少建筑能耗有利，但层数增加到 8 层以上后，层数的增加对建筑节能的作用趋于不明显。

（4）对于体形不易控制的点式建筑，可采取用裙楼连接多个点式楼的组合体形式。

2.2.2 建筑朝向

1. 良好的建筑朝向利于建筑节能

建筑物的朝向对建筑节能有很大影响，这已是人们的共识。朝向是指建筑物正立面墙面的法线与正南方向间的夹角。选择朝向的原则是使建筑物冬季能获得尽可能多的日照，且主要房间避开冬季主导风向，同时考虑夏季尽量减少太阳辐射得热。如处于南北朝向的长条形建筑物，由于太阳高度角和方位角的变化，冬季获得的太阳辐射热较多，而且在建筑面积相同的情况下，主朝向面积越大，这种倾向越明显；此外，建筑物夏季可以减少太阳辐射得热，主要房间避免受东、西日晒。因此，从建筑节能的角度考虑，如总平面布置允许自由选择建筑物的形状、朝向时，则应首选长条形建筑体形，且采用南北朝向或接近南北朝向为好。

然而，在规划设计中，影响建筑体形、朝向方位的因素很多，如地理纬度、基址环境、局部气候及暴雨特征、建筑用地条件、道路组织、小区通风等。有时要达到既能满足冬季保温，又能实现夏季防热的理想朝向是困难的，只能权衡各种影响因素之间的利弊之后，选择出某一地区建筑的最佳朝向或较好朝向。

建筑朝向选择需要考虑以下几个方面的因素。

(1) 冬季要有适量并具有一定质量的阳光射入室内。

(2) 炎热季节尽量减少太阳辐射通过窗口直射室内和建筑外墙面。

(3) 夏季应有良好的通风，冬季避免冷风侵袭。

(4) 充分利用地形，并注意节约用地。

(5) 照顾居住建筑和其他公共建筑组合的需要。

2. 朝向对建筑日照及接收太阳辐射量的影响

处于不同地区和冬夏气候条件下，同一朝向的居住和公共建筑在日照时数和日照面积上是不同的。由于冬季和夏季太阳方位角、高度角变化的幅度较大，各个朝向墙面所获得的日照时间、太阳辐射照度相差很大。因此，要统计不同朝向墙面在不同季节的日照时数，求出日照时数的平均值，作为综合分析朝向的依据。分析室内日照条件和朝向的关系，应选择在最冷月有较长的日照时间和较大日照面积，以及最热月有较少的日照时间和较小的日照面积的朝向。

由于太阳辐射照度一般是上午低、下午高，所以，无论是冬季或是夏季，建筑墙面上所受太阳辐射量都是偏西比偏东的朝向稍高一些。

太阳辐射中，紫外线所占比例是随太阳高度角增加而增加的，一般正午前后紫外线最多，日出及日落时段最少。表 2. 3 中提供了在不同高度角下太阳光线的成分。日照量与紫外线的时间变化如图 2. 6 所示。

表 2. 3　不同高度角下太阳光线的成分　　%

太阳高度角	紫外线	可视线	红外线
90°	4	46	50
30°	3	44	53
0. 5°	0	28	72

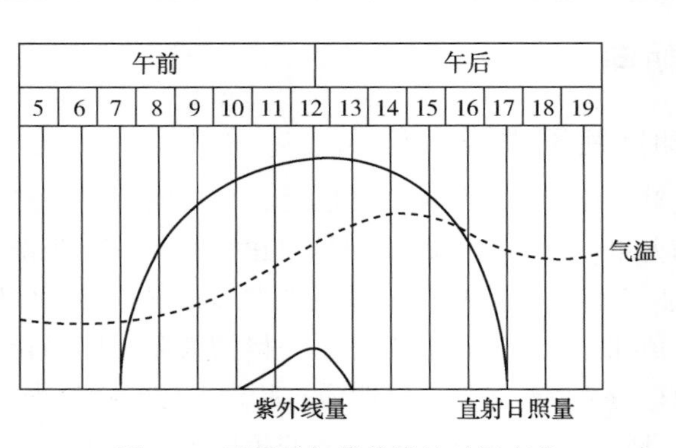

图 2. 6　日照量与紫外线的时间变化

所以，在选定建筑朝向时，要注意考虑居室所获得的紫外线量。这是基于室内卫生和利于人体健康的考虑。还要考虑主导风向对建筑物冬季热损耗和夏季自然通风的影响。

2.3 建筑间距与建筑密度

2.3.1 建筑间距

1. 居住建筑的日照标准

在确定好建筑朝向后，还应特别注意建筑物之间应有的合理间距，这样才能保证建筑物获得充足的日照。这个间距就是建筑物的日照间距。建筑规划设计时，应结合建筑日照标准、建筑节能原则、节地原则，综合考虑各种因素来确定建筑日照间距。

一般居住建筑的日照标准由日照时间和日照质量来衡量。

日照时间：我国地处北半球温带地区，居住建筑总希望在夏季能够避免较强日照，冬季能够获得充分的直接阳光照射，以满足室内卫生、建筑采光及辅助得热的需要。为了使居室能得到最低限度的日照，一般以底层居室窗台获得日照为标准。北半球太阳高度角全年的最小值是在冬至日。因此，确定居住建筑日照标准时，通常将冬至日或大寒日定为日照标准日，每套住宅至少应有一个居住空间能获得日照。根据《城市居住区规划设计标准》（GB 50180—2018）4.0.9条：“住宅建筑的间距应符合表2.4的规定；对特定情况，还应符合下列规定：①老年人居住建筑日照标准不应低于冬至日日照时数2h；②在原设计建筑外增加任何设施不应使相邻住宅原有日照标准降低，既有住宅建筑进行无障碍改造加装电梯除外；③旧区改建项目内新建住宅建筑日照标准不应低于大寒日日照时数1h。”

表2.4　住宅建筑日照标准

<table>
<tr><th>建筑气候区划</th><th>城区常住人口/万人</th><th>日照标准日</th><th>日照时数/h</th><th>有效日照时间带（当地真太阳时）</th><th>计算起点</th></tr>
<tr><td rowspan="2">Ⅰ、Ⅱ、Ⅲ、Ⅶ气候区</td><td>≥50</td><td rowspan="3">大寒日</td><td>≥2</td><td rowspan="3">8~16时</td><td rowspan="5">底层窗台面</td></tr>
<tr><td><50</td><td rowspan="2">≥3</td></tr>
<tr><td rowspan="2">Ⅳ气候区</td><td>≥50</td></tr>
<tr><td><50</td><td rowspan="2">冬至日</td><td rowspan="2">≥1</td><td rowspan="2">9~15时</td></tr>
<tr><td>Ⅴ、Ⅵ气候区</td><td>无限定</td></tr>
</table>

注：1. 建筑气候区划可见《建筑气候区划标准》（GB 50178—1993）。
2. 底层窗台面是指距室内地坪0.9m高的外墙位置。

日照质量：居住建筑的日照质量是通过日照时间内，室内日照面积的累计而达到的。根据各地的具体测定，在日照时间内，居室内每小时地面上阳光投射面积的累计来计算。日照面积对于北方居住建筑和公共建筑冬季提高室温有重要作用。所以，应有适宜的窗型、开窗面积、窗户位置等，这既是为保证日照质量，也是采光、通风的需要。

2. 日照间距的计算

日照间距是指建筑物长轴之间的外墙距离。它是由建筑用地的地形、建筑朝向、建筑物高度及长度、当地的地理纬度及日照标准等因素决定的。

(1) 平地建筑日照间距的计算

在平坦的地面上，前后有任意朝向的建筑物，如图 2.7 所示。建筑间距的计算点 m 设于后栋建筑物底层窗台高度，建筑间距的计算公式见式(2.6)和式(2.7)。

$$D_0=H_0\coth\cos\gamma \tag{2.6}$$

$$\gamma=A-\alpha \tag{2.7}$$

式中，D_0 为日照间距，m；H_0 为前栋建筑物的计算高度，m；h 为太阳高度角，(°)；γ 为后栋建筑物墙面法线与太阳方位所夹的角，(°)；A 为太阳方位角，(°)，以当地正午时为零，上午为负值，下午为正值；α 为墙面法线与正南方向所夹的角，(°)，以南偏西为正，南偏东为负。

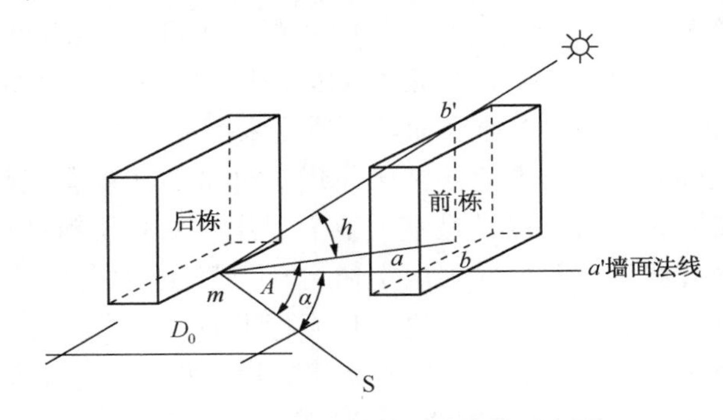

图 2.7　平地日照间距的计算示意图

注：S 表示正南方向；bb' 为前栋建筑物的计算高度 H_0；ma 为两栋建筑的日照间距 D_0

当建筑物为南北朝向时，式(2.6)可改为式(2.8)。

$$D_0=H_0\coth\cos A \tag{2.8}$$

当建筑物为南北朝向时，正午的日照间距可用式(2.9)进行计算。

$$D_0=H_0\coth \tag{2.9}$$

(2) 坡地建筑日照间距的计算

在有一定坡度的地面上布置建筑时，建筑会因坡度不同而有不同的间距。向阳坡上的建筑间距可以小一些，背阳坡上的建筑间距应当大一些。另外，建筑的方位和坡向的变化都会不同程度地影响建筑物之间的间距。

在一般情况下，当建筑物的方向与等高线关系一定时，向阳坡上的建筑以东南或西南向的间距最小，南向次之，东西向最大。背阳坡则以建筑物南北向布置时间距最大。

向阳坡的建筑间距，可按式(2.10)进行计算。

$$D_0=\frac{[H-(d+d')\sin\sigma\tan i-H_1]\cos\gamma}{\tan h+\sin\sigma\tan i\cos\gamma} \tag{2.10}$$

背阳坡的建筑间距，可按式(2.11)进行计算。

$$D_0=\frac{[H+(d+d')\sin\sigma\tan i-H_1]\cos\gamma}{\tan h+\sin\sigma\tan i\cos\gamma} \tag{2.11}$$

式中，D_0 为两幢建筑物的日照间距，m；H 为前幢建筑物的高度，m；d、d' 为前幢、后幢建筑的基准标高点距外墙外面的长度，m；σ 为地形坡向与墙面的夹角，(°)；i 为地面坡度角，(°)；H_1 为后幢建筑物底层窗台距设计基准点(或室外地面)的高差，m；γ 为建筑方位与太阳方位的差角，(°)；h 为太阳高度角，(°)。

从以上所述可以看出，建筑物所处的纬度高，冬至日太阳高度低，要满足日照的标准，建筑物在冬至日正午前后获得满窗日照，其所需要的日照间距就比低纬度地区大。表2.5所列为夏热冬冷地区部分城市满足冬至日正午前后2h满窗日照的间距系数 L_0。

表2.5　夏热冬冷地区部分城市日照的间距系数 L_0

地区	正南向	南偏东向					
		10°	20°	30°	40°	50°	60°
上海	1.42	1.43	1.41	1.33	1.28	1.07	0.89
南京	1.47	1.48	1.45	1.38	1.26	1.11	0.92
合肥	1.46	1.47	1.44	1.37	1.25	1.10	0.91
南昌	1.29	1.31	1.28	1.22	1.12	0.98	0.82
武汉	1.39	1.40	1.38	1.31	1.20	1.05	0.87
长沙	1.27	1.29	1.26	1.20	1.10	0.97	0.80
成都	1.39	1.41	1.38	1.31	1.20	1.05	0.87

注：日照间距 $D_0=L_0H_0$，H_0 为前幢建筑的计算高度。

3. 日照间距与建筑布局

在居住区规划布局中，满足日照间距的要求常与提高建筑密度、节约用地存在一定矛盾。在规划设计中可采取一些灵活的布置方式，既满足建筑的日照要求，又可适当提高建筑密度。

首先，可适当调整建筑朝向，将朝向南北改为朝向南偏东或偏西30°的范围内，使日照时间偏于上午或偏于下午。研究结果表明，朝向在南偏东或偏西15°范围内对建筑冬季太阳辐射得热影响很小，朝向在南偏东或偏西15°~30°范围内，建筑仍能获得较好的太阳辐射热，偏转角度超过30°则不利于日照。以上海为例，建筑物为正南时，满足冬至日正午前后2h满窗日照的间距系数 $L_0=1.42$；当朝向为南偏东(西)20°时，$L_0=1.41$；当朝向为南偏东(西)30°时，$L_0=1.33$。这说明，在满足日照时间和日照质量的前提下，适当调整建筑朝向，可缩小建筑间距，提高建筑密度，节约建筑用地。

此外，在居住区规划中，建筑群体错落排列，不仅有利于疏通内外交通和丰富空间景观，还有利于增加日照时间和改善日照质量。高层点式住宅采取这种布置方式，在充分保证采光日照条件下可大大缩小建筑物之间的间距，达到节约用地的目的。

在建筑规划设计中，还可以利用日照计算软件对日照时间、角度、间距进行较精确的计算。

2.3.2　建筑密度

在建筑规划设计过程中，不可避免地要涉及容积率和建筑密度问题。容积率是指一个小区的总建筑面积与用地面积的比率。对于发展商来说，容积率决定地价成本在房屋中占的比例；对于住户来说，容积率直接涉及居住的舒适度。一个良好的居住小区，高层住宅容积率应不超过 5，多层住宅应不超过 2。总体说来，区位条件越优，地价水平越高，供求矛盾越突出，土地规划控制越严格，容积率对地价的影响程度越大。

建筑密度是指建筑物的覆盖率，具体指项目用地范围内所有建筑的基底总面积与规划建设用地面积之比(%)。它可以反映出一定用地范围内的空地率和建筑密集程度。计算公式见式(2.12)。当容积率一定，也就是总建筑面积一定时，建筑密度和建筑层数成反比。

$$建筑密度=建筑首层面积/规划用地面积 \tag{2.12}$$

根据我国城市化发展的趋势和城市人口急剧增加的状态，在城市用地十分紧张的情况下，建造低密度的城市建筑群是不现实的。因此，在研究建筑节能时，必须关注建筑密度问题。

根据城市建设的成功经验，按照“在保证节能效益的前提下提高建筑密度”的要求，提高建筑密度最直接、最有效的方法，就是适当缩短南墙面的日照时间。在 9：00~15：00 的太阳辐射量中，10：00~14：00 的太阳辐射量占 80%以上。因此，如果把南墙日照时间缩短为 10：00~14：00，则可以大大缩小建筑间距，从而可提高建筑密度。

除以上缩短南墙面的日照时间外，在建筑的单体设计中采用退层处理、降低层高等方法，也可以有效缩小建筑间距，对于提高建筑密度具有非常重要的意义。

2.4 室外风环境优化设计

2.4.1 概述

风环境是近二十几年来提出的环境科学术语。风不仅对整个城市环境有巨大影响，而且对小区建筑规划、室内外环境及建筑能耗有很大影响。

风是太阳能的一种转换形式，既有速度又有方向。风向以 22.5°为间隔，共计 16 个方位，如图 2.8 所示。一个地区不同季节风向分布可用风玫瑰图表示。

由于太阳对地球南、北半球表面的辐射热随季节呈规律性变化，从而引起大气环流的规律性变化，这种季节性大范围有规律的空气流动形成的风，称为“季候风”。一般这种风随季节而变，冬、夏季基本相反，风向相对稳定。如我国的东部，从大兴安岭经过内蒙古河套绕四川东部到云贵高原，多属受季候风影响地区。同时，形成我国新疆、内蒙古和黑龙江部分地区一年中的主导风向是偏西风。由于我国地域辽阔，地形、地貌、海拔高度变化很大，不同地区风环境特征差异明显，除季风区、主导风向区外，还有无主导风向区、准静风区(简称“静风区”，是指风速小于 1.5m/s 的频率大于 50%的区域。我国的四川盆地等地区属于这个区)等。

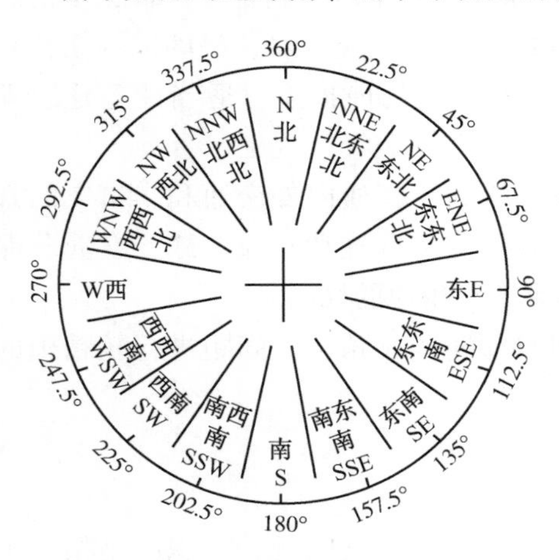

图 2.8　风的 16 个方位

一般从地球表面到 500~1000m 高的这一层空气

叫作"大气边界层"，在城市区域上空则叫作"城市边界层"。大气边界层的厚度并没有一个严格的界限，它只是一个定性的分层高度。其厚度主要取决于地表粗糙度，在平原地区较薄，在山区和市区较厚。大气边界层内空气的流动称为"风"。边界层内风速沿纵向(垂直方向)的分布特征是：紧贴地面处风速为零，越往高处风速逐渐加大。这是因为越往高处地面摩擦力影响越小。当到达一定高度时，往上的风速不再增大，把这个高度叫作"摩擦高度"或"边界层高度"。边界层高度主要取决于下垫面的粗糙程度。边界层内空气流动形成的风直接作用于建筑环境和建筑物，也将直接影响建筑物使用过程中的采暖或空调能耗。

此外，由于地球表面上的水陆分布、地势起伏、表面覆盖等条件的不同，造成诸表面对太阳辐射热的吸收和反射各异，诸表面升温后和其上部的空气进行对流换热及向太空辐射出的长波辐射能量亦不相同。这就造成局部空气温度差异，从而引起空气流动形成的风称为"地方风"。如陆地与江河、湖泊、海面相接区域，白天，水和陆地对太阳辐射热吸收、反射不同及它们的热容量等物理特性不同，陆地上空气升温比水面上空气升温快，陆地上空暖空气流向水面上空，水面上冷空气流向陆地近地面，于是形成了由水面到陆地的海风；而夜晚陆地地面向大气进行热辐射，其冷却程度比水面强烈，于是水面上空暖空气流向陆地上空，陆地近地面冷空气流向水面，于是又形成由陆地到水面的陆风，这就是地方风的一种——水(海)陆风。水(海)陆风影响的范围不大，沿海地区比较明显，海风通常深入陆地20~40km，高达1000m，最大风力可达5~6级；陆风在海上可伸展8~10km，高度100~300m，风力不超过3级。在温度日变化和水陆之间温度差异最大的地方，最容易形成水(海)陆风。我国沿海受海陆风的影响由南向北逐渐减弱。此外，在我国南方较大的几个湖泊湖滨地带，也能形成较强的水陆风。

风对建筑采暖能耗的影响主要体现在两个方面：第一，风速的大小会影响建筑围护结构外表面与室外冷空气受迫对流的热交换速率；第二，冷风的渗透会带走室内热量，使室内空气温度降低。建筑围护结构外表面与周围环境的热交换速率在很大程度上取决于建筑物周围的风环境，风速越大，热交换也就越强烈，采暖能耗就越大。因此，对采暖建筑来说，如果要减小建筑围护结构与外界的热交换，达到节能的目的，应该将建筑物规划在避风地段，且选择符合相关节能标准要求的体形系数。

在夏热冬冷和夏热冬暖地区，良好的室内外风环境非常利于室内的自然通风，为人们提供新鲜空气，带走室内的热量和水分，降低室内空气温度和相对湿度，促进人体的汗液蒸发降温，改善人体舒适感，也利于建筑内外围护结构的散热，从而有效降低空调能耗。

2.4.2 冬季防寒冷风的设计方法

(1) 建筑物主要朝向宜避开不利风向

我国北方采暖地区冬季主要受来自西伯利亚的寒冷气流影响，以北风、西北风为主要寒流风向。从节能角度考虑，建筑在规划设计时，宜避开不利风向，以减少寒冷气流对建筑物的侵袭。同时，对朝向为冬季主导风向的建筑物立面应多选择封闭设计和加强围护结构的保温性能，也可以通过在建筑周围种植防风林起到有效防风作用。

(2) 利用建筑组团阻隔冷风

通过合理布置建筑物，降低寒冷气流的风速，可以减少建筑围护结构外表面的热损失，节约能源。

迎风建筑物的背后会产生背风涡流区，这个区域也称“风影区”(风影是从光学中光影类比移植过来的物理概念，它是指风场中由于遮挡作用而形成局部无风或风速变小区域)，见图2.9。这部分区域内风力弱，风向也不稳定。风向投射角 α 见图2.10。将建筑物紧凑布置，使建筑物间距在 $2.0H$(H 为建筑高度)以内，可以充分利用风影效果，大大减弱寒冷气流对后排建筑的侵袭。

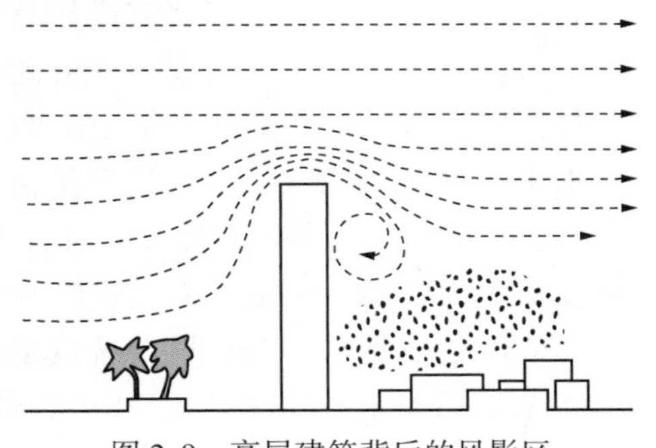

图2.9　高层建筑背后的风影区

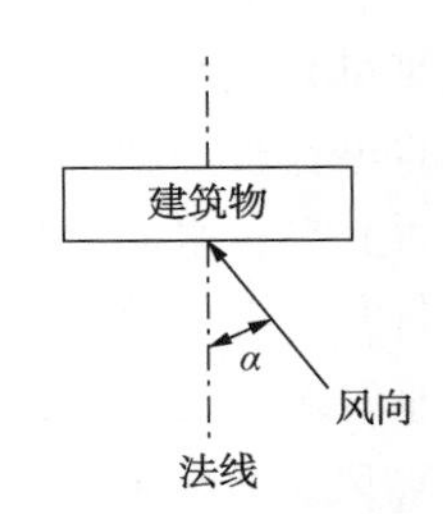

图2.10　风向投射角 α

在风环境的优化设计过程中，建筑物的长度、高度甚至屋顶形状都会影响风的分布，并有可能出现“隧道”效应。这会使局部风速增至2倍以上，产生强烈的涡流。所以，应该分析建筑群内部在冬季主导风向寒风作用下的风环境(可利用计算流体力学软件进行模拟分析)，对可能出现的“隧道”效应和强涡流区域通过调整规划设计方案予以消除。

(3) 提高围护结构气密性，减少建筑物冷风渗透耗能

减少冷风渗透是一项基本的建筑保温措施。在冬季经常出现大风降温天气的严寒、寒冷和部分夏热冬冷地区，冬季大风天的冷风渗透大大超出保证室内空气质量所需的换气要求，加大了冬季采暖的热负荷，并对人体的热舒适感产生不良影响。改善和提高外围护结构，特别是外门窗的气密性是减少建筑物冷风渗透的关键。新型塑钢门窗或带断热桥的铝合金门窗在很大程度上提高了建筑物的气密性。

减少建筑物的冷风渗透，也须合理地规划设计建筑。居住建筑常因考虑占地面积等因素，多选择行列式的组团布置方式。从减弱或避免冬季寒冷气流对建筑物的侵袭来考虑，采用行列式组团形式时，应注意控制风向与建筑物长边的入射角，不同入射角建筑排列内的气流状况不同，如图2.11所示。

2.4.3　夏季建筑通风的设计方法

在规划设计中，建筑群采取行列式或错列式布局，朝向(或朝向接近)夏季主导风向，且间距布局合理(可减弱或避开风影区的影响)，有利于建筑物的自然通风。

在夏季室外风速小、天气炎热的气候条件下，高低建筑物错落布置，建筑小区内不均匀的气流分布所形成的大风区可以改善室内外热环境。此外，庭院式建筑布局(由于在庭院

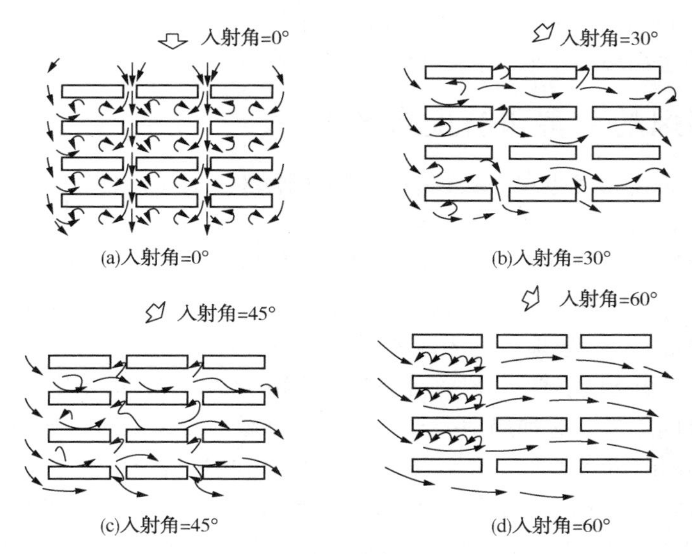

图 2.11 不同入射角情况下的气流状况

中间没有屋顶)也能形成良好的自然通风，增加室外环境的人体热舒适感。在这种气候条件下，风压很小，利用照射进庭院的太阳能形成烟囱效应，增加庭院和室内的空气流动。在城市中，为增大庭院的自然通风效果，屋顶需要较大的空隙率，以减小正压。另外，可利用吸入式屋顶使建筑物下风向的负压与屋顶正压相互抵消，最终利用屋顶边缘的文丘里效应或者漩涡的能量来增加通风量。

若建筑物布置过于稠密而阻挡气流，则住宅区通风条件就会变差。若整个地区通风良好，在夏季还可以降低步行者的体感温度，道路及住宅区的空气污染也容易往外扩散。良好的自然通风可以降低空调的使用率，从而达到降低能耗的目的。所以，在规划住宅区时，应该充分考虑整个区域的通风。当地区的总建筑占地率(建筑物外墙围住的部分的水平投影面积与建筑地基面积的比)相同时，通常中高层集合住宅区的自然通风效果优于低层住宅区。产生这种现象的原因是中高层集合住宅区用地是在整个地区内统一规划的，容易形成一个集中而连续的开放空间，具备了风道的功能，带来整个地区良好的通风环境。在低层住宅区用地中，随着地基不断被细分化和窄小化，建筑物很容易密集在一起，造成总建筑占地率的增加，整个地区的通风环境就会变差。

在规划设计中，还可以利用建筑周围绿化进行导风。例如：沿来风方向在单体建筑两侧的前后设置绿化屏障，使得来风受阻挡后进入室内；利用低矮灌木顶部较高空气温度和高大乔木树荫下较低空气温度形成的热压差，将自然风导向室内。但这种方法对于寒冷地区的住宅建筑，需要综合考虑夏季、过渡季通风及冬季通风的矛盾。

利用地理条件组织自然通风也是一种非常有效的方法。如在山谷、海滨、湖滨、沿河地区的建筑物，就可以利用“水陆风”“山谷风”提高建筑内的通风。所谓“水陆风”，指的是在海滨、湖滨和较大面积河流等具有大水体的地区，由于水体温度的升降要比陆地上气温的升降慢得多，白天陆上的空气被加热上升使水面上的凉风吹向陆地，晚上陆地的气温比水面上的空气冷却得快，使风又从陆地吹向水面，这样便形成了“水陆风”。所谓“山谷风”，指的是在山谷地区，当空气温度在白天被升高后，会沿着山坡向上流动；而在晚上，变凉的空气又会顺着山坡往下吹，这样就形成了山谷风。

2.4.4 强风的危害和防止措施

所谓强风的危害是指发生在高大建筑周围的强风对环境的危害，是伴随着城市中高层乃至超高层建筑的出现而明显化了的社会问题。

就城市整体而言，其平均风速比同高度的开旷郊区小，但在城市覆盖层(从地面向上到50~100m这一层空气通常叫“接地层”或“近地面层”)内部风的局地性差异很大。主要表现在有些地方风速变得很大，有些地方的风速变得很小甚至为零。造成风速差异性很大的主要原因有二：一方面，是街道的走向、宽度、两侧建筑物的高度、形式和朝向不同，所获得的太阳辐射能就有明显的差异。这种局地差异，在主导风微弱或无风时将导致局地热力学环流，使城市内部产生不同的风向风速。另一方面，是盛行风吹过城市中鳞次栉比、参差不齐的建筑物时，因阻碍效应产生不同的升降气流、涡动和绕流等，使风的局地变化更为复杂。

强风的危害是多方面的。首先是给人的活动造成许多不便，如行走困难、呼吸困难，甚至吹倒行人等；其次是造成房屋及各种设施的破坏，如玻璃破损、室外展品被吹落等；最后是恶化环境，如冬季使人感到更冷，并使建筑围护结构外表面与室外冷空气对流换热更为强烈，冷风渗透加剧，这都将导致采暖能耗的大量增加。

为了防止上述风害，可采取如下措施。

(1) 使高大建筑的小表面朝向盛行风向，或频数虽不够盛行风向，但风速很大的风向，以减弱风的影响。

(2) 建筑物之间的相互位置要合适。例如两栋建筑物之间的距离不宜太窄，因为越窄则风速越大。

(3) 改变建筑平面形状，例如切除尖角变为多角形，就能减弱风速。

(4) 设防风围墙(墙、栅栏)可有效防止并减弱风害。防风围墙能使部分风通过是较好的措施。此外，围墙的高度、长度及与风所成的角度等，对其防风效果有一定影响。

(5) 种植树木于高层建筑周围，和前述围墙一样，起到减弱强风区的作用。

(6) 在高楼的底部周围设低层部分，这种低层部分可以将来自高层的强风挡住，使之不会流动到街面或院内地面上。

(7) 在近地面的下层处设置挑棚等，使来自上边的强风不致吹到街上的行人。

(8) 设联拱廊。在两个建筑物之间架设联拱廊之后，下面就受到了保护。这种联拱廊还有防雨、遮阳等功能。

2.5 环境绿化与水景设计

2.5.1 概述

建筑与气候密切相关。适应环境及气候，是建筑规划及设计应遵循的基本原则之一，也是建筑节能设计的原则之一。一个地区的气候特征是由太阳辐射、大气环流、地面性质等相互作用决定的，具有长时间尺度统计的稳定性，凭借目前人类的科学技术水平还很难将其改变。所以，建筑规划设计应结合气候特点进行。

但在同一地区，由于地形、方位、土壤特性以及地面覆盖状况等条件的差异，在近地面大气中，一个地区的个别地方或局部区域可以具有与本地区一般气候有所不同的气候特点，这就是微气候的概念。微气候是由局部下垫面构造特性决定的发生在地表附近大气层中的气候特点和气候变化，它对人的活动影响很大。

由于与建筑发生直接联系的是建筑周围的局部环境，即其周围的微气候环境。所以，在建筑规划设计中可以通过环境绿化、水景布置的降温、增湿作用，调节风速、引导风向的作用，保持水分、净化空气的作用改善建筑周围的微气候环境，进而达到改善室内热环境并减少能耗的目的。

人口高度密集的城市，在特殊的下垫面和城市人类活动的影响下，改变了该地区原有的区域气候状况，形成了一种与城市周围不同的局地气候，其特征有“城市热岛效应”“城市干岛、湿岛”等。

在城市、小区的规划设计中，增加绿化、水景的面积，对改善局部的微气候环境是非常有益的。

2.5.2 环境绿化与水景设计方法

(1) 调节空气温度、增加空气湿度

绿化及水景布置对居住区气候起着十分重要的作用，具有良好的调节气温和增加空气湿度的作用。这主要是因为水在蒸发过程中会吸收大量太阳辐射热和空气中的热量，植物(尤其是乔木)有遮阳、减低风速和蒸腾、光合作用。植物在生长过程中，根部不断从土壤中吸收水分，又从叶面蒸发水分，这种现象称为“蒸腾作用”。据测定，一株中等大小的阔叶木，一天约可蒸发 100kg 的水分。同时，植物吸收阳光作为动力，把空气中的二氧化碳和水进行加工变成有机物作养料，这种现象称为“光合作用”。蒸腾作用和光合作用都要吸收大量太阳辐射热。树林的树叶面积大约是树林种植面积的 75 倍，草地上的草叶面积是草地面积的 25~35 倍。这些比绿化面积大上几十倍的叶面面积都在进行着蒸腾作用和光合作用，所以就起到了吸收太阳辐射热、降低空气温度、净化室外空气、调节湿度的作用。

(2) 充分利用绿化的遮阳防辐射作用

据调查研究，茂盛的树木能遮挡 50%~90%的太阳辐射热，草地上的草可以遮挡 80%左右的太阳光线。实地测定：正常生长的大叶榕、橡胶榕、白兰花、荔枝等树下，离地面 1.5m 高处，透过的太阳辐射热只有 10%左右；柳树、桂木、刺桐等树下，透过的太阳辐射热是 40%~50%。由于绿化的遮阳，建筑物和地面的表面温度降低很多，绿化地面比一般没有绿化地面辐射热低 70%以上。图 2.12 是 2000 年 8 月在某校园内对混凝土表面、沥青表面、草坪表面以及树荫下泥土表面的温度实测值。从图 2.12 中可见，在太阳辐射情况下，午后混凝土和沥青地面最高表面温度达 50℃以上，草坪仅有 40℃左右。草坪的初始温度最低，在午后其温度下降也比较快，到 18：00 后低于空气温度。植被在太阳辐射下由于蒸腾作用，降低了对土壤的加热作用；相反在没有太阳辐射时，在长波辐射冷却下能迅速将热量从土壤深部传出，这说明植被是较为理想的地表覆盖材料，对改善室外微气候环境的作用是非常明显的。

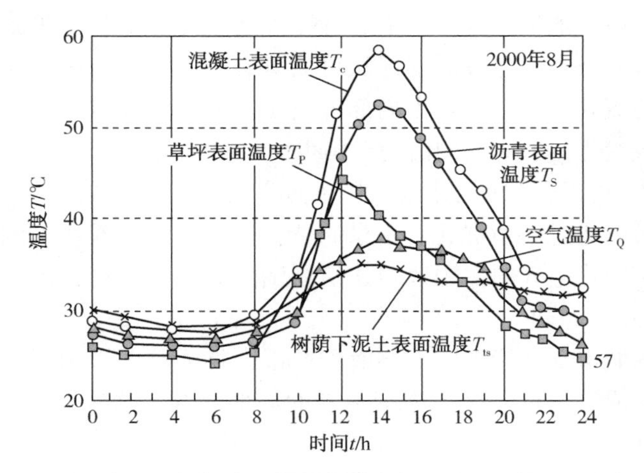

图 2.12　各种地表覆盖材料表面测试温度图

研究表明，如果在居住区增加25%的绿化覆盖率，可使空调能耗降低20%以上。所以，在居住区的节能设计中，应注重环境绿化、水景布置。但不应只单纯追求绿地率指标及水面面积或将绿地、水面过于集中布置，还应注重绿地、水面布局的科学、合理，使每栋住宅都能同享绿化、水景的生态效益，尽可能大范围、最大限度发挥环境绿化、水景布置改善微气候环境质量的有益作用。

基于上述原理和实际效果，说明环境绿化、水景布置的科学设计和合理布局，对改善公共建筑周围微气候环境质量、节约空调能耗也是极其有利的。

(3) 降低噪声、减轻空气污染

绿化对噪声具有较强的吸收衰减作用。其主要原因是树叶和树枝间空隙像多孔性吸声材料一样吸收声能，同时，通过与声波发生共振吸收声能，特别是能吸收高频噪声。有研究表明，公路边15~30m宽的林带，能够降低噪声6~10dB，相当于减少噪声能量60%以上。当然，树木的降噪效果与树种、林带结构和绿化带分布方式有关。根据城市居住区特点采用面积不大的草坪和行道树可起到吸声降噪的效果。

植被，特别是树木，有吸收有害气体，吸滞烟尘、粉尘和细菌的作用。因此，居住区绿化建设还可以减轻城市大气污染、改善大气环境质量。

(4) 控制区域气流的路径

在我国南方及东南广大湿热性气候区中，特别要重视建筑的通风，这无论是对于保证人们的工作和生活条件，还是对于节省空调的耗能，都具有非常重要的作用。在进行建筑绿化设计时，必须充分考虑到这个方面。

由于绿地和周围环境的气温总是有一定的温差，根据冷热空气对流的基本原理，绿地和建筑周围环境之间因温差的存在，也必然会产生定向的气流流动。因此，如果用乔木、灌木组成结构较为紧密的小块绿地，并巧妙地布置在建筑物周围，则可以人为地把气流引向需要通风的方向。

第3章　建筑围护结构节能设计

3.1　建筑墙体节能设计

3.1.1　建筑物外墙保温设计

1. 墙体类型

按外墙保温材料及构造类型划分，主要有单一材料保温墙体和单设保温层复合保温墙体。常见的单一材料保温墙体有加气混凝土保温墙体、多孔砖墙体、空心砌块墙体等。在单设保温层复合墙体中，根据保温层在墙体中的位置，又分为内保温墙体、外保温墙体及夹芯保温墙体，如图3.1所示。

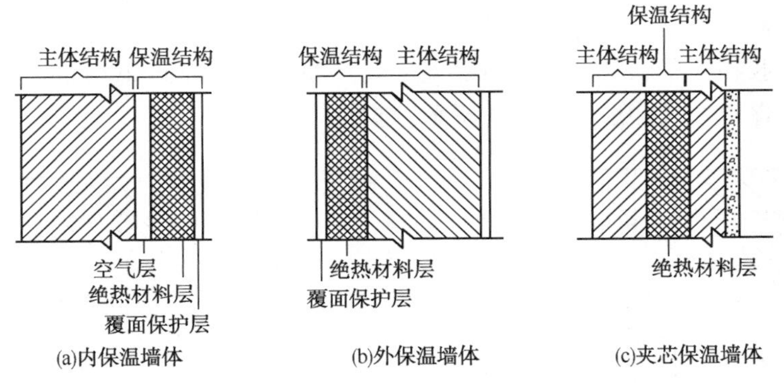

图3.1　单设保温层复合墙体的类型

随着节能标准的提高，大多数单一材料保温墙体难以满足包括节能在内的多方面技术指标的要求。单设保温层复合墙体采用了新型高效保温材料而具有更优良的热工性能，且结构层、保温层都可充分发挥各自材料的特性和优点，既不使墙体过厚，又可满足保温节能要求，还可满足墙体抗震、承重及耐久性等多方面的要求。

在三种单设保温层复合墙体中，因外墙外保温系统技术合理、有明显的优越性且适用范围广，不仅适用于新建建筑工程，还适用于既有建筑的节能改造，从而成为我国住房和城乡建设部重点推广的建筑保温技术。外墙外保温技术具有七大技术优势：保护主体结构，大大减小了因温度变化导致结构变形所产生的应力，避免了雨、雪、冻、融、干、湿循环造成的结构破坏，减少了空气中有害气体和紫外线对围护结构的侵蚀，延长了建筑物的寿命；基本消除了“热桥”影响，也防止了“热桥”部位产生的结露；使墙体潮湿状况得到改善，一般墙体内部不会发生冷凝现象；有利于室温保持稳定；可以避免装修对保温层的破坏；便于既有建筑物进行节能改造；增加房屋使用面积。

下面介绍在《外墙外保温工程技术标准》(JGJ 144—2019)中的外墙外保温系统。这几种外保温系统保温材料性能优越、技术先进成熟、工程质量可靠稳定，而且应用较为广泛。

2. 外墙外保温系统

(1) 粘贴保温板薄抹灰外保温系统

粘贴保温板薄抹灰外保温系统主要由粘结层、保温层、抹面层和饰面层构成。粘结层材料应为胶粘剂；保温层材料可为 EPS 板(expanded polystyrene panel，模塑聚苯板)、XPS 板(extruded polystyrene panel，挤塑聚苯板)和 PUR 板/PIR 板(rigid polyurethane foam board，硬泡聚氨酯板)；抹面层材料应为抹面胶浆，抹面胶浆中满铺玻纤网；饰面层可为涂料或饰面砂浆。典型的粘贴保温板薄抹灰外保温系统构造如图 3. 2 所示。

EPS 板与基层墙体的有效粘贴面积不得小于保温板面积的 40%，XPS 板、PUR 板/PIR 板与基层墙体的有效粘贴面积不得小于保温板面积的 50%，四种材料均宜使用锚栓辅助固定。此外，如用 XPS 板，其内、外表面应作界面处理。

(2) 胶粉聚苯颗粒保温浆料外保温系统

胶粉聚苯颗粒保温浆料外保温系统主要由界面层、保温层、抹面层和饰面层构成。界面层材料应为界面砂浆；保温层材料应为胶粉聚苯颗粒保温浆料，经现场拌和均匀后抹在基层墙体上；抹面层材料应为抹面胶浆，抹面胶浆中满铺玻纤网；饰面层可为涂料或饰面砂浆。需注意：胶粉聚苯颗粒保温浆料保温层设计厚度宜不超过 100mm。典型的胶粉聚苯颗粒保温浆料外保温系统构造如图 3. 3 所示。

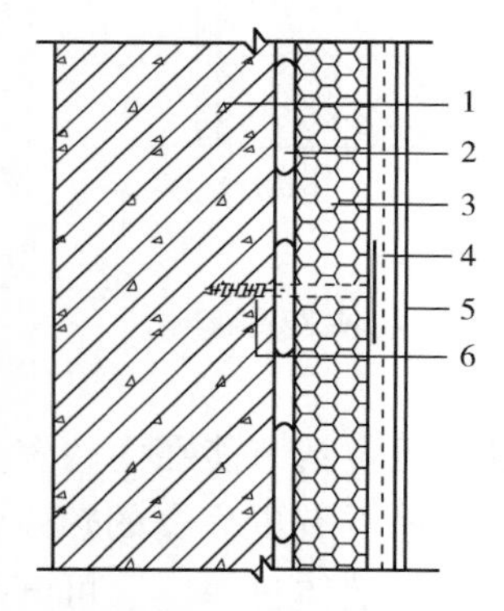

图 3. 2　典型的粘贴保温板薄抹灰外保温系统

注：1—基层墙体；2—胶粘剂；3—保温板；4—抹面胶浆复合玻纤网；5—饰面层；6—锚栓

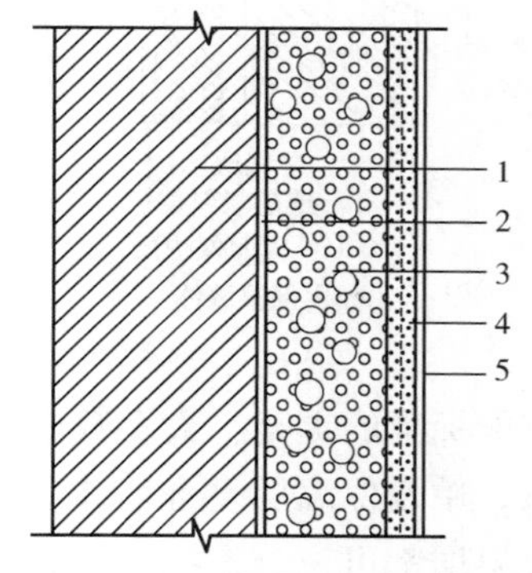

图 3. 3　典型的胶粉聚苯颗粒保温浆料外保温系统

注：1—基层墙体；2—界面砂浆；3—保温浆料；4—抹面胶浆复合玻纤网；5—饰面层

(3) EPS 板现浇混凝土外保温系统

EPS 板现浇混凝土外保温系统以现浇混凝土外墙作为基层墙体，EPS 板为保温层，EPS 板内表面(与现浇混凝土接触的表面)开有凹槽，内外表面均应满涂界面砂浆。EPS 板宽度宜为 1200mm，高度宜为建筑物层高。EPS 板表面应做抹面胶浆抹面层，抹面层中满铺玻纤网；饰面层可为涂料或饰面砂浆。典型的 EPS 板现浇混凝土外保温系统构造如图 3.4 所示。

（4）EPS 钢丝网架板现浇混凝土外保温系统

EPS 钢丝网架板现浇混凝土外保温系统以现浇混凝土外墙作为基层墙体，EPS 钢丝网架板为保温层，钢丝网架板中的 EPS 板外侧开有凹槽。钢丝网架板表面应涂抹掺外加剂的水泥砂浆抹面层，外表可做饰面层。典型的 EPS 钢丝网架板现浇混凝土外保温系统构造如图 3.5 所示。

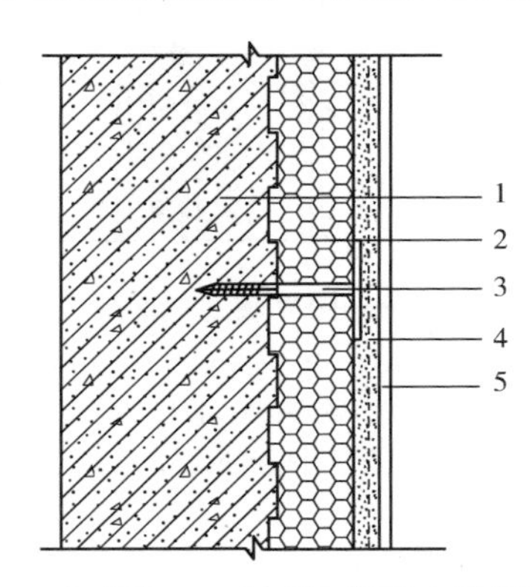

图 3.4　典型的 EPS 板现浇混凝土外保温系统

注：1—现浇混凝土外墙；2—EPS 板；3—辅助固定件；4—抹面胶浆复合玻纤网；5—饰面层

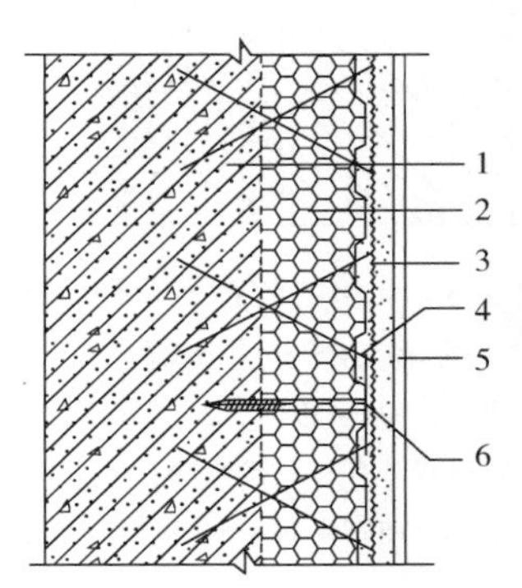

图 3.5　典型的 EPS 钢丝网架板现浇混凝土外保温系统

注：1—现浇混凝土外墙；2—EPS 钢丝网架板；3—掺外加剂的水泥砂浆抹面层；4—钢丝网架；5—饰面层；6—辅助固定件

EPS 钢丝网架板每平方米应斜插腹丝 100 根，钢丝均应采用低碳热镀锌钢丝，板两面应预喷刷界面砂浆。EPS 钢丝网架板质量除应符合表 3.1 的规定外，还应符合《墙体保温系统用钢丝网架复合保温板》(GB/T 26540—2022)的规定。

表 3.1　EPS 钢丝网架板质量要求

项　目	质量要求
外观	界面砂浆涂敷均匀，与钢丝和 EPS 板附着牢固
焊点质量	斜丝脱焊点不超过 3%
钢丝挑头	穿透 EPS 板挑头≥30mm
EPS 板对接	板长 3000mm 范围内 EPS 板对接不得多于两处，且对接处需用胶粘剂粘牢

（5）胶粉聚苯颗粒浆料贴砌 EPS 板外保温系统

胶粉聚苯颗粒浆料贴砌 EPS 板外保温系统由界面砂浆层、胶粉聚苯颗粒贴砌浆料层、EPS 板保温层、胶粉聚苯颗粒贴砌浆料层、抹面层和饰面层构成。抹面层中应满铺玻纤网，饰面层可为涂料或饰面砂浆。单块 EPS 板面积宜不大于 0.3m^2。EPS 板与基层墙体的粘贴面上宜开设凹槽。典型的胶粉聚苯颗粒浆料贴砌 EPS 板外保温系统构造如图 3.6 所示。

（6）现场喷涂硬泡聚氨酯外保温系统

现场喷涂硬泡聚氨酯外保温系统由界面层、现场喷涂硬泡聚氨酯保温层、界面砂浆层、找平层、抹面层和饰面层组成。抹面层中应满铺玻纤网，饰面层可为涂料或饰面砂浆。典型的现场喷涂硬泡聚氨酯外保温系统构造如图 3.7 所示。

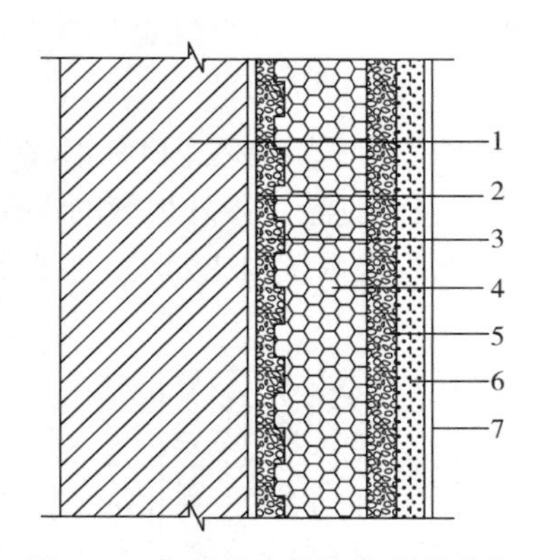

图 3.6　典型的胶粉聚苯颗粒浆料贴砌 EPS 板外保温系统

注：1—基层墙体；2—界面砂浆；3—胶粉聚苯颗粒贴砌浆料；4—EPS 板；5—胶粉聚苯颗粒贴砌浆料；6—抹面胶浆复合玻纤网；7—饰面层

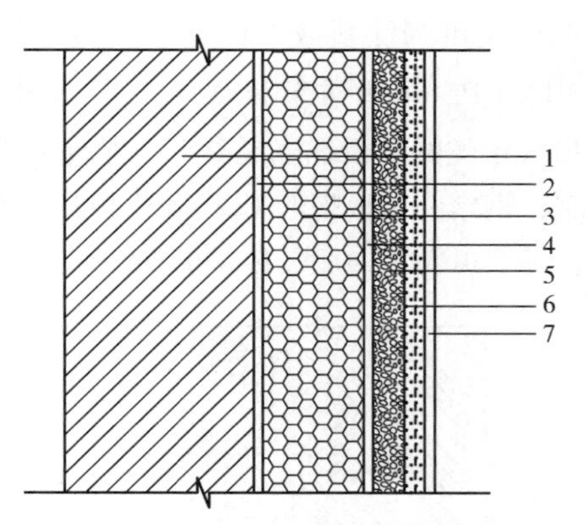

图 3.7　典型的现场喷涂硬泡聚氨酯外保温系统

注：1—基层墙体；2—界面层；3—喷涂 PUR；4—界面砂浆；5—找平层；6—抹面胶浆复合玻纤网；7—饰面层

3.1.2　建筑物楼梯间内墙保温设计

楼梯间内墙泛指住宅中楼梯间与住户单元间的隔墙，一些宿舍楼内的走道墙也包含在内。《严寒和寒冷地区居住建筑节能设计标准》(JGJ 26—2018)的 4.1.6 条要求："楼梯间及外走廊与室外连接的开口处应设置窗或门，且该窗和门应能密闭，门宜采用自动密闭措施"；4.1.7 条要求："严寒 A、B 区的楼梯间宜供暖，设置供暖的楼梯间的外墙和外窗的热工性能应满足本标准要求。非供暖楼梯间的外墙和外窗宜采取保温措施"。实际设计中，有些建筑的楼梯间及走道间不设采暖设施，楼梯间的隔墙即成为由住户单元内向楼梯间传热的散热面。这种情况下，这些楼梯间隔墙部位应做好保温处理。

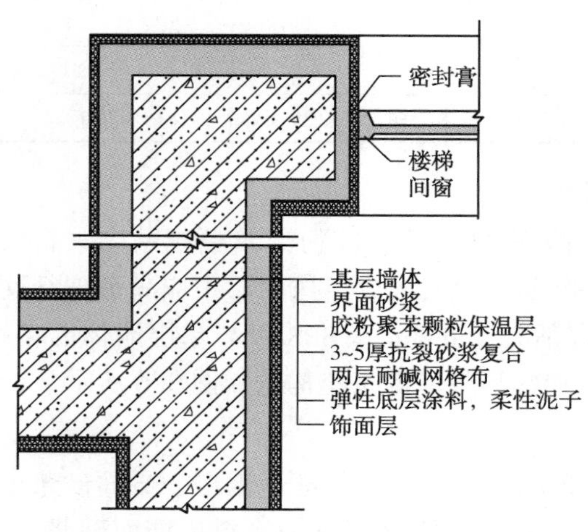

图 3.8　楼梯间隔墙保温构造(单位：mm)

计算表明，一栋多层住宅，楼梯间采暖比不采暖，耗热要减少 5%左右；楼梯间开敞比设置门窗，耗热量要增加 10%左右。所以，有条件的建筑应在楼梯间内设置采暖装置，并做好门窗的保温措施，否则应按节能标准要求对楼梯间内墙采取保温措施。

根据住宅选用的结构形式，如砌体承重结构体系，楼梯间内隔墙多为双面抹灰 240mm 厚砖砌体结构或 190mm 厚混凝土空心砌块砌体结构。这类形式的楼梯间内的保温层常置于楼梯间一侧，保温材料多选用保温砂浆类产品或保温浆料系列产品。图 3.8 是保温浆料系统用于不采暖楼梯间隔墙时的保温构造做法。因保温层多由松散材料组成，施工时要注意其外部保护层的处理，防止搬动大件物品时碰伤楼梯间内墙的保温层。在图 3.8 中采取两层耐碱网格布，以增强保护层强度及抗冲击性。

对钢筋混凝土高层框架-剪力墙结构体系建筑，其楼梯间常与电梯间相邻，这些部位通常作为钢筋混凝土剪力墙的一部分，对这些部位也应提高保温能力，以达到相关节能标准的要求。

3.1.3 建筑物变形缝保温设计

建筑物中的变形缝常见的有伸缩缝、沉降缝，抗震缝等。虽然这些部位的墙体一般不会直接面向室外寒冷空气，但这些部位的墙体散热量也是不容忽视的。尤其是建筑物外围护结构其他部位提高保温能力后，这些构造缝就成为较为突出的保温薄弱部位，散热量相对较大。所以，必须对其进行保温处理。

《严寒和寒冷地区居住建筑节能设计标准》(JGJ 26—2018)中 4.2.12 条要求："变形缝应采取保温措施，并应保证变形缝两侧墙的内表面温度在室内空气设计温、湿度条件下不低于露点温度。"

3.2 建筑门窗节能设计

3.2.1 节能门窗简介

门窗是装设在墙洞中可启闭的建筑构件。门的主要作用是交通联系和分隔建筑空间。窗的主要作用是采光、通风、日照、眺望。门窗均属围护构件，除满足基本使用要求外，还应具有保温、隔热、隔声、防护等功能。此外，门窗的设计对建筑立面起了装饰与美化作用。

门窗设计是住宅建筑围护结构节能设计中的重要环节，同时由于门窗本身具有多重性，使其节能设计也成为比较复杂的设计环节。

1. 门窗性能比较

目前，我国使用的门窗性能比较见表 3.2。

表 3.2 我国目前使用门窗性能比较

特性	窗户类型					
	钢窗	铝合金窗	木窗	塑料窗	塑钢窗	断桥铝合金窗
保温性	差	差	优	优	优	优
抗风性	优	良	良	差	良	良
空气渗透性	差	良	差	良	优	优
雨水渗透性	差	差	差	良	良	良
耐火性	优	优	差	差	差	良

目前，常用的门窗主要有铝、钢、玻璃、玻璃钢、松木、PVC(Polyvinyl chloride，聚氯乙烯)等材料，不同材料的传热系数见表 3.3。

表 3.3 不同材料的传热系数

材料名称	传热系数/[W/(m²·K)]	材料名称	传热系数/[W/(m²·K)]
铝材	203	玻璃钢	0.27
钢材	110.9	松木	0.17
玻璃	0.81	PVC	0.30

2. 铝合金节能门窗

（1）根据《铝合金门窗》(GB/T 8478—2020)，门、窗按外围护结构用和内围护结构用，划分为两类：一类是外门窗，代号为 W；另一类是内门窗，代号为 N。

（2）门、窗按主要性能划分的类型和代号见表 3.4。

表 3.4 门、窗的主要性能类型和代号

类型		普通型		隔声型		保温型		隔热型	保温隔热型	耐火型
代号		PT		GS		BE		GR	BWGR	NH
用途		外门窗	内门窗	外门窗	内门窗	外门窗	内门窗	外门窗	外门窗	外门窗
主要性能	抗风压性能	◎	—	◎	—	◎	—	◎	◎	◎
	水密性能	◎	—	◎	—	◎	—	◎	◎	◎
	气密性能	◎	○	◎	◎	◎	◎	◎	◎	◎
	空气声隔声性能	—	—	◎	◎	○	○	○	○	○
	保温性能	—	—	○	○	◎	◎	—	◎	○
	隔热性能	—	—	○	—	—	—	◎	◎	○
	耐火完整性	—	—	—	—	—	—	—	—	◎

注：“◎”为必选性能；“○”为可选性能；“—”为不要求。

（3）铝合金门窗外观及表面质量。根据《铝合金门窗》(GB/T 8478—2020)：①表面应洁净、无污迹。框扇铝合金型材、玻璃表面应无明显的色差、凹凸不平、划伤、擦伤、碰伤等缺陷。②镶嵌密封胶缝应连续、平滑，不应有气泡等缺陷；封堵密封胶缝应密实、平整。密封胶缝处的铝合金型材装饰面及玻璃表面不应有外溢胶粘剂。③密封胶条应平整连续，转角处应镶嵌紧密不应有松脱凸起，接头处不应有收缩缺口。④框扇铝合金型材在一个玻璃分格内的允许轻微表面擦伤、划伤应符合表 3.5 的规定。在许可范围内的型材喷粉、喷漆表面擦伤和划伤，可采用相应的方法进行修饰，修饰后应与原涂层颜色基本一致。

表 3.5 门窗框扇铝合金型材允许轻微的表面擦伤、划伤要求

项　　目	室外侧要求	室内侧要求
擦伤、划伤深度	不大于表面处理层厚度	
擦伤总面积/mm²	≤500	≤300
划伤总长度/mm	≤150	≤100
擦伤和划伤处数	≤4	≤3

（4）外窗采光性能以透光折减系数 T_r 表示。根据《建筑外窗采光性能分级及检测方法》（GB/T 11976—2015），其分级及分级指标值应符合表 3.6 的规定。

表 3.6 外窗采光性能

分　级	分级指标值 T_r	分　级	分级指标值 T_r
1	$0.20 \leqslant T_r < 0.30$	4	$0.50 \leqslant T_r < 0.60$
2	$0.30 \leqslant T_r < 0.40$	5	$T_r \geqslant 0.60$
3	$0.40 \leqslant T_r < 0.50$		

3. 平板玻璃门窗

根据《平板玻璃》（GB 11614—2022），按颜色属性，平板玻璃分为无色透明平板玻璃和本体着色平板玻璃两类；按外观质量要求的不同，分为普通级平板玻璃和优质加工级平板玻璃两级。下面根据平板玻璃规范对平板玻璃的尺寸偏差、厚度等参数进行介绍。

（1）平板玻璃应切裁成矩形，其长度和宽度的尺寸偏差应不超过表 3.7 规定。

表 3.7 平板玻璃长度和宽度的尺寸偏差 mm

厚度 D	尺寸偏差	
	边长 $L \leqslant 3000$	边长 $L > 3000$
$2 \leqslant D \leqslant 6$	±2	±3
$6 < D \leqslant 12$	+2，−3	+3，−4
$12 < D \leqslant 19$	±3	±4
$D > 19$	±5	±5

（2）平板玻璃的常用厚度规格为 2mm、3mm、4mm、5mm、6mm、8mm、10mm、12mm、15mm、19mm、22mm、25mm，厚度应在产品合格证明文件中明示。不应生产常用厚度规格以外的产品。当平板玻璃用于建筑用玻璃领域以外，如信息产业、光伏、交通工具、家电等其他领域并对厚度有特殊要求时，可以生产常用厚度规格以外的产品，应在合同等文件中对产品厚度作出约定和明示。平板玻璃的厚度偏差和厚薄差应符合表 3.8 的规定。

表 3.8 平板玻璃的厚度偏差和厚薄差 mm

厚度 D	厚度偏差	厚薄差
$2 \leqslant D < 3$	±0.10	≤0.10
$3 \leqslant D < 5$	±0.15	≤0.15
$5 \leqslant D < 8$	±0.20	≤0.20
$8 \leqslant D < 12$	±0.30	≤0.30
$12 \leqslant D < 19$	±0.50	≤0.50
$D \geqslant 19$	±1.00	≤1.00

（3）无色透明平板玻璃可见光透射比应不小于表 3.9 的规定。对于"（2）"规定的常用规格以外厚度的产品，其可见光透射比实测值应换算成 5mm 标准厚度可见光透射比且应不小于表 3.9 的规定。

表 3.9 无色透明平板玻璃可见光透射比

厚度/mm	可见光透射比/%	厚度/mm	可见光透射比/%
2	≥89	10	≥81
3	≥88	12	≥79
4	≥87	15	≥76
5	≥86	19	≥72
6	≥85	22	≥69
8	≥83	25	≥67

(4) 本体着色平板玻璃可见光透射比、太阳光直接透射比、太阳能总透射比偏差应不超过表 3.10 的规定。

表 3.10 本体着色平板玻璃透射比偏差

测 试 项 目	偏差允许值/%
可见光透射比(波长范围 380~780mm)	≤1.5
太阳光直接透射比(波长范围 300~2500mm)	≤2.5
太阳能总透射比(波长范围 300~2500mm)	≤3.0

(5) 仅对本体着色平板玻璃进行颜色均匀性检验。同一批产品中，普通级平板玻璃色差 $\Delta E_{ab}^{*} \leqslant 1.5$，优质加工级色差 $\Delta E_{ab}^{*} \leqslant 1.0$。

3.2.2 建筑物外门节能设计

此处的外门包括户门(不采暖楼梯间)、单元门(采暖楼梯间)、阳台门以及与室外空气直接接触的其他各式各样的门。

1. 门的尺寸

(1) 居住建筑中门的尺寸

门的宽度：单扇门约 800~1000mm；双扇门为 1200~1400mm。

门的高度：一般为 2000~2200mm；带亮子(腰头窗)的，则高度需增加 300~500mm。

(2) 公共建筑中门的尺寸

门的宽度：一般比居住类建筑物稍大。单扇门为 950~1000mm；双扇门为 1400~1800mm。

门的高度：一般为 2100~2300mm；带亮子的应增加 500~700mm。

四扇玻璃外门宽为 2500~3200mm；高(包括亮子)可达 3200mm；可视立面造型与房高而定。

2. 门的传热系数和传热阻

一般门的热阻比窗户的热阻大，比外墙和屋顶的热阻小，因而是建筑外围护结构保温的薄弱环节。表 3.11 是几种常见门的热工指标。从表中看出，不同种类门的传热系数值有所差异。传热系数愈小，或传热阻愈大，保温性能愈好。在建筑设计中，应尽可能选择保温性能好的保温门。

表 3.11　几种常见门的热工指标

门框材料	门的类型	传热系数 K/[W/(m^2·K)]	传热阻 R_0/[(m^2·K)/W]
木材与塑料	单层实体门	3.5	0.29
	夹板门和蜂窝夹芯门	2.5	0.40
	双层玻璃门(玻璃比例不限)	2.5	0.40
	单层玻璃门(玻璃比例小于 30%)	4.5	0.22
	单层玻璃门(玻璃比例为 30%~60%)	5.0	0.20
金属	单层实体门	6.5	0.15
	单层玻璃门(玻璃比例不限)	6.5	0.15
	单框双玻门(玻璃比例小于 30%)	5.0	0.20
	单框双玻门(玻璃比例为 30%~70%)	4.5	0.22
无框	单层玻璃门	6.5	0.15

外门的另一个重要特征是空气渗透耗热量特别大。与窗户不同的是，门的开启频率要高得多，这使得门缝的空气渗透程度要比窗户缝的大得多，特别是容易变形的木制门和钢制门。

3.2.3　建筑物外窗节能设计

窗在建筑上的作用是多方面的，除需要满足视觉的联系、采光、通风、日照及建筑造型等功能要求外，作为围护结构的一部分，应同样具有保温隔热、得热或散热的作用。因此，外窗的大小、形式、材料和构造要兼顾各方面的要求，以取得整体的最佳效果。

1. 窗的尺寸

通常平开窗单扇宽不大于 600mm；双扇宽度 900~1200mm；三扇窗宽 1500~1800mm；一般高度为 1500~2100mm；窗台离地高度为 900~1000mm。旋转窗的宽度、高度宜不大于 1m，超过时，须设中竖框和中横框。可适当提高窗台高度，约 1200mm 左右。推拉窗宽不大于 1500mm，一般高度不超过 1500mm，也可设亮子。

2. 窗的传热系数和气密性

窗户的传热系数和气密性是决定其保温节能效果优劣的主要指标。窗户传热系数应按国家计量认证的质检机构提供的测定值采用，如无测定值，可按表 3.12 采用。

表 3.12　常用窗户的传热系数和传热阻

窗框材料	窗户类型	空气层厚度/mm	窗框窗洞面积比/%	传热系数 K/[W/(m^2·K)]	传热阻 R_0/[(m^2·K)/W]
钢、铝	单层窗	—	20~30	6.4	0.16
	单框双玻窗	12	20~30	3.9	0.26
		16	20~30	3.7	0.27
		20~30	20~30	3.6	0.28
	双层窗	100~140	20~30	3.0	0.33
	单层窗+单框双玻窗	100~140	20~30	2.5	0.40

续表

窗框材料	窗户类型	空气层厚度/mm	窗框窗洞面积比/%	传热系数 K/[W/(m^2·K)]	传热阻 R_0/[(m^2·K)/W]
木、塑料	单层窗	—	30~40	4.7	0.21
	单框双玻窗	12	30~40	2.7	0.37
		16	30~40	2.6	0.38
		20~30	30~40	2.5	0.40
	双层窗	100~140	30~40	2.3	0.43
	单层窗+单框双玻窗	100~140	30~40	2.0	0.50

注：1. 本表中的窗户包括阳台门上部带玻璃部分。阳台门下部不透明部分的传热系数，如下部不做保温处理，可按表中数值采用；如做保温处理，可按计算值采用。
2. 本表根据《民用建筑热工设计规范》(GB 50176—2016)编制。

3. 窗的保温节能措施

(1) 控制窗墙面积比

窗墙面积比指窗户面积与窗户面积加上外墙面积之比值。一般窗户的传热系数大于同朝向外墙的传热系数，因此采暖耗热量随窗墙比的增加而增加。不同地区的窗墙面积比要求不一样。例如：《严寒和寒冷地区居住建筑节能设计标准》(JGJ 26—2018)中给出了严寒和寒冷地区居住建筑的窗墙面积比最大值，见表3.13。

表3.13 窗墙面积比最大值

朝　　向	严寒地区(1区)	寒冷地区(2区)
北	0.35	0.40
东、西	0.40	0.45
南	0.55	0.60

(2) 采用节能玻璃

节能玻璃要具备两个节能特性：保温性和隔热性。玻璃的保温性(K值)要达到与当地墙体相匹配的水平。

对于有采暖要求的地区，节能玻璃应当具有传热小，可利用太阳辐射热的性能。对于夏季炎热地区，节能玻璃应当具有阻隔太阳辐射热的隔热、遮阳性能。节能玻璃技术中的中空玻璃、真空玻璃主要是减小其传热能力，表面镀膜玻璃技术主要是为了降低其表面向室外辐射的能力和阻隔太阳辐射热透射。

目前，在节能窗中广泛应用的玻璃有热反射玻璃、Low-E玻璃(Low-E是Low Emissivity Glass的简称)、真空玻璃等。

① 热反射玻璃。又名“镀膜玻璃”，是有较高的热反射能力的同时保持良好透光性的平板玻璃，是用物理或者化学的方法在玻璃表面镀一层金属或者金属氧化物薄膜，对太阳光有较强烈热反射性能，可有效地反射太阳光线，包括大量红外线。因此，在日照时，使室内的人感到清凉舒适，具有良好的节能和装饰效果。热反射玻璃也称“镜面玻璃”，有金色、

茶色、灰色、紫色、褐色、青铜色和浅蓝等色。

② Low-E 玻璃。又称“低辐射玻璃”，是在平板玻璃表面镀覆特殊的金属及金属氧化物薄膜，使照射于玻璃的远红外线被膜层反射，从而达到隔热、保温的目的。按膜层的遮阳性能分类，可分为高透型 Low-E 玻璃和遮阳型 Low-E 玻璃两种。高透型 Low-E 玻璃适用于我国北方地区，冬季太阳能波段的辐射可透过这种玻璃进入室内，从而节省暖气的费用。遮阳型 Low-E 玻璃适用于我国南方地区，这种玻璃对透过的太阳能衰减较多，可阻挡来自室外的远红外线热辐射，从而节省空调的使用费用。此外，按膜层的生产工艺分类，可分为离线真空磁控溅射法 Low-E 玻璃和在线化学气相沉积法 Low-E 玻璃两种。

③ 真空玻璃。真空节能玻璃是两片平板玻璃中间由微小支撑物将其隔开，玻璃四周用钎焊材料加以封边，通过抽气口将中间的气体抽至真空，然后封闭抽气口保持真空层的特种玻璃。真空节能玻璃的隔热原理比较简单，可将其比喻为平板形的保温瓶。真空玻璃之所以能够节能，一是两层玻璃的夹层为气压低于 0.1Pa 的真空，使气体传热可忽略不计；二是内壁镀有 Low-E 膜，使辐射热大大降低。

真空节能玻璃具有优异的保温隔热性能，一片只有 6mm 厚的真空玻璃隔热性能相当于 370mm 的实心黏土砖墙，隔音性能可达到五星级酒店的静音标准，可将室内噪声降至 45dB 以下。由于真空玻璃隔热性能优异，在建筑上应用可达到节能和环保的双重效果。

(3) 提高窗框的保温性能

窗框是墙体与窗的过渡层，是固定窗玻璃的支撑结构，也起着防止周围墙体坍塌的作用。窗框需要有足够的强度和刚度。由于窗框直接与墙体接触，很容易成为传热速度较快的部位。因此，窗框也需要具有良好的保温隔热能力，以避免窗框成为整个窗户的热桥。目前，窗框的材料主要有 PVC 塑料窗框、铝合金窗框、钢窗框和木窗框等。

窗框提高保温隔热性能的措施有以下三个途径：一是选择热导率较低的框料，如 PVC 塑料，其热导率仅为 0.16W/(m·K)，可避免窗框成为热桥；二是采用热导率小的材料，截断金属框料型材的热桥制成断桥式框料；三是利用框料内的空气腔室截断金属框扇的热桥。如双樘串联钢窗是以此作为隔断传热的一种有效措施。

表 3.14 中列出了几种主要框料的热导率和密度，可作为窗设计时的参考。

表 3.14 几种主要框料的热导率和密度

性能	材料				
	铝合金	钢材	松、杉木	PVC 塑料	空气
热导率/[W/(m·K)]	174	58	0.17~0.35	0.13~0.20	0.04
密度/(kg/m^3)	2700	7800	300~400	40~50	1.20

(4) 提高窗户的气密性

窗质量的好坏，主要取决于它的三个重要指标：窗户的气密性、水密性和抗风压性。这“三性”直接关系到塑钢门窗的使用功能。气密性不合格，使用中会出现漏风量过大的现象；水密性不合格，使用中可能导致雨天出现雨水渗漏；抗风压性不合格，则会出现窗户主要受力杆件变形过大，在大的风压下甚至会导致玻璃破碎。完善的密封措施是保证窗户的气密性、水密性、隔声性能和隔热性能达到一定水平的关键。

目前，我国在窗的密封方面，多数是在框与扇和玻璃与扇处进行密封处理。由于安装施工中的质量问题，使得框与窗洞口之间的冷风渗透未能很好处理。因此，为了达到较好的节能保温水平，必须对框与洞口、框与扇、扇与玻璃三个部位的间隙进行密封处理。国外对于框与扇之间已普遍采用三级密封的做法。通过三级密封处理措施，完全能使窗的空气渗透量降到现行标准要求的水平。

(5) 开扇的形式与节能

窗的几何形式与面积以及开启窗扇的形式，均对窗的保温节能性能有很大影响。例如：开扇形式的窗户，缝长与开扇面积均比较小，这样在具有相近的开扇面积下，开扇缝较短，节能效果好。

根据窗户设计的实践经验证明，在设计开扇形式方面应注意以下要点：①在保证室内空气质量必要的换气次数前提下，尽量缩小开扇的面积；②在造型允许的情况下，选用周边长度与面积比小的窗扇形式，即接近正方形，有利于节能；③镶嵌玻璃的面积尽可能的大。

(6) 特别注意对窗的遮阳

大量的调查和测试表明，太阳辐射通过窗进入室内的热量是造成夏季室内温度过高的主要原因。美国、日本、欧洲的一些国家以及我国的香港地区，都把提高窗的热工性能和阳光控制作为夏季防热和建筑节能的重点。由此可见，在窗外安装遮阳设施是非常必要的。

我国的南方地区，夏季水平面太阳辐射强度可高达 $1000W/m^2$ 以上，在这种强烈的太阳辐射条件下，阳光直接射入室内，将严重地影响建筑室内热环境，必然会增加建筑空调的能耗。因此，减少窗的辐射传热是建筑节能中降低窗口得热的主要途径。应根据建筑的实际情况，采取适当的遮阳措施，防止直射阳光的不利影响。

在不同于南方温暖地区的严寒地区，阳光充分进入室内，有利于降低冬季采暖能耗。这一地区采暖能耗在全年建筑总能耗中占主导地位，如果遮阳设施阻挡了冬季阳光进入室内，对自然能源的利用和节能是不利的。因此，遮阳措施一般不适用于北方严寒地区。

(7) 提高窗保温节能的其他方法

窗的保温节能方法除了以上几个方面外，设计上还可以使用具有保温隔热特性的窗帘、窗盖板等构件，以增加窗的节能效果。目前，较成熟的一种活动窗帘是由多层铝箔-密闭空气层-铝箔构成，具有很好的保温隔热性能，不足之处是价格昂贵。此外，采用平开式或推拉式窗盖板，内填沥青珍珠岩、沥青蛭石、沥青麦草、沥青谷壳等，可获得较高的隔热性能及较经济的效果。

3.3 建筑屋面节能设计

3.3.1 屋面保温材料

用于屋面的保温隔热材料很多。保温材料一般为轻质、疏松、多孔或纤维的材料，按其形状可分为三种类型：松散保温材料、整体现浇保温材料与板状保温材料。

1. 松散保温材料

常用的松散材料有膨胀蛭石(粒径 3～15mm)、膨胀珍珠岩等。松散保温材料的质量应符合表 3.15 的要求。

表 3.15　松散保温材料质量要求

项　　目	膨 胀 蛭 石	膨胀珍珠岩
粒径	3～15mm	≥0.15mm，≤0.15mm 的含量不大于 8%
堆积密度	≤300kg/m^3	≤120kg/m^3
导热系数	≤0.14W/(m·K)	≤0.07W/(m·K)

2. 整体现浇保温材料

采用泡沫混凝土、聚氨酯现场发泡喷涂材料，整体浇筑在需保温的部位。

整体现浇保温材料产品应有出厂合格证、样品的试验报告及材料性能的检测报告。根据设计要求选用厚度，壳体应连续、平整；表观密度、导热系数、相关强度等应符合设计要求，见表 3.16。

表 3.16　整体现浇保温材料质量要求

类　　别	质 量 要 求
现喷硬质 聚氨酯泡沫塑料	表观密度 35～40kg/m^3；导热系数<0.03W/(m·K)； 压缩强度大于 150kPa；封孔率大于 92%
板状制品	表观密度 400～500kg/m^3；导热系数 0.07～0.08W/(m·K)； 抗压强度应≥0.1MPa

3. 板状保温材料

如挤压聚苯乙烯泡沫塑料板(XPS 板)、模压聚苯乙烯泡沫塑料板(EPS 板)、加气混凝土板、泡沫混凝土板、膨胀珍珠岩板、膨胀蛭石板、矿棉板、岩棉板、木丝板、刨花板、甘蔗板等。

一般有机纤维材的保温性能较无机板材好，但耐久性较差。只有在通风条件良好、不易腐烂的情况下使用才较为适宜。部分板状保温材料的质量应符合表 3.17 的要求。目前应用最广泛，经济适用，效果最好的是挤压聚苯乙烯泡沫塑料板(XPS 板)。

表 3.17　板状保温材料质量要求

项　　目	聚苯乙烯泡沫塑料类		硬质聚氨酯泡沫塑料	泡沫玻璃	微孔混凝土类	膨胀蛭石(珍珠岩)制品
	挤压	模压				
表观密度/(kg/m^3)	≥32	15～30	≥30	≥150	500～700	300～800
导热系数/[W/(m·K)]	≤0.03	≤0.041	≤0.027	≤0.062	≤0.22	≤0.26
抗压强度/MPa	—	—	—	≥0.4	≥0.4	≥0.3
在 10%形变下的压缩应力/MPa	≥0.15	≥0.06	≥0.15	—	—	—

续表

项　目	聚苯乙烯泡沫塑料类		硬质聚氨酯泡沫塑料	泡沫玻璃	微孔混凝土类	膨胀蛭石(珍珠岩)制品
	挤压	模压				
70℃，48h 后尺寸变化率/%	≤2.0	≤5.0	≤5.0	≤0.5	—	—
吸水率/(V/V,%)	≤1.5	≤6.0	≤3.0	≤0.5	—	—
观质量	板的外形基本平整，无严重凹凸不平；厚度允许偏差为 5%，且不大于 4mm					

3.3.2　屋面保温设计

屋面保温设计绝大多数为外保温构造，这种构造受周边热桥影响较小。为了提高屋面的保温能力，屋顶的保温节能设计要采用导热系数小、轻质高效、吸水率低(或不吸水)、有一定抗压强度、可长期发挥作用且性能稳定可靠的保温材料作为保温隔热层。屋面保温层的构造应符合下列规定。

(1) 保温层设置在防水层上部时，保温层的上面应做保护层。

(2) 保温层设置在防水层下部时，保温层的上面应做找平层。

(3) 屋面坡度较大时，保温层应采取防滑措施。

(4) 吸湿性保温材料不宜用于封闭式保温层。

1. 胶粉 EPS 颗粒屋面保温系统

该系统采用胶粉 EPS 颗粒保温浆料对平屋顶或坡屋顶进行保温，用抗裂砂浆复合耐碱网格布进行抗裂处理，防水层采用防水涂料或防水卷材。保护层可采用防紫外线涂料或块材等。胶粉 EPS 颗粒屋面保温系统构造如图 3.9 所示。

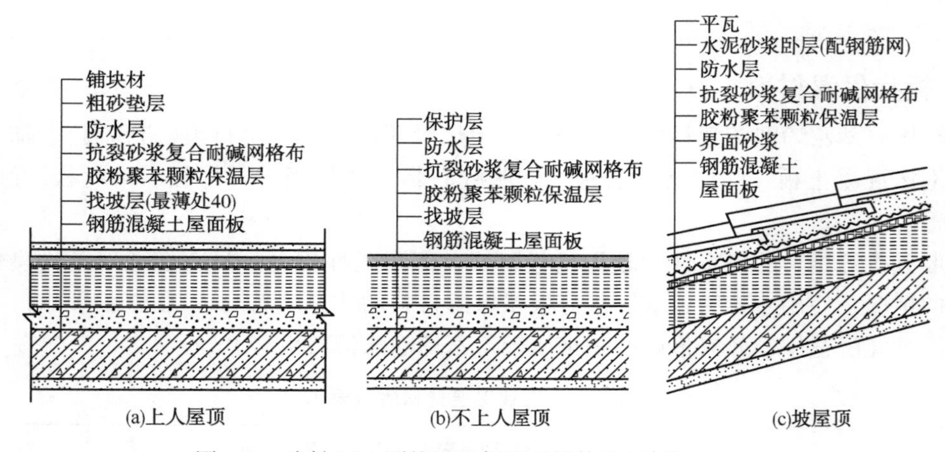

图 3.9　胶粉 EPS 颗粒屋面保温系统构造(单位：mm)

防紫外线涂料由丙烯酸树脂和太阳光反射率高的复合颜料配制而成。具有一定的降温功能，用于屋顶保护层。其性能指标除应符合《溶剂型外墙涂料》(GB/T 9757—2001)的要求外，还应符合表 3.18 的要求。

表 3.18 防紫外线涂料性能

项　　目		指　　标
干燥时间/h	表干	≤1
	实干	≤12
透水性/mL		≤0.1
太阳光反射率/%		≥90

建筑物地面节能设计胶粉 EPS 颗粒保温浆料作为屋面保温材料，不但要求保温性能好，还应满足抗压强度的要求。

2. 倒置式保温屋面

倒置式保温屋面是将传统屋面构造中保温隔热层与防水层"颠倒"，即将保温隔热层设在防水层上面，故有"倒置"之称，又称"侧铺式"或"倒置式"屋面，其构造如图 3.10 所示。

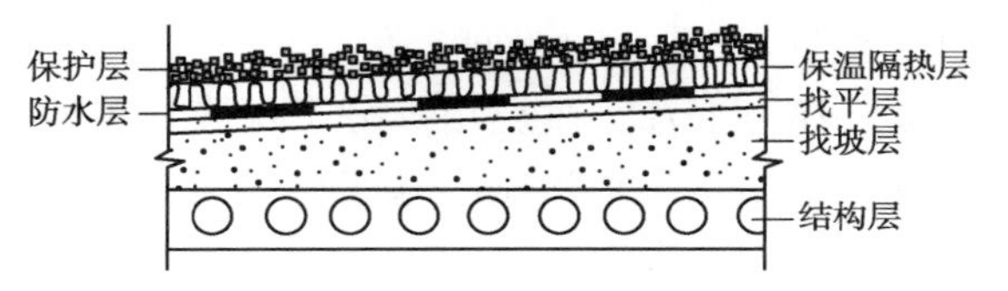

图 3.10 倒置式保温屋面构造

图 3.11 是倒置式保温油毡屋面的构造。倒置式保温屋面于 20 世纪 60 年代开始在德国和美国被采用，其特点是保温层在防水层之上，对防水层起到一个屏蔽和防护的作用，使之不受阳光和气候变化的影响而温度变形较小，也不易受到来自外界的机械损伤。因此，现在有不少人认为这种屋面是一种值得推广的保温屋面。

倒置式保温屋面的构造要求保温隔热层应采用吸水率低的材料，如聚苯乙烯泡沫塑料板、沥青膨胀珍珠岩等，而且在保温隔热层上应用混凝土、水泥砂浆或干铺卵石作保护层，以免保温隔热材料受到破坏。保护层用混凝土板或地砖等材料时，可用水泥砂浆铺砌，用卵石作保护层时，在卵石与保温隔热材料层间应铺一层耐穿刺且耐久性防腐性能好的纤维织物。

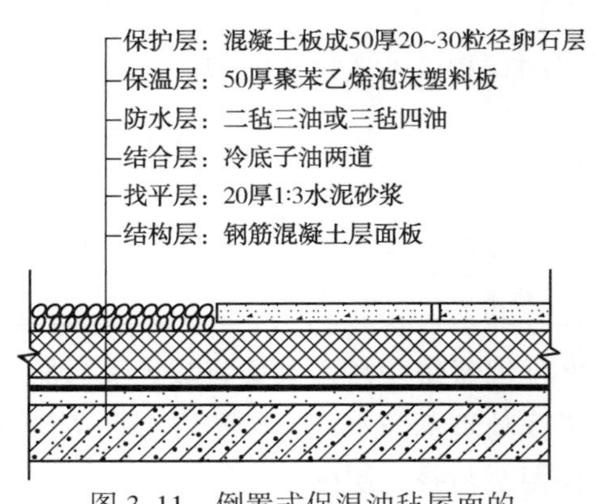

图 3.11 倒置式保温油毡屋面的构造(单位：mm)

3. 现场喷涂硬质聚氨酯泡沫塑料屋面保温系统

该保温系统是采用现场喷涂硬质聚氨酯泡沫塑料，对于平屋顶或坡屋顶进行保温处理，采用轻质砂浆对保温层进行找平及隔热处理，并用抗裂砂浆复合耐碱网格布进行抗裂处理，保护层可采用防紫外线涂料或块材等。现场喷涂硬质聚氨酯泡沫塑料屋面保温系统的构造如图 3.12 所示。

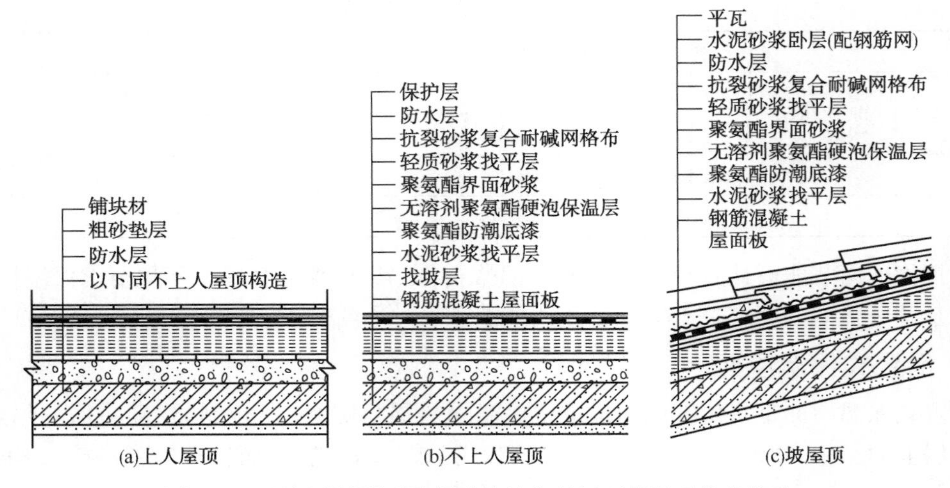

图 3.12　现场喷涂硬质聚氨酯泡沫塑料屋面保温系统的构造

保温系统中所用的聚氨酯防潮底漆，主要由高分子树脂、多种助剂和稀释剂按一定比例配制而成，施工时用滚筒、毛刷均匀地涂刷在基层材料的表面，可有效防止水及水蒸气对聚氨酯泡沫塑料保温材料产生不良影响。

保温系统中所用的硬质聚氨酯泡沫塑料，简称聚氨酯硬泡，它在聚氨酯制品中的用量仅次于软质聚氨酯泡沫塑料。聚氨酯硬泡多为闭孔结构，具有绝热效果好、质量较轻、比强度大、施工方便等优良特性，同时还具有隔音、防震、电绝缘、耐热、耐寒、耐溶剂等特点，广泛用于冰箱、冰柜的箱体绝热层、冷库、冷藏车等绝热材料，建筑物、储罐及管道保温材料。硬质聚氨酯泡沫塑料的性能指标见表 3.19。

表 3.19　硬质聚氨酯泡沫塑料的性能指标

项目名称	性能指标	项目名称	性能指标
干密度/(kg/m^3)	30~50	蓄热系数/[W/(m^2·K)]	≥0.36
热导率/[W/(m·K)]	≤0.027	压缩强度/MPa	≥0.15

保温系统中所用的聚氨酯界面砂浆，主要是由聚氨酯合成树脂乳液、多种助剂等制成的界面处理剂与水泥、砂子混合而成。将聚氨酯界面砂浆涂覆于聚氨酯保温层上，可以增强保温层与找平层的黏结能力。

3.4　建筑地面节能设计

3.4.1　地面的分类及要求

1. 地面的分类方法

地面按其是否直接接触土壤分为两类：一类是不直接接触土壤的地面，在建筑上称为“地板”，其中，又可分成接触室外空气的地板和不采暖地下室上部的地板，以及底部架空的地板等；另一类是直接接触土壤的地面。地面的种类见表3.20。

表3.20　地面的种类

地面种类	所处位置和状况	地面种类	所处位置和状况
地面(直接接触土壤)	周边地面 非周边地面	地板(不直接接触土壤)	接触室外空气地板 不采暖地下室上部地板 存在空间传热的层间地板

2. 地面的功能要求

地面是楼板层和地坪的面层，是人们日常生活、工作和生产时直接接触的部分。在工程中属于装修范畴，也是建筑中直接承受荷载，经常受到摩擦、清扫和冲洗的部分。对地面的功能要求主要有以下方面。

(1) 具有足够的坚固性。地面是经常受到接触、撞击、摩擦、冲刷作用的地方，要求在各种外力的作用下不易产生磨损破坏，且表面平整、光洁、易清洗和不起灰。

(2) 具有良好的保温性能。即要求修建地面的材料热导率较小，给人以温暖舒适的感觉，冬季走在上面不致感到寒冷。

(3) 具有一定的弹性。地面是居住者经常行走的场所，对于人身的舒适感有直接的影响。当在地面上行走时不致有过硬的感受，还能起到隔声的作用。

(4) 满足某些特殊要求。对有水作用的房间(如浴室、卫生间等)，地面应防潮防水；对食品和药品存放的房间，地面应无害虫、易清洁；对经常有油污染的房间，地面应防油渗且易清扫等。

(5) 防止地面发生返潮。我国南方在春夏之交的梅雨季节，由于雨水多、气温高，空气中相对湿度较大。当地表面温度低于露点温度时，空气中的水蒸气遇冷便凝聚成小水珠附在地表面上。当地面的吸水性较差时，往往会在地面上形成一层水珠，这种现象称为地面返潮。一般情况下，以底层比较常见，严重的可达到3~4层。

3. 地面的保温要求

当地面的温度高于地下土壤温度时，热流便由室内地面传入土壤中。居住建筑室内地面下部土壤温度的变化并不太大，一般从冬季到春季大约10℃，从夏末至秋天大约20℃，且变化速度非常缓慢。但是，在房屋与室外空气相邻的四周边缘部分的地下土壤温度的变化是很大的。冬天，它受室外空气以及房屋周围低温土壤的影响，将较多的热量由该部分被传递出去，从而影响地面的温度。

在《严寒和寒冷地区居住建筑节能设计标准》(JGJ 26—2018)和《公共建筑节能设计标准》(GB 50189—2015)中，对地面保温提出了具体要求，应严格按规定满足保温的标准。

3.4.2　地面保温设计

1. 地面的保温设计

建筑地面分为周边地面和非周边地面两部分。周边地面是指外墙内侧算起向内2.0m范围内的地面，其余为非周边地面。在寒冷的冬季，采暖房间地面下土壤的温度一般低于室内气温，特别是靠近外墙的地面要比房间中部的温度低5℃左右，热损失也将大得多。如果不采取保温措施，则外墙内侧墙面及室内墙角部位均易出现结露，在室内墙角附近的地面有冻脚的感觉，并使地面传热损失加大。

满足地面节能标准的具体措施是：在室内地坪以下垂直墙面外侧加铺50~70mm厚的聚苯板，以及从外墙内侧算起2.0m范围内的地面下部加铺70mm厚的聚苯板，最好是挤塑聚苯板等具有一定抗压强度、吸湿性较小的保温层。地面保温层构造如图3.13所示。非周边地面一般不需要采取特别的保温措施。

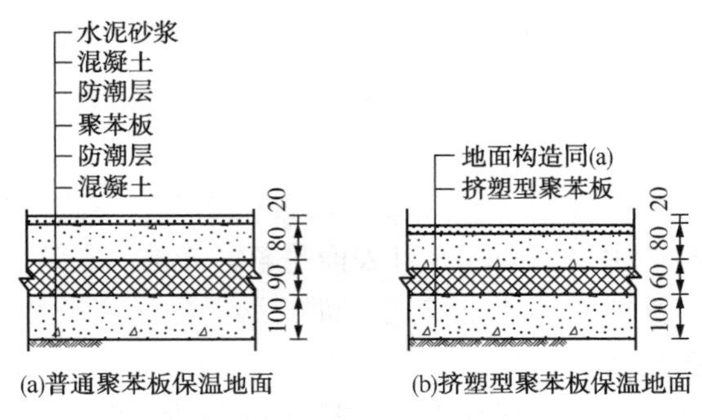

图3.13　地面保温层构造(单位：mm)

此外，夏热冬冷地区和夏热冬暖地区的建筑物底层地面，除保温性能应满足建筑节能要求外，还应采取一些必要的防潮技术措施，以减轻或消除梅雨季节由于湿热空气产生的地面结露现象。

2. 地板的节能设计

节能住宅是通过提高建筑围护结构的热工性能来实现的，其中地板节能是其重要组成部分。采暖(空调)居住(公共)建筑直接接触室外空气的地板(如过街楼地板)、不采暖地下室上部的地板以及存在空间传热的层间楼板等，应当采取有效的保温措施，使地板的传热系数满足相关节能标准的限值要求。另外，保温层的设计厚度，也应满足相关节能标准对该地区地板的节能要求。地板的保温层构造，一般由细石混凝土、混凝土圆孔板、聚苯板、抗裂砂浆复合耐碱网格布、抹面涂层组成。地板的保温层构造如图3.14所示。

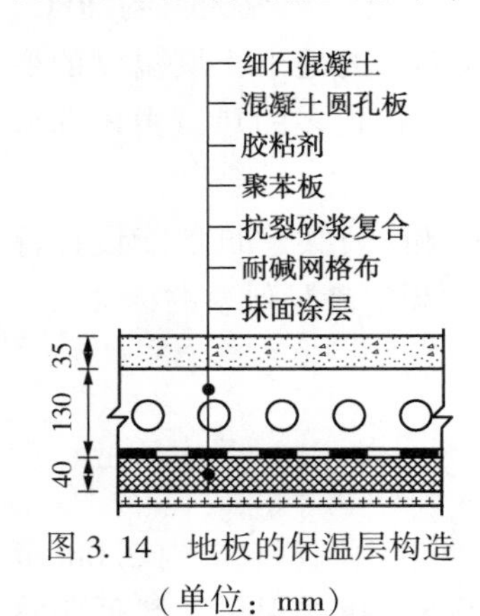

图3.14　地板的保温层构造(单位：mm)

由于采暖(空调)房间与非采暖(空调)房间存在一定温差，所以必然存在通过分隔两种房间楼板的采暖(制冷)能耗。因此，对这类层间楼板也应采取保温隔热措施，以提高建筑物的能源利用效率。保温隔热层的设计厚度，应当满足相关节能标准对该地区层间楼板的节能要求。

3.4.3　地面防潮设计

夏热冬冷和夏热冬暖地区的建筑物底层地面，除保温性能满足节能要求外，还应采取一些防潮技术措施，以减轻或消除梅雨季节由于湿热空气产生的地面结露现象。尤其是当采用空铺实木地板或胶结强化木地板面层时，更应特别注意下面垫层的防潮设计。

1. 地面防潮应采取的措施

（1）防止和控制地表面温度不要过低，室内空气湿度不能过大，避免湿空气与地面发生接触。

（2）室内地表面的表面材料宜采用蓄热系数小的材料，减少地表温度与空气温度的差值。

（3）地表采用带有微孔的面层材料来处理。

2. 底层地坪的防潮构造设计

底层地坪的防潮构造设计，可参照图3.15和图3.16选择。其中，图3.15是用空气层防潮技术，必须注意空气层的密闭。图3.15和图3.16所示为防潮地坪构造做法，都应具备以下三个条件。

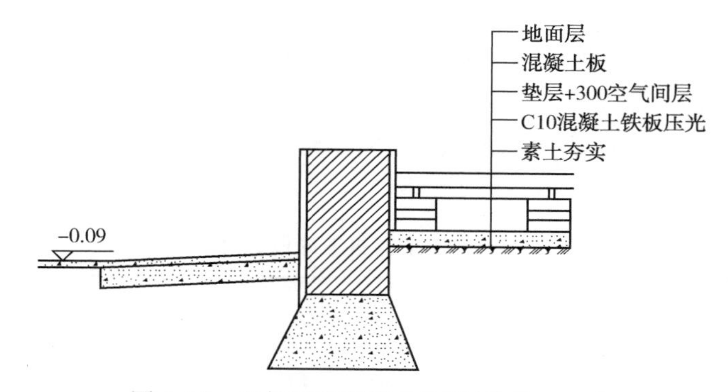

图3.15　空气层防潮技术地面(单位：mm)

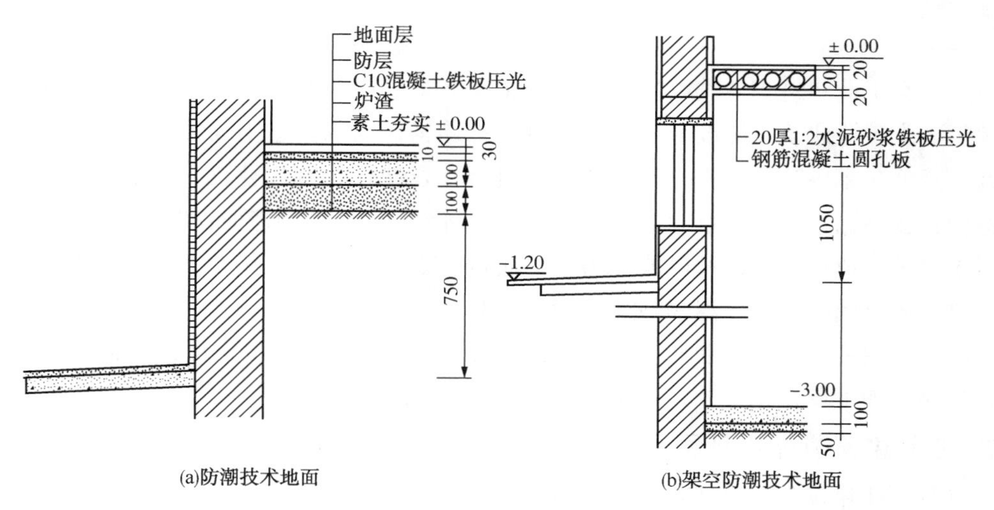

图3.16　普通防潮技术地面(单位：mm)

（1）有较大的热阻，以减少向基层的传热。

（2）表面层材料导热系数要小，使地表面温度易于紧随空气温度变化。

（3）表面材料有较强的吸湿性，具有对表面水分的“吞吐”作用。

3.5 工业建筑节能设计

3.5.1 工业建筑节能设计分类及原则

1. 工业建筑节能设计分类

工业建筑是指为了保障生产服务及工业生产而兴建的厂房等建筑物。此类建筑物设计时需要综合考量工业机械设备、生产流程以及人员活动空间等实际要求。工业建筑自身有着显著的特征，建造时需满足各种生产需要，留足室内空间面积，因此能源消耗一般较大，且对环境控制要求较高。此外，工业建筑正式投用后，会有很多生产设备及配套设施进场，运行过程中也会散发大量热量，日常生产中极易出现能源损耗现象。随着工业规模的日渐扩大，这一情况愈发明显。因此，工业建筑设计需要重视节能减碳，高效利用各类资源，降低能耗，提高效率。

根据《工业建筑节能设计统一标准》(GB 51245—2017)3.1.1 条，工业建筑节能设计分类如表 3.21 所示。

表 3.21 工业建筑节能设计分类

类　别	环境控制及能耗方式	建筑节能设计原则
一类工业建筑	供暖、空调	通过围护结构保温和供暖系统节能设计，降低冬季供暖能耗；通过围护结构隔热和空调系统节能设计，降低夏季空调能耗
二类工业建筑	通风	通过围护结构保温隔热遮阳设计、自然通风设计和机械通风系统节能设计，降低通风能耗

对于一类工业建筑，冬季以供暖能耗为主，夏季以空调能耗为主，通常无强污染源及强热源。一类工业建筑节能设计主要是通过围护结构保温隔热遮阳设计和供暖空调系统节能设计，降低冬季供暖、夏季空调能耗。其典型代表性行业有计算机、通信和其他电子设备制造业；食品制造业；烟草制造业；仪器仪表制造业；医药制造业；纺织业等。

对于二类工业建筑，以通风能耗为主，通常有强污染源或强热源。二类工业建筑节能设计主要是通过围护结构保温隔热遮阳设计、自然通风设计和机械通风系统节能设计，降低通风能耗，避免供暖空调能耗。其典型代表性行业有金属冶炼和压延加工业；石油加工、炼焦和核燃料加工业；化学原料和化学制品制造业；机械制造等。

2. 工业建筑节能设计原则

在进行工业建筑节能设计时，应遵循以下三个原则。

(1) 整体性原则

一般来讲，一个建筑工程往往由多个子项目组成，只有保证所有子项目完整组合，才能全面发挥供电、供水、供热等功能，从而提高项目的整体资源利用效率。因此，在对工业建筑进行绿色节能减碳设计时，需要重点关注建筑工程的整体性，从整体着手融入绿色低碳理念。此外，整体性还体现在工业建筑与周边环境方面。在建设与使用工业建筑时，应避免对周围环境造成污染，确保工业建筑与环境能够和谐发展。

（2）舒适性原则

工业建筑作为生产工作的主要空间，需要确保建筑物的舒适性，以便能够为人们提供更加优质、便捷的服务，进而提高建筑的使用性能。例如，可通过促进人与自然的和谐共处、增强室内空气流动性能以及增加自然采光面积等方式，给人们带来舒适感。

（3）高效性原则

选用更多绿色环保材料，降低材料对环境的破坏，减少碳排放量。同时，还要合理配置材料，最大程度发挥材料的价值，为工业建筑建设奠定坚实的基础。总平面图是建设的基础，当工业建筑选址完成后，应基于高效性原则确定各厂房的功能，保证厂区建筑布局合理且高效，满足消防、生产、环保等各方面要求，从而提高土地利用率。

3.5.2 工业建筑节能设计要点

1. 建筑布局及选址节能设计

工业建筑布局及选址是影响工业建筑建造的主要因素，工业建筑外部环境以及工业耗能量的多少也由其决定，影响着工业建筑的能源消耗，所以工业建筑在设计前期要勘查当地的自然环境、气候条件和地理特点等，做好工业建筑的布局和选址工作。

首先，应充分地了解建设地段的地质外貌、自然环境、气候类型以及水文特点，一切从实际出发，使建筑选址方案与能耗节能紧密联系在一起，科学、合理地选址，这也是工业建筑节能设计工作的首要步骤。GB 51245—2017 4.1.1 条规定：“厂区选址应综合考虑区域的生态环境因素，充分利用有利条件，符合可持续发展原则。”具体来说，在选址过程中，不仅应考虑用地性质、交通组织、市政设施、周边建筑等基本因素，还要考虑一定范围内的生态环境因素，避免由于选址不当对整体环境产生不利影响。生态环境因素主要包括日照条件、降水量、温度、湿度、风向、风速、风频及地表下垫面情况等。

其次，剖析工业建筑的外形和空间结构，科学验算建筑布局的节能效果。建筑物外部周围大气和建筑物外表面接触的面积为外墙接触面，外墙接触面与其包围环绕形成的工业建筑空间体积的比值，称为工业建筑的“体形系数”。体形系数越小，工业建筑与外部环境进行能量交换的面积就少，单位时间能源耗散相应较小，工业建筑布局在节能效果方面就越合理。因此，在工业建筑节能设计过程中，应尽量降低其体形系数，并使建筑设计各方面要求得到完善，提高工业建筑的节能效果。

严寒和寒冷地区室内外温差较大，建筑体形的变化将直接影响一类工业建筑供暖能耗的大小。在一类工业建筑的供暖耗热量中，围护结构的传热耗热量占有很大比例，建筑体形系数越大，单位建筑面积对应的外表面面积越大，传热损失就越大。因此，从降低冬季供暖能耗的角度出发，一定对严寒和寒冷地区一类工业建筑的体形系数进行控制，以更好地实现节能目的。GB 51245—2017 4.1.10 条规定：“严寒和寒冷地区一类工业建筑体形系数应符合表 3. 22 的规定。”

表 3. 22　严寒和寒冷地区一类工业建筑体形系数

单栋建筑面积 A/m^2	建筑体形系数/m^{-1}	单栋建筑面积 A/m^2	建筑体形系数/m^{-1}
$A>3000$	≤0. 3	$300<A\leqslant 800$	≤0. 5
$800<A\leqslant 3000$	≤0. 4		

对于二类工业建筑来说，环境控制方式为通风，其对体形系数的要求与一类工业建筑截然不同。例如：当室内产生大量余热时，为了增大进风面积，提高自然通风效果，并利用围护结构散热，在工艺条件允许的情况下，采用单跨结构等类型的工业建筑应尽量增大体形系数。

但是，体形系数的确定还与工艺要求、建筑造型、平面布局、采光通风等条件有关。因此，如何合理地确定建筑形状，一定要考虑本地区气候条件，冬、夏季太阳辐射强度，风环境，围护结构构造形式等各方面的因素。应权衡利弊，兼顾不同工艺要求及使用类型的建筑造型，减少房间的外围护面积，使体形不要太复杂，凹凸面不要过多，以达到节能的目的。

此外，在布局方面，GB 51245—2017 4. 1. 5 条规定：“在满足工艺需求的基础上，建筑内部功能布局应区分不同生产区域。对于大量散热的热源，宜放在生产厂房的外部并与生产辅助用房保持距离；对于生产厂房内的热源，宜采取隔热措施，并宜采用远距离控制或自动控制。”

2. 通风节能设计

通风质量关系到工业建筑生产服务是否能够顺利开展，优质的通风节能设计能够更好地服务工业生产，节约能源。开展建筑通风节能工作，可以改善工业建筑中的空气质量，同时降低通风过程中的噪声污染和能源消耗量，通过对工业建筑进行优化设计，可以有效降低电力损耗。

（1）在工业建筑通风节能设计时，首先应考虑合理地利用自然通风。例如：室内热源较强、空间高度较高的工业建筑，优先利用热压通风；室外年平均风速较高时，充分利用风压通风。GB 51245—2017 4. 2. 1 条规定：“工业建筑宜充分利用自然通风消除工业建筑余热、余湿。”利用自然通风时，应注意不能对室内环境造成污染。同时，4. 2. 7 条规定：“热压自然通风设计时，应使进、排风口高度差满足热压自然通风的需求。”4. 2. 9 条规定：“以风压自然通风为主的工业建筑，其迎风面与夏季主导风向宜成 60°~90°，且不宜小于 45°。”

（2）工业建筑要结合所在地区的气候情况做好综合分析和运算，依照不同季节、风向以及风量，合理地使用信息技术和手段，监测室外通风参数，更好地调节建筑通风装置，有效地控制工业建筑物的空气交换次数和交换量。

（3）如果工业建筑结构比较复杂，就要使用机械通风的方式，并辅之以自然风，这两种通风形式的配合可以更好地达成节能降耗的目标。GB 51245—2017 条文说明 4. 2. 5 条规定：“为保证自然通风效果，进风口面积与排风面积尽量相等，但在实际工程中，进风面积通常受工业辅助用房或工艺条件限制，从而得不到保证。当进风面积受限时，采用机械进风的方式，形成利用热压的自然与机械的复合通风方式。当排风面积无法保证时，采用机械排风方式进行补充。”

3. 采光节能设计

工业建筑的采光在建筑节能设计中也是十分重要的，如果楼栋间距呈现出不合理的态势，将严重影响建筑室内的采光效果。随着各种新型技术的推广和使用，不仅要保证楼道间的距离，还要结合光反射原理，有序地开展节能设计。采光节能设计时，应做到以下几点。

（1）充分利用天然光是实现照明节能的重要技术措施。提升自然光的使用效率，建筑设计的时候要考虑室内的光亮程度，合理地增设室内的反射光板结构，重复利用自然光，减少照明和采光能源的浪费。GB 51245—2017 4.2.11 条规定：“建筑设计应充分利用天然采光。大跨度或大进深的厂房采光设计时，宜采用顶部天窗采光或导光管采光系统等采光装置。”

（2）在采光设计中，应采取各种方法提高采光效率。例如：根据建筑形式和不同的光气候特点，合理选择窗的位置、朝向和不同的开窗面积。在有条件时，设置天窗采光不但能提高采光效率，还可以获得好的采光均匀度。同时，应用一些新的采光技术，如导光管装置，也可以获得比较好的采光效果。对于大进深的侧面采光，可在室外设置反光板或采用棱镜玻璃，增加房间深处的采光量，有效改善空间的采光质量。此外，建筑结构可以增加过堂结构，提升自然光的覆盖面积，从而更好地运用自然光。

（3）选择采光性能好的窗和导光管系统以及适宜的采光材料。GB 51245—2017 条文说明 4.2.11 条对采光窗、导光管和采光材料都作了具体规定：①采光窗的透光折减系数大于 0.45。②导光管采光系统在漫射光条件下的系统效率大于 0.5。透光折减系数是在漫射光条件下透射光照度与入射光照度之比。导光管采光系统的采光效率按《建筑采光设计标准》(GB 50033—2013)取值。③设计时综合考虑采光和热工的要求，按不同地区选择光热比合适的材料。④导光管集热器材料的透射比不低于 0.85，漫射器材料的透射比不低于 0.80，导光管材料的反射比不低于 0.95。光热比为材料的可加光透射比与材料的太阳光总透射比之比，采光材料的光热比按照《建筑采光设计标准》(GB 50033—2013)取值。推荐在窗墙比小于 0.45 时，采用光热比大于 1.0 的采光材料；窗墙比大于 0.45 时，采用光热比大于 1.2 的采光材料。

（4）在设计阶段，进行自然采光节能量的模拟预测和核算，可以预测自然采光的节能潜力，帮助设计人员优化自然采光节能设计方案。GB 51245—2017 4.2.12 条规定：“在大型厂房方案设计阶段，宜进行采光模拟分析计算和采光的节能量核算。可节省的照明用电量宜按式(3.1)、式(3.2)计算。”

$$U_e = W_e / A \tag{3.1}$$

$$W_e = \sum (P_n \times t_D \times F_D + P_n \times t'_D \times F'_D) / 1000 \tag{3.2}$$

式中，U_e 为单位面积上可节省的年照明用电量，(kW·h)/(m^2·a)；W_e 为可节省的年照明用电量，(kW·h)/a；A 为照明的总面积，m^2；P_n 为房间或区域的照明安装总功率，W；t_D 为全部利用天然采光的时数，h；F_D 为全部利用天然采光时的采光依附系数，取 1；t'_D 为部分利用天然采光的时数，h；F'_D 为部分利用天然采光时的采光依附系数，在临界照度与设计照度之间的时段，取 0.5。

(5) 落实开源节流的理念，充分地运用太阳能等绿色能源。例如使用太阳能来进行长廊路灯等户外建筑照明，使用太阳能板来运行照明系统，将更好地减少建筑能源的消耗。

4. 保温节能设计

工业建筑的规模越来越大，能源消耗也越来越大，特别是冬季供暖之后，能源的消耗就很明显，节能设计也体现在冬季保温结构中，例如墙体、屋面的保温等。墙体保温需要借助保温节能材料，具体分为岩棉板、聚苯乙烯泡沫塑料板、聚苯乙烯挤塑板和硬质泡沫聚氨酯板等。墙体保暖节能设计主要分为内墙和外墙两种形式。外墙采用蒸压加气混凝土砌块与硬质泡沫聚氨酯板，可有效实现节能目的；内墙采用硬质泡沫聚氨酯板和烧结煤矸石多孔砖的融合，节能和保温效果更好。屋面保温节能设计的原材料有泡沫玻璃板、蒸压混凝土、憎水膨胀珍珠岩板等。通过以上材料对屋面进行保温处理，可以有效实现工业建筑的节能。

GB 51245—2017 4.3.5 条规定："建筑围护结构应进行详细构造设计，并应符合下列规定：①采用外保温时，外墙和屋面宜减少出挑构件、附墙构件和屋顶突出物，外墙与屋面的热桥部分应采取阻断热桥措施；②有保温要求的工业建筑，变形缝应采取保温措施；③严寒及寒冷地区地下室外墙及出入口应防止内表面结露，并应设防水排潮措施。"

3.6 基于双碳目标的既有建筑外围护结构改造策略

"十一五"以来，我国将节能减排纳入政府工作总体规划的重要部分，在每个五年计划中都制定了相应的策略。在第75届联合国大会一般性辩论上，我国正式提出了碳达峰和碳中和的双碳目标，节能减排已经成为国家发展中一项至关重要的任务。

根据《中国建筑能耗与碳排放研究报告(2023年)》，2021年全国建筑运行阶段碳排放总量为23.0亿t CO_2，占全国能源相关碳排放总量的比重为21.6%。不难看出，建筑行业节能减排对于实现双碳目标具有举足轻重的作用。在过去的二三十年间，我国城市化进程快速推进，公共建筑大量兴建，面对存量如此巨大的既有建筑，仅仅依靠新建低碳节能建筑短时间内难以实现双碳目标。因此，对既有建筑进行绿色改造，是实现建筑节能减排目标至关重要的途径。

3.6.1 既有建筑改造难点

1. 改造成本较高

既有建筑的绿色化改造是个复杂的问题。一方面，高能耗的既有公共建筑面临不断增加的运营成本压力；另一方面，既有建筑绿色改造的成本也同样较高。因此，改造受技术、材料的局限性较大。如果不充分考虑技术的适宜性、改造增量的成本、建筑的剩余可利用价值，改造的结果难免得不偿失。

2. 围护结构热工性能不佳

既有公共建筑不仅基数庞大，建筑形式多样，而且建设的时间跨度不尽相同。以南京地区为例，早期的建筑大多位于主城区，用地较为紧张，绿化面积较小，在建筑设计上存在朝向不佳、布局不合理等问题。在围护构件方面，早期设计建造的公共建筑在外墙方面缺少相应的保温措施，一般外窗、幕墙采用的是单层玻璃，屋面保温隔热措施不足，加上年代久远，围护结构受外力影响破坏较为严重。高能耗、舒适性差、安全性存在隐患等问题严重影响了建筑的可持续性。

3.6.2 既有建筑改造基本原则

一般既有建筑改造围绕建筑结构修复加强、建筑热工性能修缮、建筑设备更换以及管网升级等方面进行，但大幅度的建筑更新在改造过程中往往会带来较大的碳排放，其无论对于双碳目标还是绿色改造的可持续性、可推广性都是极大的不利因素。因此，在实际改造过程中，应当遵循以下原则。

（1）选取技术的合理性。绿色化改造方案应该在确保质量、安全的前提下，根据不同地区的气候特点、公共建筑现状、功能特点等，制定适宜的绿色化改造方案，选用合适的改造技术。

（2）注重改造的效益性。优先选择投入少、示范带动作用明显、效益良好的大型公共建筑、政府办公建筑以及学校、医院等公益性建筑项目进行改造，这将推动绿色公共建筑改造的可持续性和普及性。

（3）把控过程的低碳性。在设计、改造的过程中不宜采用“一刀切”的改造手法，多运用“手术刀”式的微更新策略，最大限度利用各种可再生能源、材料，尽可能减少在施工过程中的碳排放，同时控制绿色改造、运营的成本。

3.6.3 外围护结构改造技术策略

1. 外墙改造策略

我国跨越多个温度带地区。其中，严寒地区和寒冷地区冬天气温低，冬季室内有采暖需求，因此，要着重考虑建筑的保温性能；在夏热冬冷地区，冬季温度偏低，且夏季日照时间长，昼夜温差大，需要同时考虑建筑的保温隔热性能，以达到提高室内舒适度、节能减排的目的。

（1）外墙保温

外墙的保温技术主要包括外墙内保温、外墙外保温、外墙自保温（含夹芯保温）三种方式。对于主体结构安全性没有问题的既有公共建筑的外墙，改造时，一般保留基层墙体。且外墙外保温适用范围广，有利于提高建筑结构的耐久性，对室内活动影响小。因此，通常采用外墙外保温的方式进行改造。常见外墙外保温系统可见本章“3.1.1 建筑物外墙保温设计”。

在特殊建筑中也会采用内保温系统。一些建筑对建筑外立面有一定的保护要求。例如，一些文化保护类的建筑遗产，考虑到建筑外立面的不可破坏性，只能考虑使用内保温，或者结合使用内外保温技术。

（2）外墙隔热

一些早期的公共建筑因为保温材料损坏缺失，外窗、幕墙的玻璃热工性能差，不具备建筑隔热效果。为了在改造过程中减少对原墙体的破坏，可以考虑在原始围护结构外侧附加一层新的建筑表皮，通过表皮之间的空腔减少热量交换，从而提高建筑保温性能。在夏季，通过开启外层表皮顶部和底部的通风口，外部空气从下侧通风口进入空气层内，在光照加热以后，向上流动，再从上侧通风口排出，从而带走建筑表层热；在冬季，通过关闭表皮顶部和底部的通风口，形成密闭空气层，有效保存辐射进来的热量，可以在冬季达到保温的效果。双层表皮技术很大程度降低了对原有外立面的影响，其独立的外层表皮也为建筑的立面改造带来更多可能，是运用较为广泛的被动式节能技术之一。

绿植在光合作用中可以净化空气并蒸腾带走热量。在建筑物外墙上选用合适的植物种植，既是装饰外立面的绿化方式，也能削弱太阳直射，降低墙体的热辐射，起到隔热效果。在外立面种植绿植还可增加空气的湿度、减少飞尘等，有效节能减碳、固碳的同时增加建筑立面的美感，在一些办公、学校类建筑改造中有较广泛的应用。常见的外墙绿化改造做法有自然攀爬、垂吊绿化墙、容器式栽培绿化墙、模块式绿化墙等。

2. 外窗改造策略

（1）外窗保温

建筑门窗面积通常只占围护结构的25%左右，但其消耗的能量占50%以上。尤其是年代久远、保温性能较差的门窗，会严重影响整栋建筑物的保温效果。因此，对门窗的改造是绿色改造的重点之一。

在外窗改造过程中，首先考虑窗墙比。开窗面积过大会影响建筑的保温性能，增加建筑暖通设备负荷；开窗面积过小会导致建筑室内采光不佳，增加室内照明造成的能源消耗。一些早期的办公建筑在设计过程中为了追求立面造型，往往忽视了建筑使用运营过程中的能耗问题。因此，在既有建筑的改造过程中，应当注重建筑窗墙比合理性，对严重增加建筑能耗的外窗进行调整。

外窗的保温节能性能主要取决于使用的玻璃和型材。通过更换老旧破损、热工性能差的窗户，可以达到较好的节能效果。

此外，对于建造年限不长、热工性能下降但不严重的外窗而言，在原有外窗基础上进行改造是相对经济且环保的改造方式。可以拆除更换因型材、玻璃、配件老化损坏造成保温性能下降的窗扇，或在原有窗户内侧或外侧增加窗户形成双窗，从而有效提高既有外窗的保温隔热性能。

（2）建筑外遮阳

为了防止夏日阳光直射室内，造成室内热辐射增加，可以增加既有建筑的外遮阳构件，直接有效地减少太阳对建筑室内的辐射量，提高室内空间的舒适性，降低夏季空调能耗，减少碳排放。作为被动式建筑节能的一项关键技术，建筑外遮阳是最简单有效的节能措施之一。一般可将外遮阳结构分为固定式和活动式。

固定式遮阳系统可归纳为建筑物的一些结构构件，或者与建筑结构构件固定连接形成的部分。如阳台、雨棚、挑檐和空调挑板等，它们可以起到稳定的遮阳效果。遮阳方式包括水平遮阳、垂直遮阳、挡板式遮阳和综合遮阳。固定式外遮阳作为外立面的重要构件，一般设计安装上与外立面一同考虑，在达到节能效果的同时起到修饰更新立面的作用。

活动式遮阳系统包括外遮阳百叶帘、机翼百叶板以及内置百叶中空玻璃遮阳等。内置百叶中空玻璃窗是一种新型的窗框装置，其将内置的百叶帘与中空玻璃组合在一起，通过控制百叶帘的翻转和升降来实现遮阳、保温、采光和通风的效果。当百叶处在垂直位置时，能遮挡阳光直射，处在水平位置时，可以采光；窗扇打开时，可以满足室内正常通风，反之则可以起到保温的作用。百叶在中空玻璃内也解决了清洁维护问题。这种内置百叶中空玻璃窗集隔热、保温、隔声、采光、通风、隐私性、装饰性于一体，适用于对既有建筑的绿色改造。

3. 屋面改造策略

（1）屋面保温

屋面增加、更换保温层在一定程度上可以满足建筑的保温需求。在对既有建筑屋面增设保温层前，需要分析屋面现状，平屋面增设保温层的措施适用于屋面完好且热工性能达不到节能标准要求的既有建筑，可结合既有建筑节能改造措施择优选择保温材料。常用的屋顶保温方式有正置式和倒置式两种构造。其中，倒置式保温屋顶将保温材料层放置在防水材料层之上，可以避免保温层内部产生结露，保温隔热效果较好，因此更加适合屋面的保温改造。改造时，通常选用挤塑聚苯板等高效轻质保温材料，也可采取现场喷涂聚氨酯硬泡体保温材料的方式。

（2）屋面架空

对于平屋面的老旧公共建筑，节能改造时，可以采用平改坡的形式，这不仅能够提高屋面的保温性能，还可以为建筑物提供更多的可利用空间。现有的大部分既有建筑对屋面进行平改坡的改造策略是使用轻钢龙骨架混凝土薄板。在热工方面，坡屋顶主要起到夏季"拔风"以及冬季保温的作用。此外，还有一种方式是把原平屋面改造成架空通风屋面，一方面可避免太阳直射在建筑楼屋面上，另一方面可利用风压和热压的作用，形成架空层自然通风，带走进入夹层中的热量，从而减少室外热作用对室内的影响。

（3）种植屋面

种植屋面是指在屋面上种植植被，通过植被遮蔽太阳直接辐射、土壤及植被水分蒸发散热，并利用植物光合作用削弱太阳辐射和土壤蓄热，减少进入室内的热量，有效降低建筑能耗。种植屋面不仅可以起到保温隔热的作用，还能开拓绿化空间、缓解城市热岛效应以及提高城市环境品质等。

种植屋面主要分为花园式和简单式种植屋面两种类型。花园式种植屋面具有可观赏性，人可以在屋面休憩；简单式种植屋面一般只有生态绿化作用，适用于荷载受限的建筑屋面。种植屋面对建筑的荷载、结构、防水材料、种植土以及植物的类型都有一定要求。根据类型不同，一般荷载为$1 \sim 3kN/m^2$；屋面需要设两道防水层，防水等级为一级，且上层为耐穿刺材料；一般种植土采用轻质改良土，在保留土壤的肥性和通气性的同时减轻屋面荷载；一般选用抗风、耐旱、耐高温、浅根系且生长缓慢的植物。

随着城市化进程的推进，大量的基础设施建设往往需要占用原有的绿化用地，采用种植屋面技术可以有效解决既有建筑绿化面积被限制的问题，因此成为一种值得推广的绿色改造方式。

3.6.4 云南省迪庆州民用建筑外围护结构节能改造调研实例

迪庆州是云南省建筑热工设计分区中的严寒与寒冷地区，传统上居民在全年长达176天的采暖期内基本以烧柴方式取暖，建筑能耗高，对生态环境造成了破坏。根据相关国家政策要求，“十三五”期间，云南省住房和城乡建设厅组织开展了对当地既有建筑改造基础调研及相关技术研究。

调研期间发现，该地区农村及城镇民用建筑外围护结构保温构造及效果亟待提升改造。现场调研中发现具体问题包括：被动式阳光房与建筑主体交接处密封不佳导致热量散失；门窗以推拉窗形式居多，气密性不佳，安装密封材料保温性不强；门窗玻璃及窗框传热系数较高，热损失较大；部分玻璃可见光透射比及太阳得热系数偏低，太阳热辐射获得量较少；部分居住建筑外墙面热桥梁柱位置材料变化、热胀冷缩致外墙皮脱落；各热桥部位未做保温处理等。图纸调研中发现部分规范已废止，未更新为最新规范。

基于上述情况，已建议有关部门进行围护结构节能改造。在选择性保护有价值民居的情况下，可对既有建筑的部分外墙外窗及坡屋面下的阁楼空间通风口等进行封闭，和加强吊顶保温，自愿进行节能改造。

外墙改造方面，根据居住建筑节能标准，阳光房严寒地区宜用双层玻璃，有栽种植物的尽量选择落叶植物，利于冬季采光得热。夜间可拆卸木板或玻璃纤维等保温窗帘，集热蓄热式太阳房宜设置通风口。通风口的位置保证气流通畅，设置止回风阀并采取保温措施，使用较好的相变蓄热材料。外墙外保温系统应包覆门窗框外侧洞口、女儿墙、封闭阳台栏板及外挑出部分等热桥部位，并应与防水、装饰相结合，做好保温层密封和防水。

外窗改造方面，外窗现气密性、保温性较差且安装空间足够间距100mm的，可采用双层窗。综合考虑保温性能与造价，可采用塑料窗、隔热铝合金窗、玻璃钢窗以及钢塑复合窗、木塑复合窗，铝木复合窗等；必要时可采用充惰性气体中空玻璃、三中空玻璃、真空玻璃、中空玻璃暖边。外窗框宜与基层墙体外侧平齐，且外保温系统宜压住窗框20~25mm。

屋面改造方面，热桥部位如封闭阳台栏板、底板、顶板做保温，屋面附属设施或装置应有专项节能节点设计，上人孔应做保温和密封设计。

审图方面，严格执行《建筑节能与可再生能源利用通用规范》(GB 55015—2021)的强制性条款，对计算方法线性传热系数节点建模法予以重视，现场实施也应严格按图施工。

后续将对夏热冬暖典型地区，如西双版纳州景洪市等，进行既有建筑节能绿色改造调研及相关研究工作[1]。

[1] 云南省刘健专家工作站，基金号：202305AF150126

第4章　通风与空调节能设计

4.1　建筑通风节能设计

4.1.1　自然通风设计

做好建筑通风设计，合理地利用好自然通风，不仅有利于提高人们工作和生活的舒适性，而且有利于节约能源和资源，同时符合我国目前大力倡导的可持续发展战略、绿色建筑发展战略和双碳战略。

（1）对于消除建筑物余热和余湿的通风设计，应优先利用自然通风。自然通风依靠室内、外空气温差所造成的热压，或利用室外风力作用在建筑物上所形成的压差，使室内外的空气进行交换，从而改善室内的空气环境。自然通风不需要动力，是一种经济的通风方式。

（2）厨房、厕所、盥洗室、浴室和其他房间宜采用自然通风的方式。当利用自然通风不能满足室内卫生要求时，应配合采用机械通风。民用建筑的卧室、起居室（厅）以及办公室等房间，宜采用自然通风的方式。

（3）利用穿堂风进行自然通风的厂房，其迎风面与夏季最多风向宜成60°~90°角，并且应不小于45°。

（4）夏季自然通风应采用阻力系数小、易于操作和维修的进风口、排风口或窗扇。

（5）夏季自然通风的进风口，其下缘距室内地面的高度应不大于1.2m；冬季自然通风用的进风口，当其下缘距室内地面的高度小于4m时，应采取防止冷风吹向工作地点的措施。

（6）当热源靠近工业建筑的一侧外墙进行布置，且外墙与热源之间无工作地点时，该侧外墙上的进风口宜布置在热源的间断处。

（7）利用天窗进行排风的工业建筑，符合下列情况之一时，应采用避风天窗：①夏热冬冷和夏热冬暖地区，室内散热量大于23W/m^{3}时；②其他地区，室内散热量大于35W/m^{3}时；③不允许气流倒灌时。

（8）利用天窗进行排风的工业建筑，符合下列情况之一时，可不设置避风天窗；①利用天窗能稳定排风时；②夏季室外平均风速小于或等于1m/s时。需注意的是：多跨厂房的相邻天窗或开窗两侧与建筑物邻接，且处于负压区时，无挡风板的天窗可视为避风天窗。

（9）挡风板与天窗之间，以及作为避风天窗的多跨工业建筑相邻天窗之间，其端部均应封闭。当天窗较长时，应设置横向隔板，其间距应不大于挡风板上缘至地坪高度的3倍，且应不大于50m。应在挡风板或土封闭物上设置检查门。挡风板下缘至屋面的距离宜采用

0. 1～0. 3m。

(10) 无须调节天窗窗扇开启角度的高温工业建筑，宜采用不带窗扇的避风天窗，但应采取必要的防雨措施。

4. 1. 2 机械通风设计

利用通风机械的运转给空气一定的能量，造成一定的通风压力，以克服向室内通风的各种阻力，使室外的新鲜空气不断地进入室内，沿着预定路线流动，然后将室内的空气排出室外的通风方法称为“机械通风”。

(1) 设置集中采暖且有机械排风的建筑物，当采用自然补风不能满足室内卫生条件、生产工艺要求或在技术经济上不合理时，宜设置机械送风系统。在设置机械送风系统时，应进行风量平衡及热平衡计算。每班运行不足2h的局部排风系统，当室内卫生条件和生产工艺要求许可时，可以不设机械送风补偿排出的风量。

(2) 选择机械送风系统的空气加热器时，室外计算参数应采用暖室外计算温度；当其用于补偿消除余热、余湿用全部排风耗热量时，应采用冬季通风室外计算温度。

(3) 要求空气清洁的房间，室内应保持正压状态。放散粉尘、有害气体或爆炸危险物质的房间，应保持负压。当要求空气清洁程度不同或与有异味的房间比邻且有门(孔)相通时，应使气流从较清洁的房间流向污染比较严重的房间。

(4) 机械送风系统进风口的位置，应符合下列要求：①应直接设置在室外空气比较清洁的地点；②进风口应低于排风口；③进风口的下缘距室外地坪宜不小于2m，当设在绿化地带时，宜不小于1m；④应避免进风、排风出现短路。

(5) 用于甲、乙类生产厂房的送风系统，可共用同一进风口，但应与丙、丁、戊类生产厂房和辅助建筑物及其他通风系统的进风口分别设置；对有防火防爆要求的通风系统，其进风口应设在不可能有火花溅落的安全地点，排风口应设在室外安全处。

(6) 凡属于下列情况之一时，不应采用循环空气：①甲、乙类生产厂房，以及含有甲、乙类物质的其他厂房；②丙类生产厂房，如空气中含有燃烧或爆炸危险的粉尘、纤维，含尘浓度大于或等于其爆炸下限的25%时；③含有难闻气味以及含有危险浓度的致病细菌或病毒的房间；④对排除含尘空气的局部排风系统，当排风经净化后，其含尘浓度仍大于或等于工作区容许浓度的30%时。

(7) 机械送风系统(包括与热风采暖合用的系统)的送风方式，应符合下列要求：①放散余热或同时放散余热、余湿和有害气体的工业建筑，当采用上部或上、下部同时全面排风时，宜送至作业地带；②不同时放散热的工业建筑，对放散粉尘或密度比空气大的气体和蒸气而言，当从下部地区排风时，宜送至上部区域；③当固定工作地点靠近有害物质放散源，且不可能安装有效的局部排风装置时，应直接向工作地点进行送风。

(8) 当符合下列条件时，可设置置换通风：①有热源或热源与污染源伴生；②人员活动区空气质量要求严格；③房间的高度不小于2. 4m；④建筑、工艺及装修条件许可且技术经济比较合理。

(9) 置换通风的设计，应符合下列规定：①房间内人员头脚处空气温差应不大于3℃；

②人员活动区内的气流分布比较均匀；③工业建筑内置换通风器的出风速度宜不大于0.5m/s；④民用建筑内置换通风器的出风速度宜不大于0.2m/s。

（10）同时放散热、蒸气和有害气体或仅放散密度比空气小的有害气体的工业建筑，除了设置局部排风外，宜从上部区域进行自然或机械的全面排风，其排风量应不小于每小时1次换气；当房间的高度大于6m时，排风量可按$6m^3/(h \cdot m^2)$计算。

（11）当采用全面排风消除余热、余湿或其他有害物质时，应分别从建筑物内温度最高、含湿量或有害物质浓度最大的区域进行排风。全面排风量的分配应符合下列要求：①当放散气体的密度比室内的空气轻，或虽比室内空气重但建筑内放散的显热全年均能形成稳定的上升气流时，宜从房间的上部区域排出；②当放散气体的密度比室内的空气重，建筑内放散的显热不足以形成稳定的上升气流而沉积在下部区域时，宜从下部区域排出总排风量的2/3，上部区域排出总排风量的1/3，且应不小于每小时1次换气；③当人员活动区域有害气体与空气混合后的浓度未超过卫生标准，且混合后气体的相对密度与空气密度接近时，可以只设置上部或下部区域排风。需注意的是：①相对密度小于或等于0.75的气体视为比空气轻，当其相对密度大于0.75时，视为比空气重；②上、下部区域的排风量中，包括该区域内的局部排风量；③地面以上、2m以下规定为下部区域。

（12）排除有爆炸危险的气体、蒸气和粉尘的局部排风系统，其风量应按照在正常运行和事故情况下，风管内这些物质的浓度不大于爆炸下限的50%计算。

（13）局部排风罩不能采用密封形式时，应根据不同的工艺操作要求和技术经济条件选择适宜的排风罩。

（14）建筑物全面排风系统吸风口的布置，应符合下列规定：①位于房间上部区域的吸风口，用于排除余热、余湿和有害气体时（含氢气时除外），吸风口上缘至顶棚平面或屋顶的距离不大于0.4m；②用于排除氢气与空气混合物时，吸风口上缘至顶棚平面或屋顶的距离不大于0.1m；③位于房间下部区域的吸风口，其下缘至地板的间距不大于0.3m；④因建筑结构造成有爆炸危险气体排出的死角处，应当设置导流设施。

（15）含有剧毒物质或难闻气体物质的局部排风系统，或含有浓度较高的爆炸危险性物质的局部排风系统所排出的气体，应当排至建筑物空气动力阴影区和正压区外。当排出的气体符合国家现行的大气环境质量和各种污染物排放标准及各行业污染物排放标准时，可不受本条限制。

（16）采用燃气加热的采暖装置、热水器或炉灶等的通风要求，应符合《城镇燃气设计规范（2020版）》（GB 50028—2006）中的有关规定。

（17）民用建筑的厨房、卫生间宜设置竖向排风道。竖向排风道应具有防火、防倒灌、防串味及均匀排气的功能。住宅建筑无外窗的卫生间，应设置机械排风排入有防回流设施的竖向排风道，且应留有必要的进风面积。

4.1.3 事故通风设计

工厂中有一些生产工艺过程，由于操作事故和设备故障而突然产生大量有毒气体或有燃烧、爆炸危险的气体、粉尘或气溶胶物质。为了防止对工作人员造成伤害和防止事故进一步扩大，必须设有临时的排风系统——事故通风系统。

（1）可能突然放散大量有害气体或有爆炸危险气体的建筑物，应设置事故通风装置。

（2）设置事故通风系统，应当符合下列要求：①放散有爆炸危险的可燃性气体、粉尘或气溶胶等物质时，应设置防爆通风系统或诱导式事故排风系统；②具有自然通风的单层建筑物，所放散的可燃气体密度小于室内空气密度时，宜设置事故送风系统；③事故通风宜由经常使用的通风系统和事故通风系统共同保证，但在发生事故时，必须保证能提供足够的通风量。

（3）事故通风量大小，宜根据工艺设计要求通过计算确定，但换气次数应不小于每小时 12 次。

（4）事故通风的吸风口应设置在有毒气体，燃烧、爆炸危险物质散发量可能最大或聚集最多的地方，对事故排风死角处，应采取导流措施。

（5）事故通风的排风口应尽量避开人员经常停留或通行的地方，与机械送风系统进风口的水平距离应不小于 20m；当水平距离不足 20m 时，排风口必须高于进风口，并不得小于 6m。如果排除的是可燃气体或蒸汽，排风口应距离可能溅落火花的地点 20m 以上。

（6）事故通风的风机可以是离心式或轴流式，其开关应分布设置在室内外便于操作的位置。若条件许可，也可以直接在墙上或窗上安装轴流风机。排放有燃烧、爆炸危险气体的风机，应选择防爆型风机。

（7）只是在紧急的事故下应用事故通风。因此，可以不经净化处理直接向室外排放，而且不必设置机械补风系统，可以由门、窗自然补入空气，但应注意留有空气自然补入的通道。

（8）事故通风的通风机，应当分别在室内外便于操作的地点设置电器开关。

4.1.4 隔热降温设计

隔热是指在热量传递过程中，热量从温度较高空间向温度较低空间传递时，由于传导介质的变化导致的单位空间温度变化变小从而阻滞热传导的物理过程。降温是指对高温区域采取相应的技术措施，使其环境温度降至人们感到比较舒适的程度。

（1）工作人员在较长的时间内直接接受辐射热影响的工作地点，当其辐射照度大于或等于 250W/m^2 时，应当采取隔热措施；受辐射热影响较大的工作室应进行隔热。

（2）经常受辐射热影响的工作地点，应根据工艺、供水和室内环境条件等分别采用水幕、隔热水箱或隔热屏等隔热措施。

（3）工作人员经常停留的高温地面或靠近的高温壁板，其表面平均温度应不高于 40℃。当采用串水地板或隔热水箱时，其排水温度宜不高于 45℃。

（4）具有较长时间操作的工作地点，当其热环境达不到卫生标准的要求时，应设置局部通风。

（5）当采用不带喷雾的轴流式通风机进行局部送风时，工作地点的风速应符合下列要求：轻作业为 2~3m/s；中作业为 3~5m/s；重作业为 4~6m/s。

（6）当采用喷雾风扇进行局部送风时，工作地点的风速应采用 3~5m/s，雾滴直径应小于 100μm。需注意的是：喷雾风扇只适用于温度高于 35℃，辐射照度大于 1400W/m^2，且工艺不忌细小雾滴的中、重作业的工作地点。

(7) 设置系统式局部送风时，工作地点的温度和平均风速应按表 4.1 采用。

表 4.1　工作地点的温度和平均风速

热辐射照度/(W/m^2)	冬季		夏季	
	温度/℃	风速/(m/s)	温度/℃	风速/(m/s)
350~799	20~25	1~2	26~31	1.5~3
701~1400	20~25	1~2	26~30	2~4
1401~2100	18~22	2~3	25~29	3~5
2101~2800	18~22	3~4	24~28	4~6

注：1. 轻作业时，温度宜采用表中较高值，风速宜采用较低值；重作业时，温度宜采用表中较低值，风速宜采用较高值；中作业时，温度和风速数据可按插入法确定。

2. 表中夏季工作地点的温度，对于夏热冬冷或夏热冬暖地区可提高 2℃，对于累年最热月平均温度小于 25℃的地区可降低 2℃。

3. 表中的热辐射照度值系指 1h 内的平均值。

(8) 当局部送风系统的空气需要冷却或加热处理时，其室外的计算参数，夏季应采用通风室外计算温度及相对湿度，冬季应采用通风室外计算温度。

(9) 系统式局部送风，宜符合下列要求：①送风气流宜从人体的前侧上方倾斜吹到头、颈和胸部。必要时，可以从上向下垂直进行送风；②一般送到人体上的有效气流宽度宜为 1m。对于室内散热量小于 $25W/m^2$ 的轻作业，有效气流宽度可为 0.6m；③当室内工作人员活动范围比较大时，宜采用旋转送风口。

(10) 特殊高温的工作小室，应采取密闭、隔热措施，采用冷风机组或空气调节机组降温，并应符合《工业企业设计卫生标准》(GBZ 1—2010) 中的要求。

4.1.5　除尘与有害气体净化

除尘是指从含尘气体中去除颗粒物，以减少其向大气排放的技术措施。有害气体净化是指采取有效的技术措施对含有害气体的空气进行净化处理。除尘与有害气体净化是建筑通风中一项非常重要的工作，不仅关系到建筑环境的好坏，而且关系到人类的身体健康。

(1) 局部排风系统排出的有害气体，当其有害物质的含量超过国家排放标准或环境要求时，应采取有效的净化措施。

(2) 放散粉尘的生产工艺过程，当湿法除尘不能满足环保及卫生要求时，应采用其他的机械除尘、机械与湿法联合除尘或静电除尘。

(3) 放散粉尘或有害气体的工艺流程和设备，应根据工艺流程、设备特点、生产工艺、安全要求及便于操作、维修等因素确定其密闭形式。

(4) 应按防止粉尘或有害气体逸至室内的原则，通过计算确定吸风点的排风量。当有条件时，可采用实测数据经验数值。

(5) 确定密闭罩吸风口的位置、结构和风速时，应使罩内的负压均匀，防止粉尘外逸并不致把物料带走。吸风口的平均风速宜不大于下列数值：细粉料的筛分为 0.6m/s；物料的粉碎为 3m/s；粗颗粒物料的破碎为 3m/s。

（6）应当按照全部吸风点同时工作计算确定除尘系统的排风量。需注意的是：有非同时工作吸风点时，可按照同时工作的吸风点的排风量与非同时工作吸风点排风量的15%~20%之和确定系统的排风量，并在各间歇工作的吸风点上装设与工艺设备联锁的阀门。

（7）为顺利进行除尘，除尘风管内的风速不得太低。除尘风管的最小风速不得低于表4.2中的规定。

表4.2　除尘风管的最小风速　m/s

粉尘类别	粉尘名称	垂直风管	水平风管
纤维粉尘	干锯末、小刨屑、纺织尘	10	12
	木屑、刨花	12	14
	干燥粗刨花、大块干木属	14	16
	潮湿粗刨花、大块湿木屑	18	20
	棉絮	8	10
		11	13
矿物粉尘	耐火材料粉尘	14	17
	黏土	13	16
	石灰石	14	16
	水泥	12	18
	湿土（含水率2%以下）	15	18
	重矿物粉尘	14	16
	灰土、砂尘	12	14
	干细砂	16	18
	金刚砂、刚玉粉	17	20
		15	19
金属粉尘	钢铁粉尘	13	15
	钢铁屑	19	23
	铅尘	20	25
其他粉尘	轻质干粉尘（木工磨床粉尘、烟草灰）	8	10
	煤尘	11	13
	焦炭粉尘	14	18
	谷物粉尘	10	12

（8）应按下列规定划分除尘系统：①同一生产流程、同时工作的扬尘点相距不远时，可以设置为一个除尘系统；②同时工作但粉尘种类不同的扬尘点，当工艺允许不同的粉尘混合回收或粉尘无回收价值时，可以设置为一个除尘系统；③温度和湿度不同的含尘气体，当混合后可能导致风管内结露时，应当分设除尘系统。

（9）应根据下列因素并通过技术经济比较确定除尘器的选择：①含尘气体的化学成分、腐蚀性、爆炸性、温度、湿度、露点、气体量和含尘浓度等；②粉尘的化学成分、密度、粒径分布、腐蚀性、亲水性、磨琢性、比电阻、黏结性、纤维性、可燃性和爆炸性等；③净化后气体的容许排放浓度；④除尘器的压力损失和除尘效率；⑤粉尘的回收价值及回收利用形式；⑥除尘器的设备费、运行费、使用寿命、场地布置及外部水、电源条件等；⑦维护管理的繁简程度。

（10）净化有爆炸危险的粉尘和碎屑的除尘器、过滤器及管道等，均应设置泄爆装置。

净化有爆炸危险粉尘的干式除尘器和过滤器，应布置在系统的负压段上。

（11）用于净化有爆炸危险粉尘的干式除尘器和过滤器的布置，应符合《建筑设计防火规范(2018 年版)》(GB 50016—2014)中的规定。

（12）对除尘器收集的粉尘或排出的含尘污水，根据生产条件、除尘器类型、粉尘的回收价值和便于维护管理等因素，必须采取妥善的回收或处理措施；生产工艺允许时，应纳入工艺流程回收处理。处理干式除尘器收集的粉尘时，应采取防止二次扬尘的措施。含尘污水的排放，应符合《工业企业设计卫生标准》(GBZ 1—2010)中的要求。

（13）当收集的粉尘允许直接纳入生产工艺流程时，除尘器宜布置在生产设备(胶带运输机、料仓等)的上部。当收集的粉尘不允许直接纳入生产工艺流程时，应设置储尘斗及相应的搬运设备。

（14）干式除尘器的卸尘管和湿式除尘器的污水排出管，必须采取防止漏风的措施。

（15）当除尘系统中的吸风点较多时，除尘系统中的各支管段宜设置调节阀门。

（16）除尘器宜布置在除尘系统的负压段。当布置在正压段时，应选用排尘通风机。

（17）在严寒和寒冷地区，湿式除尘器有冻结可能时，应采取可靠的防冻措施。

（18）当粉尘净化遇水后，能产生可燃或有爆炸危险的混合物时，不得采用湿式除尘器。

（19）当含尘气体温度高于过滤器、除尘器和风机所容许的工作温度时，应采取冷却降温措施。

（20）旅馆、饭店及餐饮业建筑物，以及大、中型公共食堂的厨房，应设置机械排风和油烟净化装置，其油烟排放浓度应不大于 2.0mg/m^3。当条件许可时，应当设置集中排油烟的烟道。

4.1.6 通风设备选择与布置

（1）在选择空气加热器、冷却器和除尘器等设备时，应附加风管等的漏风量。

（2）在选择通风机时，应按下列因素确定：①通风机的风量应在系统计算的总风量上附加风管和设备的漏风量。但对正压除尘系统，可不计除尘器的漏风量；②采用定转速通风机时，通风机的压力应在系统计算的压力损失上附加 10%～15%；③采用变频通风机时，通风机的压力应以系统计算的总压力损失作为额定风压，但风机电动机的功率应在计算值上再附加 15%～20%；④风机的选用设计工况效率，应不低于风机最高效率的 90%。

（3）输送非标准状态空气的通风、空气调节系统，当以实际容积风量用标准状态下的图表计算出的系统压力损失值，并按一般的通风机性能样本选择通风机时，其风量和风压均不应进行修正，但应验算电动机的轴功率。

（4）当通风系统的风量或阻力较大，采用单台通风机不能满足使用要求时，宜采用两台或两台以上同型号、同性能的通风机并联或串联安装，但其联合工况下的风量和风压应按通风机管道的特性曲线确定。不同型号、不同性能的通风机不宜串联或并联安装。

（5）在下列条件下，应采用防爆型的设备：①直接布置在有甲、乙类物质场所中的通风、空气调节和热风采暖设备；②排除有甲、乙类物质的通风设备；③排除含有燃烧或爆炸危险的粉尘、纤维等丙类物质，其含尘浓度高于或等于其爆炸下限的 25%时的设备。

（6）空气中含有易燃易爆危险物质的房间中的进风、排风系统，应当采用防爆型的通风设备。送风机如设置在单独的通风机室内且送风干管设置止回阀门时，可以采用非防爆型的通风设备。

（7）用于甲、乙类物质场所的通风、空气调节和热风采暖的送风设备，不应与排风设备布置在同一通风机室内。用于排除甲、乙类物质的排风设备，不应与其他系统的通风设备布置在同一通风机室内。

（8）甲、乙类物质生产厂房的全面和局部送风、排风系统，以及其他建筑物排除有爆炸危险物质的局部排风系统，其设备不应布置在建筑物的地下室、半地下室内。

（9）排除、输送有燃烧或爆炸危险混合物的通风设备和风管，均应采取防静电接地措施(包括法兰跨接)，不应采用容易积聚静电的绝缘材料制作。

（10）符合下列条件之一时，通风设备和风管应采取保温或防冻等措施：①不允许所输送空气的温度有较显著升高或降低时；②所输送空气的温度较高时；③除尘风管或干式除尘器内可能有结露时；④排出的气体在排入大气前可能被冷却而形成凝结物堵塞或腐蚀风管时；⑤湿法除尘设施或湿式除尘器等可能冻结时。

4.1.7 风管及其他

（1）通风、空气调节系统的风管，宜采用圆形或长短边之比不大于4的矩形截面，其最大长短边之比应不超过10。风管的截面尺寸，宜按照《通风与空调工程施工质量验收规范》(GB 50243—2016)中的规定执行，金属风管的管径应为外径或外边长；非金属风管的管径应为内径或内边长。

（2）风管漏风量根据管道长短及其气密程度，按系统风量的百分率进行计算。风管漏风率宜采用下列数值：一般送风、排风系统，5%~10%；除尘系统，10%~15%。

（3）通风、除尘、空气调节系统各环路的压力损失应当进行压力平衡计算。各并联环路压力损失的相对差额宜不超过下列数值：一般送风、排风系统为15%；除尘系统为10%。

（4）除尘风管的最小直径应不小于以下数值：细矿尘、木材粉尘为80mm；较粗粉尘、木屑为100mm；粗粉尘、粗刨花为130mm。

（5）风管宜垂直或倾斜敷设。倾斜敷设时，与水平面的夹角应大于45°；小坡度或水平敷设的管段不宜过长，并应采取防止积尘的措施。

（6）支管宜从主管的上面或侧面进行连接；三通的夹角宜采用15°~45°。在容易积尘的异形管件附近，应设置密封清扫孔。

（7）一般工业建筑的机械通风系统，其风管内的风速宜按表4.3采用。

表4.3　风管内的风速　　m/s

风管类别	钢板及非金属风管	砖及混凝土
干管	6~14	4~12
支管	2~8	2~6

（8）通风设备、风管及配件等，应根据其所处的环境和输送的气体或粉尘的温度、腐蚀性等，采用防腐材料制作或采取相应的防腐措施。

（9）建筑物内的热风采暖、通风与空气调节系统的风管布置，防火阀、排烟阀等的设置，均应符合《建筑设计防火规范（2018 年版）》（GB 50016—2014）的要求。

（10）甲、乙、丙类工业建筑的送风、排风管道宜分层设置。当水平和垂直风管在进入车间处设置防火阀时，各层的水平或垂直送风管可合用一个送风系统。

（11）用于甲、乙类工业建筑的排风系统，以及排除有爆炸危险物质的局部排风系统，其风管不应暗设，也不应布置在建筑物的地下室、半地下室内。

（12）通风、空气调节系统的风管，应采用不燃材料制作。接触腐蚀性气体的风管及柔性接头，可采用难燃性材料制作。

（13）甲、乙、丙类生产厂房的风管，以及排除有爆炸危险物质的局部排风系统的风管，不宜穿过其他房间。当必须穿过时，应采用密实焊接、无接头、非燃烧材料制作的通过式风管。通过式风管穿过房间的防火墙、隔墙和楼板处应用防火材料封堵。

（14）排除有爆炸危险物质和含有剧毒物质的排风系统，其正压管段不得穿过其他房间。排除有爆炸危险物质的排风管上，其各支管节点处不应设置调节阀，但应对两个管段结合点及各支管之间进行静压平衡计算。排除含有剧毒物质的排风系统，其正压管段不宜过长。

（15）有爆炸危险厂房的排风管道及排除有爆炸危险物质的风管，不应穿过防火墙，其他风管不宜穿过防火墙和不燃烧性楼板等防火分隔物。当必须穿过时，应在穿过处设置防火阀。在防火阀两侧各 2m 范围内的风管及其保温材料，应采用不燃材料。风管穿过处的缝隙应用防火材料封堵。

（16）可燃气体管道、可燃液体管道和电线、排水管道等，不得穿过风管的内腔，也不得沿风管的外壁进行敷设。可燃气体管道和可燃液体管道，不应穿过通风机室。

（17）热媒温度高于 110℃的供热管道，不应穿过输送有爆炸危险混合物的风管，也不得沿着上述管道外壁进行敷设；当上述风管与热媒管道交叉敷设时，热媒温度应至少比有爆炸危险的气体、蒸气、粉尘或气溶胶等物质的自燃点低 20%。

（18）外表面温度高于 80℃的风管和输送有爆炸危险物质的风管及管道，其外表面之间应当留有必要的安全距离；当互为上下布置时表面温度较高者应布置在上面。

（19）输送温度高于 80℃的空气或气体混合物的风管，在穿过建筑物的可燃或难燃烧体结构处，应保持大于 150m 的安全距离或设置不燃材料的隔热层，隔热层厚度应按其外表面温度不超过 80℃确定。

（20）输送高温气体的非保温金属风管、烟道，沿建筑物的可燃或难燃烧体结构敷设时，应采取有效的隔热防护措施并保持必要的安全距离。

（21）当排除含有氢气或其他比空气密度小的可燃气体混合物时，局部排风系统的风管，应沿气体流动方向具有上倾的坡度，其坡度值应不小于 0.005。

（22）当风管内可能产生沉积物、凝结水或其他液体时，风管应设置不小于 0.005 的坡度，并在风管的最低点和通风机的底部设置排水装置。

（23）当风管内设有电加热器时，电加热器前后的各 800mm 范围内的风管和穿过设有火源等容易起火房间的风管及其保温材料均应采用不燃材料。

（24）通风系统的中、低压离心式通风机，当其配用的电动机功率小于或等于 75kW，且供电条件允许时，可不装设仅为启动用的阀门。

(25) 与通风机等振动设备连接的风管，应当装设挠性接头。

(26) 对于排除有害气体或含有粉尘的通风系统，其风管的排风口宜采用锥形风帽或防雨风帽。

4.2 建筑空调节能设计

4.2.1 空气调节系统

调节室内空气的温度、湿度、流通速度和洁净度，以满足居住者生活需要以及满足生产和科学实验需要的全套设施，称为“空气调节系统”。空气调节系统的功能包括为室内供暖、通风、降温和调节湿度等。因此，完整的空气调节系统要有热源和冷源。

(1) 选择空气调节系统时，应根据建筑物的用途、规模、使用特点、负荷变化情况与参数要求、所在地区气象条件与能源状况等，通过技术经济比较确定。

(2) 属于下列情况之一的空气调节区，宜分别或独立设置空气调节系统：①使用时间不同的空气调节区；②温、湿度基数和允许波动范围不同的空气调节区；③对于空气的洁净要求不同的空气调节区；④有消声要求和产生噪声的空气调节区；⑤空气中含有易燃易爆物质的空气调节区；⑥在同一时间内需要分别进行供热和供冷的空气调节区。

(3) 全空气调节系统应采用单风管式系统。下列空气调节区宜采用全空气定风量空气调节系统：①空间较大、人员较多；②温、湿度允许波动范围小；③噪声或洁净度标准高。

(4) 当各空气调节区热湿负荷变化情况相似，采用集中控制，各空气调节区温、湿度波动不超过允许范围时，可以设置共用的全空气定风量空气调节系统。需分别控制各空气调节区室内参数时，宜采用变风量或风机盘管等空气调节系统，不宜采用末端再热的全空气定量空气调节系统。

(5) 当空气调节区允许采用较大送风温差或室内散湿量较大时，应采用具有一次回风的全空气定风量空气调节系统。

(6) 当多个空气调节区合用一个空气调节风系统，各空气调节区的负荷变化较大，低负荷运行时间较长，且需要分别调节室内温度，在经济和技术条件允许时，宜采用全空气变风量空气调节系统。当空气调节区允许温、湿度波动范围小或噪声要求严格时，不宜采用变风量空气调节系统。

(7) 采用变风量空气调节系统时，应符合下列要求：①风机采用变速调节；②采取保证最小新风量要求的措施；③当采用变风量的送风末端装置时，送风口应符合规定。

(8) 全空气调节系统符合下列情况之一时，宜设置回风机：①不同季节的新风量变化较大、其他排风出路不能适应风量变化要求；②系统阻力较大，设置回风机经济合理。

(9) 空气调节区较多、各空气调节区要求单独调节，且建筑层高较低的建筑物，宜采用风机盘管加新风系统。经处理的新风宜直接送入室内。当空气调节区空气质量和温、湿度波动范围要求严格，或空气中含有较多油烟等有害物质时，不应采用风机盘管。

(10) 技术经济比较合理时，中小型空气调节系统可采用变制冷剂流量分体式空气调节系统。该系统全年运行时，宜采用热泵式机组。在同一系统中，当同时有需要分别供冷和供热的空气调节区时，宜选择热回收式机组。变制冷剂流量分体式空气调节系统，不宜用于振动较大、油污蒸气较多以及产生电磁波或高频波的场所。

（11）当采用冰蓄冷空气调节冷源或有低温冷媒可利用时，宜采用低温送风空气调节系统；对于要求保持较高空气湿度或需要较大送风量的空气调节区，不宜采用低温送风空气调节系统。

（12）采用低温送风空气调节系统时，应符合下列规定：①空气冷却器出风温度与冷媒进口温度之间的温差宜不小于3℃，出风温度宜采用4~10℃，直接膨胀系统应不低于7℃；②应计算送风机、送风管道及送风末端装置的温升，确定室内的送风温度，并保证在室内温、湿度条件下风口不结露；③采用低温送风时，室内设计干球温度宜比常规空气调节系统提高1℃；④空气处理机组的选型，应通过技术经济比较确定，空气冷却器迎风面的风速宜采用1.5~2.3m/s，冷媒通过空气冷却器的温升宜采用9~15℃；⑤采用向空气调节区直接送低温冷风的送风口，应采取能够在系统开始运行时，使送风温度逐渐降低的措施；⑥低温送风系统的空气处理机组、管道及附件、末端送风装置必须进行严密的保冷，经过计算确定保冷层厚度。

（13）下列情况应采用直流式(全新风)空气调节系统：①夏季空气调节系统的回风焓值高于室外空气焓值；②系统服务的各空气调节区排风量大于按负荷计算出的送风量；③室内散发有害物质以及防火防爆等要求不允许空气循环使用；④各空气调节区采用风机盘管或循环风空气处理机组，集中送新风的系统。

（14）空气调节系统的新风量应符合下列规定：①不小于所需新风量，以及补偿排风和保持室内正压所需风量两项中的较大值；②室内人员所需新风量应满足要求，并根据人员的活动和工作性质以及在室内的停留时间等因素确定。

（15）舒适性空气调节和条件允许的工艺性空气调节可用新风冷源时，全空气调节系统应最大限度地使用新风。

（16）新风进风口的面积应适应最大新风量的需要。进风口处应装设能严密关闭的阀门。

（17）空气调节系统应有排风出路并进行风量平衡计算。人员集中或过渡季节使用大量新风的空气调节区，应设置机械排风设施，排风量应适应新风量的变化。

（18）当设有机械排风时，空气调节系统宜设置热回收装置。

（19）空气调节系统风管内的风速应符合表4.4中的规定。

表4.4 空气调节系统风管内的风速 m/s

室内允许噪声级/dB(A)	主管风速	支管风速
25~35	3~4	≤2
35~50	4~7	2~3
50~65	6~9	3~5
65~85	8~12	5~8

注：通风机与消声装置之间的风管，其风速可采用8~10m/s。

4.2.2 空气调节水系统

(1) 空气调节冷热水参数，应通过技术经济比较后确定。可采用以下数值：①空气调节冷水供水温度为5~9℃，一般为7℃；②空气调节冷水供回水温差为5~10℃，一般为5℃；③空气调节热水供水温度为40~65℃，一般为60℃；④空气调节热水供回水温差为4.2~16℃，一般为10℃。

(2) 空气调节系统宜采用闭式循环。当必须采用开式系统时，应设置蓄水箱；蓄水箱的蓄水量，宜按系统循环水量的5%~10%确定。

(3) 全年运行的空气调节系统，仅要求按照季节进行供冷和供热转换时，应采用两管制水系统；当建筑物内的一些区域需要全年供冷时，宜采用冷热源同时使用的分区两管制水系统。当供冷和供热工况交替频繁或同时使用时，可采用四管制水系统。

(4) 中小型工程宜采用一次泵系统；系统较大、阻力较高，且各环路负荷特性或阻力相差悬殊时，宜在空气调节水的冷热源侧和负荷侧分别设置一次泵和二次泵。

(5) 设置2台或2台以上冷水机组和循环泵的空气调节水系统，应能适应负荷变化改变系统流量，设置相应的自动控制设施。

(6) 水系统的竖向分区应根据设备、管道及附件的承压能力确定。两管制风机盘管水系统的管路宜按建筑物的朝向及内外区分区布置。

(7) 空气调节水循环泵，应按下列原则选用：①两管制空气调节水系统宜分别设置冷水和热水循环泵，当冷水循环泵兼作冬季的热水循环泵使用时，冬、夏季水泵运行的台数及单台水泵的流量、扬程应与系统工况相吻合；②一次泵系统的冷水泵以及二次泵系统中一次冷水泵的台数和流量，应与冷水机组的台数及蒸发器的额定流量相对应；③二次泵系统的二次冷水泵台数应按系统的分区和每个分区的流量调节方式确定，每个分区宜不少于2台；④空气调节热水泵台数应根据供热系统规模和运行调节方式确定，一般宜不少于2台；严寒及寒冷地区，当热水泵不超过3台时，其中1台宜设置为备用泵。

(8) 多台一次冷水泵之间通过共用集管连接时，每台冷水机组入口或出口管道上宜设电动阀，电动阀宜与对应运行的冷水机组和冷水泵联锁。

(9) 空气调节水系统布置和选择管径时，应减少并联环路之间的压力损失的相对差额，当相对差额超过15%时，应设置调节装置。

(10) 空气调节水系统的小时泄漏量，宜按照系统水容量的1%进行计算。

(11) 空气调节水系统的补水点，宜设置在循环水泵的吸入口处。当补水压力低于补水点压力时，应当设置补水泵。空气调节补水泵按下列要求选择和设定：①补水泵的扬程应保证补水压力比系统静止时补水点压力高30~50kPa；②小时流量宜为系统的5%~10%；③严寒及寒冷地区空气调节热水用及冷热水合用的补水泵，宜设置备用泵。

(12) 当水系统设置补水泵时，空气调节水系统应设置补水调节水箱；水箱的调节容积应按照水源的供水能力、水处理设备的间断运行时间及补水泵稳定运行等因素确定。

(13) 闭式空气调节水系统的定压和膨胀，应按下列要求进行设计：①定压点宜设在循环水泵的吸入口处，定压点最低压力应使系统最高点压力高于大气压力5kPa以上；②宜采用高位水箱定压；③膨胀管上不应设置阀门；④系统的膨胀水量应能够回收。

（14）当给水硬度较高时，空气调节热水系统的补水宜进行水质处理，并应符合设备对水质的要求。

（15）为便于系统的维护和检修，空气调节水系统应设置排气和泄水装置。

（16）冷水机组或换热器、循环水泵、补水泵等设备的入口管道上，应根据需要设置过滤器或除污器。

（17）空气处理设备冷凝水管道，应当按下列规定设置：①当空气调节设备的冷凝水盘位于机组的正压段时，冷凝水盘的出水口宜设置水封。位于负压段时，也应设置水封，水封高度应大于冷凝水盘处正压或负压值；②冷凝水盘的泄水支管沿水流方向坡度宜不小于0.01，冷凝水的水平干管不宜过长，其坡度应不小于0.003，且不允许有积水部位；③冷凝水的水平干管始端应设置扫除口；④冷凝水管道宜采用排水塑料管或热镀锌钢管，管道应采取可靠的防凝结措施；⑤冷凝水在排水污水系统时，应设有空气隔断措施，冷凝水管不得与室内密封雨水系统直接连接；⑥应当按冷凝水的流量大小和管道坡度确定冷凝水管的管径。

4.2.3 气流组织

所谓空气调节区的气流组织，是在空调房间内合理地布置送风口和回风口，使得经过净化和热湿处理的空气，由送风口送入室内后，在扩散与混合的过程中，均匀地消除室内余热和余湿，从而使工作区形成比较均匀而稳定的温度、湿度、气流速度和洁净度，以满足生产工艺和人体舒适的要求。

（1）空气调节区的气流组织，应根据建筑物的用途对空气调节区内的温、湿度参数，允许风速，噪声标准，空气质量，室内温度梯度及空气分布特性指标（ADPI）的要求，结合建筑物特点、内部装修、工艺（含设备散热因素）或家具布置等进行设计和计算。

（2）空气调节区的送风方式及送风口的选型，应符合下列要求：①宜采用百叶风口或条缝形风口等侧送方式，侧送气流宜贴附，工艺设备对侧送气流有一定阻碍或单位面积送风量较大，人员活动区的风速有要求时，不应采用侧送方式；②当有吊顶可以利用时，应根据空气调节区高度与使用场所对气流的要求，分别采用圆形、方形、条缝形散流器或孔板送风，当单位面积送风量较大，且人员活动区内要求风速较小或区域温差要求严格时，应采用孔板送风；③空间较大的公共建筑和室温允许波动范围大于或等于±1.0℃的高大厂房，宜采用喷口送风、旋流风口送风或地板式送风；④变风量空气调节系统的送风末端装置，应保证在风量改变时室内气流分布不受影响，并满足空气调节区的温度、风速的基本要求；⑤选择低温送风口时，应使送风口表面温度高于室内露点温度1~2℃。

（3）当采用贴附侧送风时，应符合下列要求：①送风口上缘离顶棚距离较大时，送风口处应设置向上倾斜10°~20°的导流片；②送风口内设置使射流不致左右偏斜的导流片，在射流流程中无阻挡物。

（4）当采用孔板送风时，应符合下列要求：①孔板上部稳压层的高度应按计算确定，但净高应不小于0.2m；②向稳压层内送风的速度宜采用3~5m/s。除送风射流较长的以外，稳压层内可以不设送风分布支管。在送风口处，宜装设防止送风气流直接吹向孔板的导流片或挡板。

（5）当采用喷口送风时，应符合下列要求：①为使室内人员处于良好的空气环境中，人员活动区宜处于回流区；②喷口的安装高度应根据空气调节区高度和回流区的分布位置等因素确定；③当喷口兼作热风采暖时，宜能够改变射流出口角度的可能性。

（6）分层空气调节的气流组织设计应符合下列要求：①空气调节区宜采用双侧送风，当空气调节区跨度小于18m时，也可以采用单侧送风，其回风口宜布置在送风口的同侧下方；②侧送多股平行射流应互相搭接，采用双侧对送射流时，其射程可按相对喷口中点距离的90%计算；③宜减少非空气调节区向空气调节区的热转移，必要时应在非空气调节区设置送风和排风装置。

（7）空气调节系统上送风方式的夏季送风温差，应根据送风口类型、安装高度、气流射程长度以及是否贴附等因素确定。在满足舒适和工艺要求的条件下，宜加大送风温差。舒适性空气调节的送风温差，当送风口高度小于或等于5m时，宜不大于10℃；当送风口高度大于5m时，宜不大于15℃。工艺性空气调节的送风温差，宜按表4.5中的数值选用。

表4.5　工艺性空气调节的送风温差

室温允许波动范围/℃	送风温差/℃	室温允许波动范围/℃	送风温差/℃
>±1.0	≤15	±0.5	3~6
±1.0	6~9	±(0.1~0.2)	2~3

（8）空气调节区的换气次数，应符合下列规定：①舒适性空气调节每小时宜不小于5次，但高大空间的换气次数应按其冷负荷通过计算确定；②工艺性空气调节换气次数宜不小于表4.6中所列的数值。

表4.6　工艺性空气调节换气次数

室温允许波动范围/℃	每小时换气次数	附　注
±1.0	5	高大空间除外
±0.5	8	—
±(0.1~0.2)	12	工作时间不送风的除外

（9）送风口的出口风速应根据送风方式、送风口类型、安装高度、室内允许风速和噪声标准等因素确定。消声要求较高时，宜采用2~5m/s；喷口送风可采用4~10m/s。

（10）回风口的布置方式，应符合下列要求：①回风口不应设置在射流区内和人员长时间停留的地点。当采用侧送时，宜设置在送风口的同侧下方；②当条件允许时，宜采用集中回风或走廊回风，但走廊的横断面风速不宜过大，且应保持走廊与非空气调节区之间的密封性。

（11）回风口的吸风速度宜按表4.7中的数值选用。

表4.7　回风口的吸风速度

回风口的位置		最大吸风速度/(m/s)
房间上部		≤4.0
房间下部	不靠近人经常停留的地点时	≤3.0
	靠近人经常停留的地点时	≤1.0

4.2.4 空气处理

(1) 组合式空气处理机组宜安装在空气调节机房内，并且应留有必要的维修通道和检修空间。

(2) 空气的冷却应根据不同条件和要求，分别采用以下处理方式：①利用循环水蒸发冷却；②利用江水、湖水、地下水等天然冷源冷却；③采用蒸发冷却和天然冷源等自然冷却方式达不到要求时，应采用人工冷源进行冷却。

(3) 空气的蒸发冷却和采用江水、湖水、地下水等天然冷源冷却时，应符合下列要求：①水质应符合现行相关卫生标准的要求；②水的温度、硬度等符合使用要求；③使用过后的回水应予以再利用；④地下水使用过后的回水全部回灌并不得造成污染。

(4) 空气冷却装置的选择，应符合下列要求：①采用循环水蒸发冷却或采用江水、湖水、地下水等作为冷源时，宜采用喷水室，采用地下水等天然冷源且温度条件适宜时，宜选用两级喷水室；②采用人工冷源时，宜采用空气冷却器、喷水室，当利用循环水进行绝热加湿或利用喷水提高空气处理后的饱和度时，可采用带喷水装置的空气冷却器。

(5) 在空气冷却器中，空气与冷媒应逆向流动，其迎风面空气质量流速宜采用2.5~3.5kg/(m^2·s)。当迎风面空气质量流速大于3.0kg/(m^2·s)时，应在冷却器后设置挡水板。

(6) 制冷剂直接膨胀式空气冷却器的蒸发温度，应比空气的出口温度至少低3.5℃；在常温空气调节系统情况下，并且为满负荷时，蒸发温度宜不低于0℃；为低负荷时，应防止其表面出现结霜。

(7) 空气冷却器的冷媒进口温度，应比空气的出口干球温度至少低3.5℃。冷媒的温升宜采用5~10℃，其流速宜采用0.6~1.5m/s。

(8) 空气调节系统采用制冷剂直接膨胀式空气冷却器时，不得用氨作为制冷剂。

(9) 采用人工冷源喷水室处理空气时，冷水的温升宜采用3~5℃；采用天然冷源喷水室处理空气时，应当通过计算确定其温升。

(10) 在进行喷水室热工计算时，应进行挡水板过水量对处理后空气参数影响的修正。

(11) 加热空气的热媒宜采用热水。对于工艺性空气调节系统，当室内温度要求控制的允许波动范围小于±1.0℃时，送风末端精调加热器宜采用电加热器。

(12) 空气调节系统的新风和回风应进行过滤处理，其过滤处理效率和出口空气的清洁度应符合现行有关要求。当采用粗效空气过滤器不能满足要求时，应当设置中效空气过滤器。空气过滤器的阻力应按终阻力计算。

(13) 一般中、大型恒温恒湿类空气调节系统和对相对湿度有上限控制要求的空气调节系统，其空气处理的设计，应采取新风预先单独处理，除去多余的含湿量，在随后的处理中取消再热过程，杜绝冷热抵消现象。

4.2.5 空气调节冷热源

1. 电动压缩式冷水机组

(1) 水冷电动压缩式冷水机组的机型，宜按照表4.8中的制冷量范围，经过性能价格比较后进行选择。

表 4.8　水冷电动压缩式冷水机组的选型范围

单机名义工况制冷量/kW	冷水机组机型
≤116	往复式、涡旋式
11~700	往复式
	螺杆式
700~1054	螺杆式
1054~1758	螺杆式
	离心式
≥1758	离心式

注：名义工况是指出水温度为7℃，冷却水温度为30℃。

（2）水冷、风冷式冷水机组的选型，应采用名义工况制冷性能系数较高的产品。制冷性能系数应同时考虑满负荷与部分负荷因素。

（3）在有工艺用氨制冷的冷库和工业等建筑，其空气调节系数采用氨制冷机房提供冷源时，必须符合下列条件：①应采用水/空气间接的供冷方式，不得采用氨直接膨胀空气冷却器的送风系统；②氨制冷机房及管路系统设计，应符合《冷库设计标准》(GB 50072—2021)中的规定。

（4）采用氨冷水机组提供冷源时应符合下列条件：①由于氨是一种无色气体，有强烈的刺激气味，对人体的眼、鼻、喉等有刺激作用，因此氨制冷机房应单独设置且远离建筑群；②为确保氨冷水机组制冷性能良好，宜选用安全性、密封性能良好的整体式机组；③氨冷水机的排氨口排气管，其出口应高于周围50m范围内最高建筑物屋脊5m；④机组应设置紧急泄氨装置，当发生事故时，能将机组内的氨液排入水池或下水道。

2. 热泵

热泵是一种把低位热源的热能转移到高位热源的装置，也是全世界备受关注的新能源技术。热泵能从自然界的空气、水或土壤中获取低品位热能，经过电力做功，提供可被人们所用的高品位热能。

（1）空气源热泵机组的选型，应符合下列要求：①机组名义工况制冷、制热性能系数应当高于国家现行标准；②具有先进可靠的融霜控制，融霜所需时间总和应不超过运行周期时间的20%；③应当避免对周围建筑物产生噪声干扰，符合《声环境质量标准》(GB 3096—2008)中的要求；④在冬季寒冷、潮湿的地区，需连续运行或对室内温度稳定性有要求的空气调节系统，应按当地平衡点温度确定辅助加热装置的容量。

（2）空气源热泵冷热水机组冬季的制热量，应根据室外调节计算温度修正系数和融霜修正系数计算。机组制热量可按式(4.1)进行计算。

$$Q=qK_1K_2 \tag{4.1}$$

式中，Q为机组制热量，kW；q为产品样本中的瞬时制热量，kW；K_1为使用地区室外空气调节计算干球温度的修正系数，按产品样本选取；K_2为机组融霜修正系数，每小时融霜一次取0.6，每小时融霜两次取0.8。

(3) 水源热泵机组采用地下水和地表水时，应符合以下原则：①机组所需水源的总水量，应当按冷(热)负荷、水源温度、机组和板式换热器性能综合确定；②水源供水应充足稳定，满足所选机组供冷、供热时对水温和水质的要求，当水源的水质不能满足要求时，应相应采取有效的过滤、沉淀、灭藻、阻垢、除垢和防腐等措施；③采用集中设置的机组时，应根据水源水质条件确定水源直接进入机组换热或另设板式换热器间接换热；采用分散小型单元式机组时，应设板式换热器间接换热。

(4) 水源热泵机组采用地下水为水源时，应采用闭式系统；对地下水应采取可靠的回灌措施，回灌水不得对地下水资源造成污染。

(5) 采用地下埋管换热器和地表水盘管换热器的地源热泵时，其埋管和盘管的形式、规格与长度，应按冷(热)负荷、土地面积、土壤结构、土壤温度、水体温度的变化规律和机组性能等因素确定。

(6) 采用水环热泵空气调节系统时，应符合下列规定：①采用水环热泵进行空气调节，循环水的水温宜控制在15~35℃；②循环水系统宜通过技术经济比较后，确定采用闭式冷却塔或开式冷却塔，使用开式冷却塔时，应设置中间换热器；③辅助热源的供热量应根据冬季白天高峰和夜间低谷负荷时的建筑物的供暖负荷、系统可回收的内区余热等经热平衡计算确定。

3. 溴化锂吸收式机组

目前，溴化锂吸收式制冷机是世界上常用的吸收式制冷机种。真空状态下，溴化锂吸收式制冷机以水为制冷剂，溴化锂水溶液为吸收剂，制取0℃以上的低温水，用于中央空调系统。

(1) 蒸汽、热水型溴化锂吸收式制冷机组和直燃型溴化锂吸收式冷(温)水机组的选择，应根据用户具备的加热源种类和参数合理确定。

(2) 直燃型溴化锂吸收式冷(温)水机组应优先采用天然气、人工煤气或液化石油作加热源。当无上述气源供应时，宜采用轻柴油。

(3) 溴化锂吸收式制冷机组在名义工况下的性能参数，应符合《蒸汽和热水型溴化锂吸收式冷水机组》(GB/T 18431—2014)和《直燃型溴化锂吸收式冷(温)水机组》(GB/T 18362—2008)中的规定。

(4) 在选用直燃型溴化锂吸收式冷(温)水机组时，应符合下列规定：①应当按冷负荷选型，并考虑冷、热负荷与机组供冷、供热量的匹配；②当热负荷大于机组供热量时，不应用加大机型的方式增加供热量；当通过技术经济比较合理时，可加大高压发生器和燃烧器以增加供热量，但增加的供热量宜不大于机组原供热量的30%。

(5) 在选择溴化锂吸收式制冷机组时，应考虑机组水侧污垢及腐蚀等因素，对供冷(热)量进行修正。

(6) 采用供冷(温)及生活热水三用直燃机时，除应符合上述“(3)”的要求外，还应符合下列具体要求：①完全满足冷(温)水与生活热水日负荷变化和季节负荷变化的要求，并实用、经济、合理；②设置与机组配合的控制系统，按冷(温)水与生活热水的负荷需求进行调节；③当生活热水负荷大、波动大或使用要求高时，应另设专用热水机组供给生活热水。

（7）溴化锂吸收式机组的冷却水、补充水的水质要求，直燃型溴化锂吸收式冷（温）水机组的储油、供油系统、燃气系统等的设计，均应符合国家现行有关标准的规定。

4. 蓄冷与蓄热

随着我国经济的发展，城市规模的扩大和用电结构的改变，使得城市以及地区电网昼夜电力负荷差值越来越大。空气调节系统是建筑用电大户。由于空气调节用电与电网峰谷基本同步，使得电力负荷峰谷差较大，从而影响电网安全、合理和经济运行。因此，使用蓄冷蓄热技术对建筑空气调节起着至关重要的作用。

（1）在执行峰谷电价且峰谷电价差较大的地区，具有下列条件之一，经综合技术比较合理时，宜采用蓄冷蓄热空气调节系统：①建筑物的冷（热）负荷具有显著的不均衡性，有条件利用闲置设备进行制冷、制热时；②逐时负荷的峰谷差悬殊，使用常规空气调节会导致装机容量过大，且经常处于部分负荷下运行时；③空气调节负荷高峰与电网高峰时段重合，且在电网低谷时段空气调节负荷较小时；④有避峰限电要求或必须设置应急冷源的场所。

（2）在设计与选用蓄冷和蓄热装置时，蓄冷、蓄热系统的负荷，应按一个供冷或供热周期进行计算。

（3）冰蓄冷系统形式，应根据建筑物的负荷特点、规律和蓄冰装置的特性等确定。

（4）载冷剂的选择应符合下列要求：①制冷机制冰时的蒸发温度，应高于该浓度下溶液的凝固点，溶液沸点应高于系统的最高温度；②物理化学性能稳定；③比热容大，密度小，黏度低，导热性好；④环保、无公害；⑤价格适中；⑥溶液中应添加防腐剂。

（5）当采用乙烯乙二醇水溶液作为载冷剂时，开式系统应设补液设备，闭式系统应配置溶液膨胀箱和补液设备。

（6）乙烯乙二醇水溶液的管道，可按冷水管道进行水力计算，再加以修正后确定。25%浓度的乙烯乙二醇水溶液在管内的压力损失修正系数为1.2～1.3；流量修正系数为1.07～1.08。

（7）载冷剂管路系统的设计应符合下列规定：①载冷剂管路，不应选用镀锌钢管；②空气调节系统规模较小时，可采用乙烯乙二醇水溶液直接进入空气调节系统供冷；当空气调节水系统规模大、工作压力较高时，宜通过板式换热器向空气调节系统供冷；③管路系统的最高处应设置自动排气阀；④溶液膨胀箱的溢流管应与溶液收集箱连接；⑤多台蓄冷装置并联时，宜采用同程连接；当不能实现时，宜在每台蓄冷装置的入口处安装流量平衡阀；⑥开式系统中，宜在回液管上安装压力传感器和电动控制阀；⑦管路系统中的所有手动和电动阀，均应保证其动作灵活且严密性好，既无外泄漏，也无内泄漏；⑧冰蓄冷系统应能通过阀门转换，实现不同的运行工况。

（8）蓄冰装置的蓄冷特性，应保证在电网低谷时段内能完成全部预定蓄冷量的蓄存。

（9）蓄冰装置的取冷特性，不仅应保证能取出足够的冷量，满足空气调节系统的用冷需求，而且在取冷过程中，取冷速率不应有太大的变化，冷水温度应基本稳定。

（10）蓄冰装置容量与双工况制冷机的空气调节标准制冷量，宜按规定计算确定。

（11）较小的空气调节系统在制冰的同时，有少量（一般不大于制冰量的15%）连续空气调节负荷需求，可在系统中单设循环水泵取冷。

（12）较大的空气调节系统在制冰的同时，如有一定量的连续空气调节负荷存在，宜专门设置基载制冷机。

（13）蓄冰空气调节系统供水温度及回水温差，宜满足下列要求：①当选用一般内融冰系统时，空气调节供回水温宜为7～12℃；②当需要大温差供水（5～15℃）时，宜选用串联式蓄冰系统；③采用低温送风系统时，宜选用3～5℃的空气调节供水温度，仅局部有低温送风要求时，可将部分载冷剂直接送至空气调节表冷器；④当采用区域供冷时，供回水温度宜为3～13℃。

（14）共晶盐材料蓄冷装置的选择，应符合下列规定：①蓄冷装置的蓄冷速率应保证在允许的时段内能充分蓄冷，制冷机工作温度的降低应控制在整个系统具有经济性的范围内；②蓄冰装置的融冰速率与出水温度，应当满足空气调节系统的用冷要求；③共晶盐相变材料应选用物理化学性能稳定，相变潜热量大、无毒、价格适中的材料。

（15）在进行水蓄冷蓄热系统设计时，应符合下列规定：①蓄冷、蓄热混凝土水池的容积宜不小于100m^3，蓄冷的水温宜不低于4℃；②蓄冷、蓄热混凝土水池深度，应考虑到水池中冷热掺混热损失，在条件允许时宜尽可能加深，蓄热水池不应与消防水池合用；③在进行水路设计时，应采用防止系统中水倒灌的措施；④当有特殊要求时，可采用蒸汽和高压过热水蓄热装置。

5. 换热装置

（1）采用城市热网或区域锅炉房热源（如蒸气、热水）供热的空气调节系统，应设置换热器进行供热。

（2）换热器应当选择高效、结构紧凑、便于维护、使用寿命长的产品。

（3）换热器的容量，应根据计算热负荷进行确定。当一次热源稳定性较差时，换热器的换热面积应乘以1.1～1.2的系数。

（4）为降低空气调节系统的使用成本，汽水换热器的蒸汽凝结水，应回收利用。

6. 冷却水系统

（1）水冷式冷水机组和整体式空气调节器的冷却水循环使用。冷却水的热量宜回收利用，冷季宜利用冷却塔作为冷源设备使用。

（2）空气调节用冷水机组和水冷整体式空气调节器的冷却水水温，应按下列要求确定：①冷水机组的冷却水进口温度宜不高于33℃；②冷却水进口最低温度应按冷水机组的要求确定，电动压缩式冷水机组宜不低于15.5℃，溴化锂吸收式冷水机组宜不低于24℃，冷却水系统尤其是全年运行的冷却水系统，宜对冷却水的供水温度采取调节措施；③冷却水进出口温差应按冷水机组的要求确定，电动压缩式冷水机组宜取5℃，溴化锂吸收式冷水机组宜为5～7℃。

（3）冷却水的水质应符合《工业循环冷却水处理设计规范》（GB 50050—2017）及有关产

品对水质的要求，并采取下列措施：①空气调节系统冷却水对于水质的要求较高，应设置稳定冷却水系统水质的有效水质控制装置；②为确保空气调节用冷水机组的正常运转，水泵或冷水机组的入口管道上应设置过滤器或除污器；③当一般开式冷却水系统不能满足制冷设备的水质要求时，宜采用闭式冷却塔或设置中间换热器。

(4) 除采用分散放置的水冷整体式空气调节器或小型户式冷水机组等，可以合用冷却水系统外，冷却水泵的台数和流量应与冷水机组相对应；冷却水泵的扬程应能满足冷却塔的进水压力要求。

(5) 多台冷水机组和冷却水泵之间通过共用集管进行连接时，每台冷水机组入口或出口管道上宜设置电动阀，电动阀宜与对应运行的冷水机组和冷却水泵联锁。

(6) 冷却塔的选用和设置，应符合下列要求：①冷却塔的出口水温、进口水温差和循环水量，在夏季空气调节室外计算湿球温度条件下，应满足冷水机组的要求；②对于进口水压有要求的冷却塔的台数，应与冷却水泵的台数相对应；③供暖室外计算温度在0℃以下的地区，冬季运行的冷却塔应采取防冻措施；④冷却塔设置的位置应通风良好，远离高温或有害气体，并应避免飘逸水对周围环境的影响，冷却塔的材质应符合防火要求。

(7) 当多台开式冷却塔并联运行，且不设置集水箱时，应使各台冷却塔和水泵之间管段的压力损失大致相同，在冷却塔之间宜设平衡管或各台冷却塔底部设置公用连通水槽。

(8) 除横流式等进水口无余压要求的冷却塔外，多台冷却水泵和冷却塔之间通过共用集管连接时，应在每台冷却塔进水管上设置电动阀，当无集水箱或连通水槽时，每台冷却塔的出水管上也应设置电动阀，电动阀宜与对应的冷却水泵联锁。

(9) 开式系统冷却水的补水量，应按系统的蒸发损失、飘逸损失、排污泄漏损失之和计算。不设集水箱的系统，应在冷却塔底盘处补水；设置集水箱的系统应在集水箱处补水。

(10) 间歇运行的开式冷却水系统，冷却塔底盘或集水箱的有效存水容积，应大于湿润冷却塔填料等部件所需水量，以及停泵时靠重力流入的管道等的水容量。

(11) 当冷却塔设置在多层或高层建筑的屋顶时，冷却水集水箱不宜设置在底层。

7. 制冷和供热机房

(1) 制冷和供热机房宜设置在空气调节负荷的中心，并应符合下列要求：①为方便制冷和供热系统的操作，机房宜设观察控制室、维修间及洗手间；②为方便维修和清扫，机房内的地面和设备机座宜采用易于清洗的面层；③机房内应有良好的通风设施，地下层机房应设置机械通风，必要时设置事故通风，控制室、维修间宜设置空气调节装置；④为方便设备更换和维修，机房应考虑预留安装孔、洞及运输通道；⑤对于设置集中采暖的制冷机房，其室内温度宜不低于16℃；⑥机房应设电话及事故照明装置，照度宜不小于100lx，测量仪表集中处应设局部照明；⑦制冷和供热机房内应设置给水与排水设施，满足水系统冲洗、排污的要求。

(2) 制冷和供热机房内的设备布置，应符合以下要求：①机组与墙体之间的净距不得小于1.0m，与配电柜的距离不得小于1.5m；②为方便操作，机组与机组或其他设备之间的净距不得小于1.2m；③各机组之间应留有不小于蒸发器、冷凝器或低温发生器长度的维修距离；④机组与其上方的管道、烟道或电缆桥架等的净距不得小于1.0m；⑤为方便巡回检查、维修和正常操作，机房主要通道的宽度不得小于1.5m。

(3) 氨制冷机房，应满足下列要求：①为确保机房的安全，在机房内严禁采用明火进行采暖；②机房设置事故排风装置，其换气次数每小时应不少于12次，排风机应选用防爆型。

(4) 直燃吸收式机房及其配套设施的设计，应符合《城镇燃气设计规范(2020版)》(GB 50028—2006)和《建筑设计防火规范(2018年版)》(GB 50016—2014)中的有关规定。

8. 设备、管道的保冷和保温

(1) 保冷、保温设计应符合保持供冷、供热生产能力及输送能力，减少冷、热量的损失和节约能源的原则。具有下列情形的设备、管道及其附件、阀门等均应进行保冷或保温：①冷、热介质在生产和输送过程中产生冷、热损失的部位；②防止外壁、外表面产生冷凝水的部位。

(2) 管道的保冷和保温，应符合下列要求：①保冷层的外表面不得产生冷凝水；②管道和支架之间，管道穿墙、穿楼板应采取防止"冷桥""热桥"的措施。

(3) 设备和管道的保冷、保温材料，应按下列要求选择：①保冷、保温材料的主要技术性能，应按《设备及管道绝热设计导则》(GB/T 8175—2008)的要求确定；②优先采用热导率小、湿阻因子大、吸水率低、密度较小、综合经济效益高的材料；③用于冰蓄冷系统的保冷材料，除了满足上述要求外，应采用闭孔材料和对异形部位保冷简便的材料；④所选用的保冷、保温材料，应为不燃或难燃的材料。

(4) 设备和管道的保冷及保温层厚度，应按《设备及管道绝热设计导则》(GB/T 8175—2008)的要求确定。

4.3 低碳建筑中的地源热泵暖通空调系统设计与运行策略

4.3.1 地源热泵技术概述

1. 地源热泵技术介绍

地源热泵技术是一种利用地下热能进行建筑供暖、制冷和热水的环境控制系统，是可再生能源利用的一种方式，通过利用地表和地下的恒定温度来进行热交换。地源热泵技术的工作原理如下：地下热泵系统通过埋设在地下的地热换热器(地源热交换器)与地下通过导热管路传导的热能进行热交换。在供暖季节，地下的地温高于室内需要的供暖温度，热泵系统将地下的热能吸收并升温，然后通过传热器将热量传递给建筑内部的供暖系统。在夏季，地下的地温低于室内需要的制冷温度，热泵系统将室内的热量吸收并通过地热换热器排放到地下。

2. 地源热泵技术优势

地源热泵系统可以提供高效的供暖和制冷，与传统的取暖和制冷系统相比，可以实现约30%~60%的能源节约；地源热泵系统是一种可再生能源技术，使用地下储存的热能，减少了对化石燃料的依赖，从而减少碳排放和空气污染；地下的地温相对稳定，不受气候变化的影响，因此地源热泵系统在不同气候条件下都能提供稳定的供暖和制冷效果；地源热泵系统可以与其他能源系统(如太阳能光伏和风力发电)结合使用，实现能源的多元化利用；地源热泵系统的主要部件埋设在地下，受到较少的外部环境影响，从而具有较长的使用寿命。此外，与传统的设备相比，地源热泵系统的维护成本较低。目前，地源热泵技术在全球范围内得到了广泛的应用和发展。

4.3.2 地源热泵暖通空调系统概述

1. 地源热泵暖通空调系统介绍

地源热泵暖通空调系统是利用地下稳定温度和地热资源进行能量采集和回收的一种节能环保的暖通空调系统，它利用地下土壤、地下水和地表水等地源能源，通过地源热泵技术，将低温热能通过循环工质的压缩和膨胀过程升温，从而实现建筑的供暖、制冷和热水需求。地源热泵暖通空调系统一般包括地源热泵机组、换热器、热水系统、制冷系统、通风系统等组成部分，通过地源热泵机组的工作，系统能够利用地下热能实现供热和制冷，还可以通过换热器进行热回收，提高能源利用效率，相比传统的供暖和制冷技术，地源热泵暖通空调系统具有更高的能效和更低的环境影响。

2. 地源热泵暖通空调系统低碳设计理念

(1) 循环能源利用。地源热泵系统通过利用地下的恒定温度作为热源和冷源，实现了能源的循环利用。系统利用热泵技术将地下的低温热能提升到适宜室内使用的温度，还可以将室内的热量排泄到地下，实现了能源的高效利用。

(2) 节能减排。地源热泵系统能够显著降低建筑的能耗和碳排放，其采用地下恒定温度作为热源和冷源，无须燃烧化石燃料，减少了传统暖通空调系统的能源消耗和对环境的负荷。通过优化系统设计和运行，提高能源利用效率，可以进一步降低能耗和碳排放。

(3) 综合能源利用。地源热泵系统可以与其他能源系统相结合，从而实现能源的综合利用。例如：系统可以与太阳能光伏系统或风力发电系统相结合，利用可再生能源提供电力给热泵系统运行，进一步降低系统的环境影响。

(4) 系统整体优化。地源热泵系统设计时需要考虑建筑的特点、使用需求和当地气候条件等因素，进行系统的整体优化。通过合理选择和搭配系统的组成部分，如地源换热器、热泵机组、热水设备等，以及优化管道布局和控制策略等，可以提高系统的性能和效率。

(5) 舒适性和可靠性。地源热泵系统设计还应考虑到建筑内部的舒适性和系统的可靠性，通过合理的温度控制和风量控制，保证室内温度、湿度和空气质量的舒适性要求。同时，对于系统的运行稳定性和故障自动诊断能力也要进行考虑，确保系统的可靠性和运行的连续性。

总之，地源热泵暖通空调系统设计理念主要包括循环能源利用、节能减排、综合能源利用、系统整体优化以及舒适性和可靠性。通过科学合理地设计和运行，可以实现低碳建筑的能源节约和环保要求。

4.3.3 低碳建筑地源热泵暖通空调系统设计

1. 地源选择与设计

（1）地源类型与特点

在低碳建筑的地源热泵暖通空调系统设计中，常见的地源类型包括地下水源和地热能源。地下水源热泵系统利用地下水的稳定温度作为热源或热汇，具有稳定可靠、高效节能的特点；地热能源则利用地下土壤或岩石的地热能作为热源或热汇，适用于没有地下水资源的地区。根据具体情况选择适合的地源类型。

（2）地源井的布置与深度

地源井的布置和深度对系统性能和能耗有重要影响，根据地下热储层的分布和热负荷的需求，合理布置地源井，避免相互影响。在地下水源热泵系统中，地源井应根据现场地下水的水质、流量和温度等因素合理布置，通常采用井阵式布置以增加取水和回水的均匀性；地热能源系统中，地源井的深度需根据地下土壤或岩石的热导率和可利用地热能的地层深度等因素确定。一般地下水源热泵系统的地源井深度介于20～100m，地热源系统的地源井深度则可能超过100m。

2. 系统分区与控制

（1）分区设计原则

系统分区设计旨在将建筑内部划分为不同的控制区域，以便根据各个区域的热负荷需求进行独立控制。在低碳建筑的地源热泵暖通空调系统设计中，分区设计原则包括以下几点：根据空间用途和热负荷特点划分不同的分区，如办公区、会议区、公共区等；同一分区内具有相似热负荷特点的区域应划分为同一子区域；考虑分区之间的热负荷变化情况，避免将热负荷波动较大的区域划分在同一子区域内。

（2）合理温度控制

针对每个分区，需要制定合理的温度控制策略以实现舒适和节能。常见的温度控制策略包括：设定合适的温度范围，如夏季制冷设定为24～26℃，冬季供暖设定为20～22℃；根据工作时间和使用情况设定分区的工作时间，避免在无人时段浪费能源，例如夜间或周末；结合人员活动和热负荷需求，采用智能温度控制策略，如根据人员数量和热感应设备自动调节温度设定点；利用辅助设备如风机盘管风量控制、可调风速风口等，实现更细致的温度控制。

3. 系统的节能设计

（1）采用高效换热器

板式换热器具有较大的换热面积和良好的传热性能，选择高效的板式换热器作为地源热泵系统的热交换器，能够提高系统的热交换效率；优化换热器的设计，包括增加传热面积、减小流阻、优化流体分配等，以提高换热效果；选择高效的换热材料，如高导热性能的铝合金板材或不锈钢板材，减少传热过程中的能量损失；对换热器进行定期检查和清洁，保持其良好的工作状态。

(2) 优化系统运行参数

根据实际情况，调整热泵的水流循环比、温度差、流量和压力等参数；利用先进的智能控制系统，监测和调整系统运行参数，根据实时数据对系统进行优化；使用变频调速设备，根据实际负荷需求进行运行调节，实现能耗的匹配。

(3) 采用能量回收技术

安装热回收装置，如热泵压缩机废热回收装置，将热泵排出的热量回收利用，废热用于供给建筑暖气、热水等其他热负荷；安装冷回收装置，如冷凝器余冷回收装置，将冷凝器产生的冷热量回收利用，余冷用于制冷系统中其他需要冷量的区域。

4. 集成太阳能与其他可再生能源

(1) 光伏发电与地源热泵系统的集成

将光伏发电系统与地源热泵系统互相连接，以光伏发电系统的电能为地源热泵系统提供电力需求；安装太阳能电池板可以收集太阳能，并将其转化为直流电，直流电通过逆变器转换为交流电，供给地源热泵系统的电力需求；根据地源热泵系统的负荷需求、太阳能电池板的发电能力以及电力储存装置(如电池)的容量，设计电力连接与配电系统；配置电能计量装置以监测光伏发电系统的电力输出情况，实时调整地源热泵系统的电力需求，确保系统正常运行。

(2) 太阳能热水与暖通空调系统的集成

将太阳能热水系统与暖通空调系统集成，实现太阳能热水的供暖和制冷过程，在供暖过程中，太阳能热水提供预热水源，降低热泵系统的能耗和热量需求；在制冷过程中，太阳能热水用于驱动吸收式制冷机或热动力制冷机，提供制冷效果。根据建筑的热负荷需求、太阳能热水系统的热水产能以及暖通空调系统的工作参数，设计合适的热水供应和分配系统，确保太阳能热水能够有效地应用于暖通空调系统。

4.3.4 低碳建筑地源热泵暖通空调系统运行策略

1. 运行模式选择与切换

基于温度传感器和控制系统，实时监测室内外温度差异，根据设定的温度阈值自动切换冷热源。根据室内温度和需求，系统可以根据需要切换使用地源热泵提供的冷热能源，例如：在夏季，当室内温度高于设定值时，系统切换至制冷模式，并利用地源热泵提供的冷能源进行空调；而在冬季，当室内温度低于设定值时，系统切换至供暖模式，利用地源热泵提供的热能源进行供暖。

根据不同的时间段和使用需求，设置不同的运行模式。夜间或闲置时段采用低功耗模式从而减少能耗；高峰负荷时段采用提前预热或预冷模式，满足高负荷需求。

2. 系统运行监测与调节

(1) 温控设备及传感器的安装与调试。安装合适的温控设备和传感器，监测室内外温度、湿度等参数，并与地源热泵控制系统连接，通过调试确保传感器的准确性和可靠性，实时获取温度信息并进行系统控制。

（2）运行数据监测与分析。监测地源热泵暖通空调系统的运行数据，包括能源消耗、循环水流量、温度差等参数，进行数据分析，评估系统的性能和效果。根据数据分析结果，及时发现并解决系统运行中的问题，保证系统的正常工作。

（3）运行参数调节与优化。根据运行数据和性能分析结果，调整系统的运行参数，如水流量、送风温度等；使用自适应控制算法和智能控制策略，根据实时监测数据，自动调节运行参数，适应不同的室内外环境条件。

3. 系统运行维护与保养

建立定期巡检计划，制定巡检频率和内容，如每季度进行一次系统巡检，并明确巡检范围和步骤；检查水泵、阀门、换热器等关键部件的工作状态，确保其正常运行；检查传感器和控制设备的连接和响应，确保数据采集和控制的准确性；定期检查并清洁冷凝器，避免灰尘和污垢积累影响热交换效率；定期检查并清洁蒸发器，确保通风畅通，避免堵塞和细菌滋生；定期更换或清洁空气过滤器，防止灰尘积累影响室内空气质量和系统运行效果。

记录维护工作和维修历史，每次维护和巡检后，记录维护日期、维护内容、维修人员和维护结果等信息；记录温度和湿度数据以及系统性能指标，用于分析和评估系统运行情况。同时，配备安装故障自诊断系统，监测系统的关键参数和状态，如温度、压力、流量等；配置报警系统，及时发现异常情况并采取相应的故障排除措施。

4.4 双碳背景下的暖通空调节能技术精细化设计及应用

4.4.1 双碳背景下暖通空调设计中新方向

暖通空调节能技术在建筑工程中发挥着举足轻重的作用。在建筑工程中充分合理地利用暖通空调节能技术，不仅可以提升建筑工程的整体质量和功能体验，还能充分践行如今所倡导的“碳达峰”“碳中和”的低碳、零碳建筑理念，为建设现代低碳绿色城市提供新助力。

伴随着暖通空调系统的安装与使用愈加频繁，降低碳能耗和碳排放已经迫在眉睫。而随着国务院双碳工作意见、《关于推动城乡建设绿色发展意见》《2030年前碳达峰行动方案》等一系列国家政策的发布，也给暖通空调设计中的双碳带来了新的方向：(1)加快提升建筑能效水平，加强适用于不同气候区、不同建筑类型的节能低碳技术的研发和推广。(2)推动高质量绿色建筑规模化发展，大力推广超低能耗、近乎零能耗建筑，发展零碳建筑。(3)加快优化建筑用能结构。深化可再生能源建筑应用，加快推动建筑用能电气化和低碳化。

同时，一系列新的设计规范和标准，包括《建筑节能与可再生能源利用通用规范》(GB 55015—2021)、《近零能耗建筑技术标准》(GB/T 51350—2019)等，也要求暖通设计师在系统设计过程中注重以能耗控制为目标，在设计阶段采用性能化、精细化设计，通过被动式建筑设计降低建筑中暖通空调系统的需求，采用主动式技术措施最大幅度地提高能源设备与系统效率。

4.4.2 暖通空调系统的节能技术精细化设计简述

所谓设计，即“设想和计划”，设想是目的，计划是过程安排，通常是指有目标和计划的创作行为及活动。暖通空调设计则是暖通空调系统施工、调试前的预先计划，必须进行周密计划、精细化设计，才能达到预期效果。在暖通空调系统设计中，设计师需要把握整体设计思路，结合建筑空间布局和功能分区，科学应用自然风，最小化围护结构的能量损失，合理地选用空调系统，采用高效变频节能的设备，使用诸如太阳能等清洁能源，利用余热回收、冰蓄冷等技术措施。在设计阶段与施工、机电调试人员密切配合，充分利用 BIM 软件、负荷计算软件、能耗分析软件、机电调试数据等对暖通空调设计中的负荷计算、系统选择、设备参数、节能措施、自动控制等阶段进行优化，在设计阶段就降低暖通空调系统的整体能耗。暖通空调性能化、精细化设计方法框架图如图 4.1 所示。

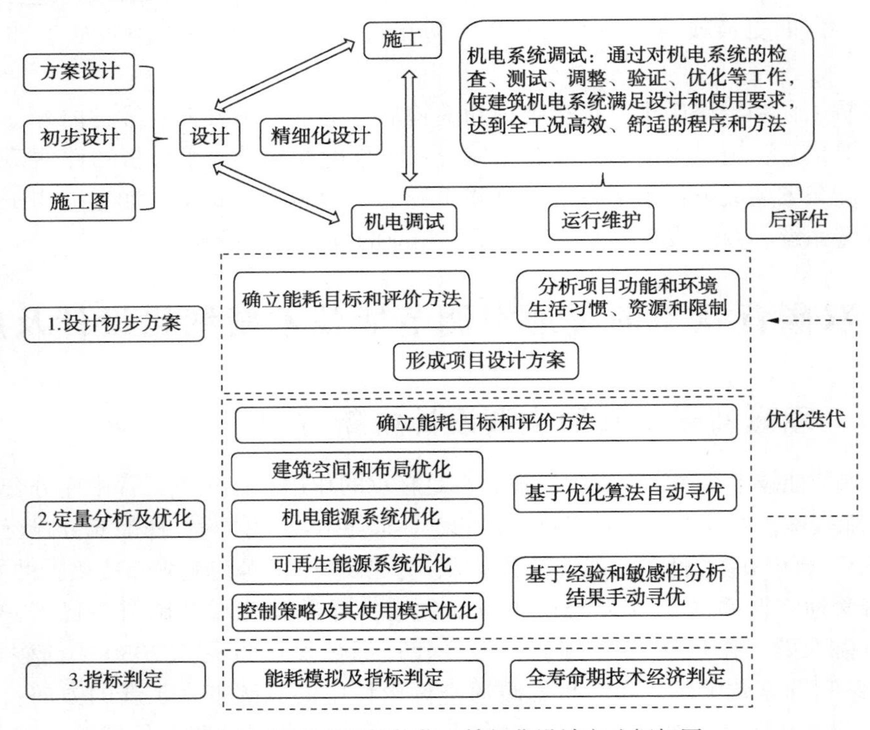

图 4.1　暖通空调性能化、精细化设计方法框架图

4.4.3 暖通空调系统的节能技术精细化设计应用

1. 工程概况

项目是位于北京市密云区的商业办公综合体。总建筑面积约为 20 万 m^2，地上建筑面积约 13 万 m^2，地下建筑面积超过 7.3 万 m^2，包含有地上购物中心、1#和 2#商业办公楼、地下商业分区、地下室及人防区。

设计内容：暖通空调系统、热水采暖系统、通风防排烟系统（此处不做阐述），辐射采暖以及燃气设计不在本次设计范围内。

2. 设计参数

室外气象参数：参考《民用建筑供暖通风与空气调节设计规范》(GB 50736—2012)附录 A 中北京地区气象参数。室内设计参数如表 4.9 所示。

表 4.9　室内设计参数

房间、功能区	温湿度		人员密度/(m^3·人$^{-1}$)	新风量(每人)/($m^3·h^{-1}$)	照明、设备冷负荷/($W·m^{-2}$)	噪声标准/dB(A)
	夏季	冬季				
超市	26℃/60%	20℃/—	4	19	50	<50
迪卡侬	26℃/60%	20℃/—	4	19	50	<50
公共区(1F)	26℃/60%	20℃/—	4	19	35	<50
公共区(2-4F)	26℃/60%	20℃/—	6	19	35	<50
百货区	26℃/60%	20℃/—	5	19	60	<50
儿童娱乐	26℃/60%	20℃/—	5	19	40	<50
零售	26℃/60%	20℃/—	5	19	50	<55
餐饮区	26℃/60%	20℃/—	2	25	0	<50
美食广场	26℃/60%	20℃/—	2	25	35	<50
KTV	26℃/60%	20℃/—	3	30	40	<60
电影院	26℃/60%	20℃/—	按座位	15	30	<35
可售商业区域	—	20℃/—	—	—	—	—
办公区	—	20℃/—	—	—	—	—

3. 负荷计算

本项目按空调系统设计空调冷负荷分为 2 部分计算：购物中心(不含超市和影院，也可称为“商业”)和超市。

空调采暖热负荷分为 2 部分计算：商业、超市、影院；可售商业及办公。分项计算值及指标如下。采用鸿业负荷计算软件 9.0 进行逐时逐项冷热负荷计算，冷热负荷计算指标如表 4.10 所示。

表 4.10　冷热负荷计算指标

功能区	空调/采暖面积/m^2	冷负荷/kW	冷指标/($W·m^{-2}$)	热负荷/kW	热指标/($W·m^{-2}$)
商业	72978	7821	107	4243	58
超市	10737	1203	112	810	75
影院	3365	—	—	300	89
可售商业及办公	35569	—	—	2014	57

4. 系统设计

(1) 冷源选择

购物中心(不含超市、影院)设置 3 台水冷离心式冷水机组(单台冷量 750RT)，提供

6.5℃/12.5℃空调冷冻水，在地下一层设置制冷机房，在购物中心屋顶设置冷却塔。

超市设置2台水冷螺杆式冷水机组(单台冷量200RT)，提供7℃/12℃空调冷冻水。

影院由影院方自行设置风冷冷水机组，屋顶预留机位。

冷却塔直接供冷系统：购物中心内商铺需要全年供冷，在室外温度低于5℃时，采用冷却水通过板式换热器换热直接提供区内冷冻水，该系统的冷却水温度为8℃/9.6℃，冷冻水供回水温度为9℃/13℃。可售商业和办公区域均采用直流变速多联式中央空调系统。

(2) 热源选择

由于当地市政热力管网不能提供本项目冬季采暖热源，因此在本项目地下一层设置燃气锅炉房，选用3台承压燃气锅炉(单台容量为2.8MW，预留1台备用)提供95℃/70℃一次热水，通过位于制冷机房内的换热器换热分别提供60℃/45℃的热水供给商业空调末端及85℃/60℃热水供给办公和可售商业散热器系统。

(3) 水系统设计

购物中心冷冻水系统采用一次泵变流量系统，冷冻水温度为6.5℃/12.5℃，超市冷冻水系统采用一次泵主机侧定流量末端变流量系统，冷冻水温度为7℃/12℃。购物中心采用分区两管制水系统(4层零售区为四管制)，超市为两管制水系统。冷热水在分集水器处冬夏切换供水。

空调冷冻水系统为异程式，冷冻水系统最大工作压力为0.86MPa，超市冷冻水系统最大工作压力为0.48MPa。

购物中心和超市冷却水系统侧均采用变流量泵，夏季冷却水供回水温度为32℃/37℃，冷却水系统最大工作压力为0.65MPa。

锅炉一次热水循环泵为变频泵，一次热水供回水设计温度均为95℃/70℃。锅炉一次热水系统最大工作压力为0.36MPa。

空调热水循环泵为变频泵，空调热水供回水设计温度均为60℃/45℃。管制同冷冻水系统，冷热水管在分集水器处冬夏切换供水。

空调热水系统为异程式，系统最大工作压力为0.8MPa。

(4) 风系统设计

购物中心零售区域采用新风处理机组，采用粗效过滤、中效过滤、冷(热)盘管段、风机处理段后，由新风管路送至室内。

超市、百货、公共区等大空间场所采用全空气处理机组，混合新风段和回风混合后经过粗效过滤、中效袋式过滤、冷(热)盘管段、送风机段送入室内。全空气系统设置独立排风机，在过渡季节加大新风量时，开启排风机可实现70%新风比运行。

冬季、过渡季内区全空气系统可利用新风免费供冷，充分利用天然冷源。

5. 自动控制

暖通空调系统的自动控制是整个建筑物BAS(楼宇设备自控系统，Building Automation System-RTU)的一部分，通过该系统实现暖通空调系统的自动运行、调节，以减少运行管理的工作量和成本，降低暖通空调系统的运行能耗。暖通空调系统的控制和检测包括但不限于机组、水泵、风机、阀门、冷却塔等系统设备的运行、故障及远程/本地转换，冷冻水和冷却水系统的供回水温度、压力和流量检测，各种电控阀门、仪表数据的记录。通过优化组合确定设备运行工况，达到整体节能的效果。

商业空调冷冻水泵采用台数和转速调节，频率根据系统压差变化控制，系统测压点设置在最不利环路干管靠近末端处。商业空调供水总管间设置电动旁通阀，在流量低于商业冷机最小允许流量时开启，超市冷冻水泵为定频水泵，在供回水总管间设置压差旁通阀保证冷机定流量运行。

根据冷却塔供水温度控制冷却塔风机的台数；过渡季节在冷却水供回水间通过设置的旁通调节阀，控制旁通水量，调节混合比控制水温。调节冷却水的温度，使其符合冷水机组的最低温度要求。

换热系统根据换热器二次水出水温度来控制一次水流量。锅炉热水循环泵为定频水泵并采用台数控制，在供回水总管间设置压差旁通阀保证锅炉定流量运行。空调热水泵、散热器采暖水泵采用台数和转速调节，根据系统最不利点压差控制水泵转速。

对于全空气系统，风机可进行变风量控制；在过渡季节则根据室内外焓值的比较，实现增大新风比的控制，以充分利用室外空气消除余热。

风机盘管机根据室内温度控制盘管水路电动控制阀开关，根据冷热水工况手动进行季节转换，同时能够就地手动控制风机启停和转速。

6. 设计分析

本项目在设计伊始，与建筑专业沟通配合，在平面布局和功能分区上合理利用自然风，强化气流组织，降低了百货区域的负荷需求和能耗比；对于制冷机房的布置也靠近负荷需求中心，以减少冷冻水输送环节的管路损耗和水泵能耗。通过负荷计算软件和能耗分析模拟软件，结合 BIM 建筑模型、全年逐时气象数据、围护结构等参数，创建空调系统方案进行对比，选择低能耗、高舒适度的空调系统。同时在系统设计环节积极应用多项节能措施：根据北京当地的气候特征和生活习惯，在不影响舒适度的情况下适当调整了系统的设计参数，降低了负荷需求，间接地减少了系统能耗；采用变频水泵，并根据实际需求确定工作频率，以防止水泵始终处在全负荷状态；在达到空气处理基本要求的基础上，尽量提高冷水初温，这是因为当制冷机组的蒸发温度提高 1℃时，可减少 2%~3%的电能消耗，通过提高温差和减少循环水流量来降低系统能耗；借助传感技术及自动控制理论实时监测室内温湿度，并根据监测数据对空调系统参数进行设置与调整，确保空调系统处于高效工区。最终在本项目中通过对设计环节的精细化把控，暖通空调系统的整体能耗相比最初的空调系统降低了大约 12%，占建筑能耗比降低了大约 8%。

第5章　建筑照明节能设计

5.1　建筑采光节能设计

5.1.1　建筑光学基本知识

1. 建筑光环境

光环境是建筑环境中重要的组成部分，在建筑环境设计中光环境的设计占据极大的比重，人们依靠不同的感觉器官从外界获取各种信息，室内光环境是人们获得视觉信息的必要保障。室内光环境是指建筑内部由光照射而形成的环境，其能满足生理(视觉)、心理及美学等方面的要求。通常来说，建筑的光环境由天然光和人工照明两部分组成，如图5.1所示。人们进行各类活动时，保持活动场所舒适的光环境，不但能充分发挥人的视觉功效完成各种视觉作业，而且能提高人员效率、减少视觉疲劳，因此人们对光环境的需求与其所从事的活动密切相关。

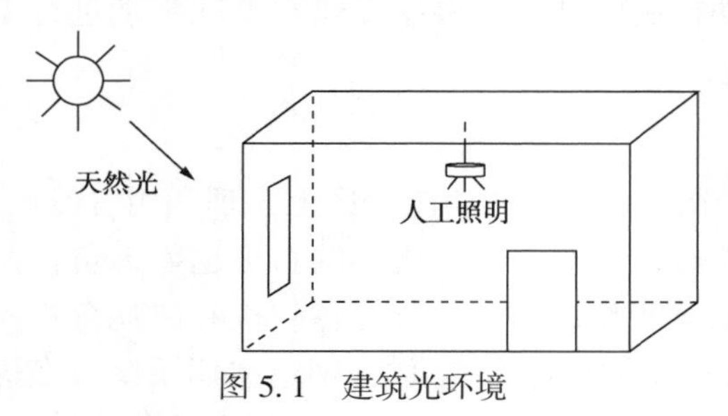

图5.1　建筑光环境

2. 光的定义及本质

从不同的角度、不同的层次可以有不同的理解。从纯粹的物理意义上讲，光是电磁波，是所有形式的辐射能量。

光是以电磁波形式传播的辐射能。电磁波的波长范围极其宽广，最短的如宇宙线，其波长仅 $10^{-14} \sim 10^{-16}$ m，最长的电磁波长可达数千米。在很多情况下，人们所说的“光”或“亮”，指的是能够为人眼所感觉到的那一小段可见光谱的辐射能，其波长范围是380～780nm($1nm=10^{-9}m$)。波长大于780nm的红外线、无线电波等，以及短于380nm的紫外线、X射线等，都不能为人眼所感受，因此不属于“光”的范畴。而不同波长的可见光，在人眼中又产生不同的颜色感觉，如图5.2所示。各种颜色对应的波长范围并不是截然分开的，而是随波长逐渐变化的。只有单一波长的光，才表现为一种颜色，称为“单色光”。全部可见光波混合在一起就形成日光(白色光)。

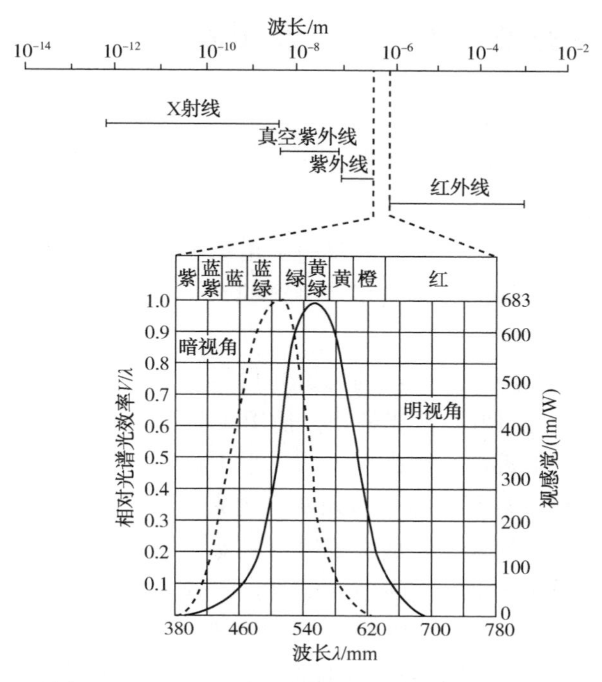

图 5.2 可见光及其颜色感觉、光谱光效率曲线

3. 材料光学性质

建筑光环境设计中，灵活地运用各种材料来控光、调光，可以创造出各种光环境效果。

常见材料可以分为透射性材料、反射性材料和折射性材料。透射性材料有半透明玻璃、半透明塑料、灯笼纸、糊窗纸、薄片大理石、石蜡、窗纱、透光织物等。反射性材料如镜面玻璃、磨光金属、常用的不透光建筑材料等。照明设计中的泛光(Wallwasher)手法就是充分利用材料反光特性，展现材料质地，创造出一种光环境效果。折射性材料利用光折射原理，能精确地控制光分布，如折光玻璃砖、各种棱镜灯罩等。

5.1.2 建筑采光节能设计目标

(1) 要符合人们视觉舒适度的需要。良好的采光条件可以为人们提供舒适的视觉环境，满足人们的视觉需要，有利于人们的身心健康，保护人们的视力。因此，建筑物采光设计时，要结合建筑物的特点考虑视觉舒适度，提高建筑物的综合效益。

(2) 要符合人们对照明的需要。目前，人们的很多生活活动和工作在建筑屋内，为了满足人们对照明的需要，就要对建筑物的采光节能进行科学的设计。

(3) 要满足节能的需要。对建筑物进行设计时，要有先进的设计理念。在建筑采光过程中，利用同等照明度的天然光所产生的热量比人工光照要少，因此采用日光可以减少由调节建筑内的热环境所造成的能源消耗，建筑物一般采用天然光就能满足采光节能需要。

(4) 要满足保护环境的需要。天然光可以抑制微生物的生长，能够杀菌除霉，建筑物用天然光进行采光，能够满足节能、视觉舒适度、照明等方面的需求，改善人们的居住环境。

5.1.3 建筑采光节能设计方法及步骤

1. 建筑采光节能设计方法

建筑采光节能设计可以采取被动式采光、主动式采光、天然采光与人工照明结合的方法。

(1) 被动式采光设计

在进深不大，仅有一面外墙的房间，普遍利用单侧窗采光。侧面采光的光线有显著的方向性，容易使物体形成良好的光影造型。侧窗的采光效果与窗的形状、面积大小、安装位置、布置方式、透明材料等有关。

改善侧窗采光特性的措施主要有：利用透光材料本身的反射、扩散和折射性能控制光线。使用固定遮阳板、遮光百叶、遮光格栅。使用活动的遮阳板或遮光百叶。

顶部采光形式包括矩形天窗、锯齿形天窗、平天窗等。矩形天窗分为纵向矩形天窗和横向矩形天窗。如果是在屋架上架起一列天窗架构成的，窗户的方向与屋架相垂直的矩形天窗，称为纵向矩形天窗。如果将屋面板隔跨分别架设在屋架上弦和下弦位置，窗扇立在屋架外侧，紧贴屋架，则称为横向矩形天窗。其采光均匀度好，自然通风效果显著改善。锯齿形天窗的特点是屋顶倾斜，可以充分利用顶棚的反射光，采光效率比矩形天窗高15%~20%，适于在美术馆、超级市场、体育馆及一些特殊车间使用。平天窗的采光口位于水平面或接近水平面，因此，它比其他类型的窗户采光效率都高得多，为矩形天窗采光效率的2~2.5倍。平天窗的形式很多，小型的采光罩布置灵活、构造简单、防水可靠，近年来在民用建筑中的使用越来越多。

(2) 主动式采光设计

主动式采光设计主要用于地下建筑、无窗建筑、北向房间以及有特殊要求的空间。这种采光方法的意义在于：它增加了室内可用的天然光数量，充分改善室内光环境质量；使不可能接收天然光的空间也能享受天然采光；减少人工照明用电，节约能源。

(3) 天然采光与人工照明结合

天然采光和人工照明的结合不仅可节约大量的人工照明用电，而且对提高采光和照明均匀度，改善室内光环境的质量都具有重要的技术经济意义。

天然采光与人工照明结合的照明方式如图5.3所示，其主要设计要点包括照度、光源及照明控制方式三项内容。

2. 建筑采光节能设计步骤

(1) 搜集资料

了解设计对象对采光的要求，了解设计对象的采暖、通风和泄爆要求，房间及其周围环境情况。

(2) 选择窗洞口形式

根据房间的朝向、尺度、生产状况、周围环境，结合各种窗洞口的采光特性来选择适合的窗洞口形式。在一幢建筑物内可能采取几种不同的窗洞口形式，以满足不同的要求。

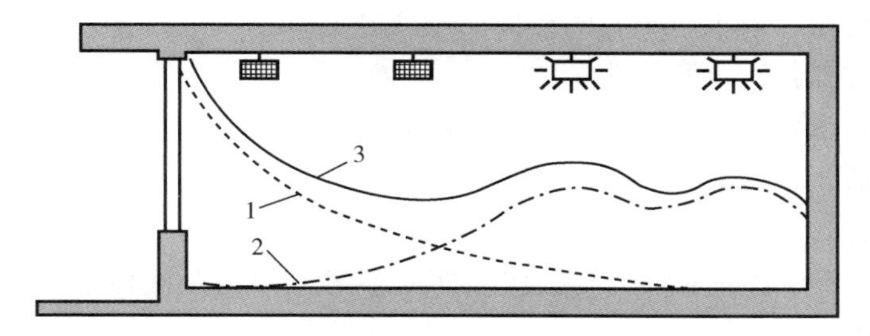

图 5.3 天然采光与人工照明结合的照明方式

注：1—天然采光照度值随房间进深变化曲线；2—人工照明照度值随房间进深变化曲线；
3—天然采光与人工照明结合时照度值随房间进深变化曲线

(3) 确定窗洞口位置及可能开设窗口的面积

侧窗常设在朝向南北的侧墙上，由于它建造方便、造价低廉、维护使用方便，故应尽可能多开侧窗，采光不足部分再用天窗补充。

侧窗采光不足之处可设天窗。根据房间的剖面形式，它与相邻房间的关系，确定天窗的位置及大致尺寸(天窗宽度、玻璃面积、天窗间距等)。

(4) 估算窗洞口尺寸

根据房间视觉工作分级和拟采用的窗洞口形式及位置，查出所需的窗地面积比。值得注意的是，由窗地比和室内地面面积相乘获得的开窗面积仅是估算值，它可能与实际值差别较大。

(5) 布置窗洞口

估算出需要的窗洞口面积，确定了窗的高、宽尺寸后，就可进一步确定窗的位置。这里不仅考虑采光需要，而且还应考虑通风、日照、美观等要求，拟出几个方案进行比较，选出最佳方案。

5.2 绿色照明建筑节能设计

5.2.1 建筑照明标准

照明标准就是根据识别物件的大小、物件与背景的亮度对比、国民经济的发展情况等因素来规定必需的物件亮度。

1. 照度值

在《建筑照明设计标准》(GB 50034—2013)中规定，照度标准值应按 0.5lx、1lx、2lx、3lx、5lx、10lx、15lx、20lx、30lx、50lx、75lx、100lx、150lx、200lx、300lx、500lx、750lx、1000lx、1500lx、2000lx、3000lx、5000lx 分级。

(1) 符合下列条件之一及以上时，作业面或参考平面的照度标准值，可按上述照度标准值分级提高一级。

① 视觉要求高的精细作业场所，眼睛至识别对象的距离大于 500mm 时；

② 连续长时间紧张的视觉作业，对视觉器官有不良影响时；

③ 识别移动对象，要求识别时间短促而辨认困难时；

④ 视觉作业对操作安全有重要影响时；

⑤ 作业精度要求较高，且产生差错会造成很大损失时；

⑥ 视觉能力低于正常能力时；

⑦ 建筑等级和功能要求高时。

(2) 符合下列条件之一及以上时，作业面或参考平面的照度标准值，可按上述照度标准值分级降低一级。

① 进行很短时间的作业时；

② 作业精度或速度无关紧要时；

③ 建筑等级和功能要求较低时。

(3) 作业面邻近周围的照度可低于作业面照度，但宜不低于表 5.1 规定的数值。

表 5.1 作业面邻近周围照度 lx

作业面照度	作业面邻近周围照度	作业面照度	作业面邻近周围照度
≥750	500	300	200
500	300	≤200	与作业面照度相同

注：作业面邻近周围是指作业面外宽度为 0.5m 的区域。

(4) 在一般情况下，设计照度值与照度标准值相比较，可有-10%～+10%的偏差。

2. 照明质量

它是指光环境(从生理和心理效果来评价的照明环境)内的亮度分布等。它包括一切有利于视功能、舒适感、易于观看、安全与美观的亮度分布。如眩光、颜色、均匀度、亮度分布等都明显地影响可见度，影响容易、正确、迅速地观看的能力。

(1) 眩光

① 长期工作或停留的房间或场所，选用的直接型灯具的遮光角应不小于表 5.2 的规定。

表 5.2 直接型灯具的遮光角

光源平均亮度/(kcd/m^2)	遮光角/(°)	光源平均亮度/(kcd/m^2)	遮光角/(°)
1～20	10	50～500	20
20～50	15	≥500	30

② 公共建筑和工业建筑常用房间或场所的不舒适眩光应采用统一眩光值(UGR，Unified Glare Rating)评价。

③ 可用下列方法防止或减少光幕反射和反射眩光：将灯具安装在不易形成眩光的区域内；采用低光泽度的表面装饰材料；限制灯具出光口表面发光亮度；墙面的平均照度宜不低于 50lx，顶棚的平均照度宜不低于 30lx。

④ 有视觉显示终端的工作场所，在与灯具中垂线成 65°～90°范围内的灯具平均亮度限值应符合表 5.3 的规定。

表 5.3 灯具平均亮度限值 cd/m²

屏幕分类	灯具平均亮度限值	
	屏幕亮度大于 200cd/m²	屏幕亮度小于等于 200cd/m²
亮背景暗字体或图像	3000	1500
暗背景亮字体或图像	1500	1000

(2) 光源颜色

室内照明光源色表可按其相关色温(K)分为三组，光源色表分组宜按表 5.4 确定。

表 5.4 光源色表特征及适用场所

相关色温/K	色表特征	适 用 场 所
<3300	暖	客房、卧室、病房、酒吧
3300~5300	中间	办公室、教室、阅览室、商场、诊室、检验室、实验室、控制室、机械加工车间、仪表装配
>5300	冷	热加工车间、高照度场所

长期工作或停留的房间或场所，照明光源的显色指数(R_a)应不小于 80。在灯具安装高度大于 8m 的工业建筑场所，R_a可低于 80，但必须能够辨别安全色。

(3) 反射比

当视场内各表面的亮度比较均匀，人眼视看才会达到最舒服和最有效率，故希望室内各表面亮度保持一定比例。长时间工作的房间，作业面的反射比宜限制在 0.2~0.6。长时间工作，工作房间内表面的反射比宜按表 5.5 选取。

表 5.5 工作房间内表面反射比

表面名称	反射比	表面名称	反射比
顶棚	0.6~0.9	地面	0.1~0.5
墙面	0.3~0.8		

5.2.2 建筑照明设计的原则及主要内容

1. 建筑照明设计的原则

(1) 安全。照明设计必须首先考虑设施安装、维修和检修方便，安全和运行可靠，防止火灾和电气事故的发生。

(2) 适用。保证照明质量，满足规定的照度需要。灯具的类型、照度的高低、光色的强弱变化等，都应与使用要求相一致。

(3) 经济性。在设计实施中，要符合我国当前电力供应、设备和材料方面的生产水平。尽量采用先进照明技术，实施绿色照明工程。

(4) 美观。照明装置应具有装饰、美化环境的作用。正确选择照明方式、光源种类和功率、灯具的形式及数量、光色与灯光控制器，以达到美的意境，烘托环境气氛，体现灯光与建筑的艺术美。

2. 建筑照明设计的主要内容

（1）确定照明方式、种类、照度标准值。

（2）选择光源和灯具类型、布置合理。

（3）计算照度、确定光源的安装功率。

（4）选择或设计灯光控制器，确定声控、光控、电控或综合控制。

（5）确定供电电压、电源。

（6）选择配电网络形式。

（7）选择导线型号、截面和敷设方式。

（8）选择和布置配电箱、开关、熔断器和其他电气设备。

（9）绘制照明布置平面图，汇总安装容量，开列设备材料清单，编制预算和进行经济分析。

5.2.3 建筑照明设计节能措施

1. 照明光源的选择

光源在照明系统节能中是一个非常重要的环节，在照明设计时，应根据不同的使用场合，选用不同的节能高效的光源。表5.6中列出了常见典型光源的性能。

表5.6 常见典型光源的性能

光源类型	无激性能		
	光效/(lm/W)	寿命/h	显色指数 *Ra*
白炽灯	9~34	1000	99
高压汞灯	39~55	10000	40~45
荧光灯	45~103	5000~10000	50~90
金属卤化物灯	65~106	5000~10000	60~95
高压钠灯	55~136	10000	<30

照明设计时，应尽量减少白炽灯的使用量。一般情况下，室内外照明不应采用普通白炽灯。但这种方式不能完全取消，因为白炽灯没有电磁干扰，便于调节，适合频繁开关，对于要求瞬时启动和连续调光的场所、防止电磁干扰要求严格的场所及照明时间较短的场所是可以选用的光源。

高压汞灯是玻壳内表面涂有荧光粉的高压汞蒸汽放电灯，柔和的白色灯光、结构简单、低成本、低维修费用，可直接取代普通白炽灯，具有光效高、寿命长、省电经济的特点，适用于工业照明、仓库照明、街道照明、泛光照明、安全照明等。

荧光灯是应用最广泛、用量最大的气体放电光源。它具有结构简单、光效高、发光柔和、寿命长等优点，是首选的高效节能光源。

高压钠灯光效较高、价格较低、显色性较差，适用于对显色性要求不高的场所，如道路、广场、货场等；荧光灯和金属卤化物灯的光效低于高压钠灯，但其显色性很好；白炽灯光效最低，相对能耗也最大。

2. 照明灯具及其附属装置的选择

(1) 灯具的选择

灯具的主要功能是将光源所发出的光通进行再分配。选择灯具时，应优先选用直射光通比例高，控光性能合理的高效灯具，应注意灯具的配光曲线与房间室形相适应。

灯具的分类见表5.7。

表5.7 灯具的分类

序号	分类方法	说明
1	按光通量在空间上下两半球的分配比例不同分	按光通量在空间上下两半球的分配比例不同可分为直射型、半直射型、漫射型、反射型和半反射型
2	按结构形式不同分	按结构形式不同可分为开启式(光源和外界环境直接接触)、保护式(有封闭的透光罩，但罩内外可以自由流通空气)、密封式(透光罩将内外空气隔绝)、防爆式(严格密封，在任何条件下都不会因灯具而引起爆炸，用于易燃易爆场所)
3	按用途不同分	按用途不同可分为功能型灯具，解决“亮”的问题，如荧光灯、路灯、投光灯、聚光灯等；装饰性灯具，解决“美”的问题，如壁灯、彩灯、吊灯等。当然，两者相辅相成，既亮又美的灯具也很多
4	按固定方式不同分	按固定方式不同可分为吸顶灯、嵌入灯、吊(链、线、杆)灯、壁灯、地灯、台灯、落地灯、轨道灯等
5	按照配光曲线的形状不同分	按照配光曲线的形状不同可分为广照型、均匀配照型、配照型、深照型和特深照型等

建筑照明灯具的选择应符合以下要求。

① 在选择灯具时为达到照明节能目的，在满足眩光限制和配光要求条件下，应选用效率或效能高的灯具。并应符合下列规定：直管形荧光灯灯具的效率应不低于表5.8的规定。小功率金属卤化物灯筒灯灯具的效率应不低于表5.9的规定。高强度气体放电灯灯具的效率应不低于表5.10的规定。

表5.8 直管形荧光灯灯具的效率 %

灯具出光口形式	开敞式	保护罩(玻璃或塑料)		格栅
		透明	棱镜	
灯具效率	75	70	55	65

表5.9 小功率金属卤化物灯筒灯灯具的效率 %

灯具出光口形式	开敞式	保护罩	格栅
灯具效率	60	55	50

表5.10 高强度气体放电灯灯具的效率 %

灯具出光口形式	开敞式	格栅或透光罩
灯具效率	75	60

② 各种场所严禁采用触电防护的类别为0类的灯具。

③ 特别潮湿场所，应采用相应防护措施的灯具；有腐蚀性气体或蒸汽场所，应采用相应防腐蚀要求的灯具；高温场所，宜采用散热性能好、耐高温的灯具；多尘埃的场所，应采用防护等级不低于IP5X的灯具；在室外的场所，应采用防护等级不低于IP54的灯具；装有锻锤、大型桥式吊车等震动、摆动较大场所应有防震和防脱落措施；易受机械损伤、光源自行脱落可能造成人员伤害或财物损失场所应有防护措施；有爆炸或火灾危险场所应符合国家现行有关标准的规定；有洁净度要求的场所，应采用不易积尘、易于擦拭的洁净灯具，并应满足洁净场所的相关要求；需防止紫外线照射的场所，应采用隔紫外线灯具或无紫外线光源。

(2) 灯具附属装置的选择

在灯具附属装置的选择方面主要是镇流器的选择。不同类型的镇流器，其功耗有所不同，照明节能设计必须认真加以考虑，合理地选择。

建筑照明节能设计应按下列原则选择镇流器。

① 荧光灯应配用电子镇流器或节能电感镇流器。

② 对频闪效应有限制的场合，应采用高频电子镇流器。

③ 镇流器的谐波、电磁兼容应符合《电磁兼容 限值 第1部分：谐波电流发射限值(设备每相输入电流≤16A)》(GB 17625.1—2022)和《电气照明和类似设备的无线电骚扰特性的限值和测量方法》(GB/T 17743—2021)的有关规定。

④ 高压钠灯、金属卤化物灯应配用节能电感镇流器；在电压偏差较大的场所，宜配用恒功率镇流器；功率较小者可配用电子镇流器。

3. 照明方式的选择

建筑照明方式分为一般照明、分区一般照明、局部照明和混合照明，各自特点及适用范围见表5.11，不同照明方式及照度分布如图5.4所示。

表5.11 建筑照明方式的选择

序号	照明方式	特点及范围
1	一般照明	一般照明是在工作场所内不考虑特殊的局部需要，为照亮整个场所而设置的均匀照明，如图5.4(a)所示，灯具均匀分布在被照场所上空，在工作面上形成均匀的照度
2	分区一般照明	对某一特定区域，如进行工作的地点，设计成不同的照度来照亮该区域的一般照明，如图5.4(b)所示
3	局部照明	局部照明是在工作点附近，专门为照亮工作点而设置的照明装置，如图5.4(c)所示，即为特定视觉工作用的、为照亮整个局部(通常限定在很小范围，如工作台面)的特殊需要而设置的照明
4	混合照明	混合照明就是由一般照明与局部照明组成的照明。它是在同一工作场所，既设有一般照明，解决整个工作面的均匀照明；又有局部照明，以满足工作点的高照度和光方向的要求，如图5.4(d)所示

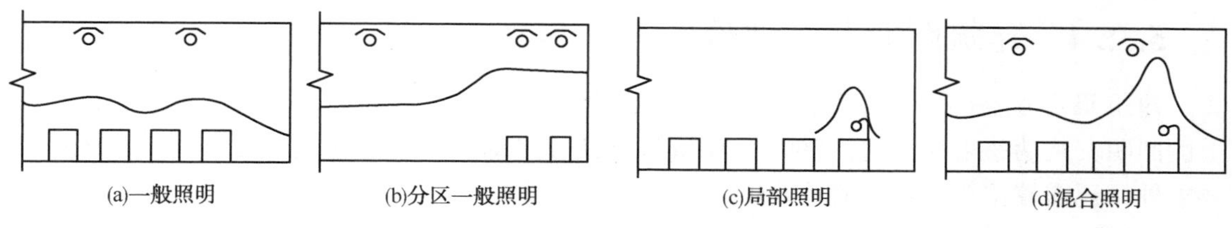

图 5.4 不同照明方式及照度分布

照明度要求较高的场所采用混合照明方式较为节约电能；较少采用一般照明方式，因为该方式较费电能；适当采用分区一般照明方式。

4. 照明控制节能

在照明设计中，照明的控制方式对于照明节能起着十分重要的作用。照明控制应根据建筑物的建筑特点、建筑功能、使用要求等具体情况，对照明系统进行分散、集中、手动、自动等经济实用、合理有效的控制。

建筑照明控制节能应符合以下要求。

（1）合理选择照明控制方式，充分利用天然光的照度变化，决定照明的点亮范围。

（2）根据照明使用特点，可采取分区控制灯光或适当增加照明灯的开关点。

（3）采用各种类型的节电开关和管理措施，如定时开关、调光开关、光电自动控制器、节电控制器、限电器、电子控制锁电子器以及照明智能控制管理系统等。

（4）公共场所照明、室外照明可采用集中控制的遥控管理的方式或采用自动控光装置等。

（5）低压配电系统设计，应便于按经济核算单位装表计量。

5. 充分利用天然光

建筑物房间的采光系数或采光窗地面积比应符合《建筑采光设计标准》(GB 50033—2013)的规定。有条件时，宜随室外天然光的变化自动调节人工照明照度，利用各种导光和反光装置将天然光引入室内进行照明，还可利用太阳能作为照明能源。

充分利用天然光就是从建筑物的被动采光向积极利用天然光方向发展。具体措施见表 5.12。

表 5.12 充分利用天然光节能措施

序号	项　目	内　容
1	利用各种集光装置进行采光	(1)反射镜方式：利用设在顶层的反射镜，自动跟踪太阳并将光反射到需要采光的场所。 (2)光导纤维方式：由菲涅尔透镜集光自动跟踪太阳，在透镜的焦点附近设置光导纤维，将所集的太阳光由光导纤维传输到需采光的场所。 (3)导光管方式：利用具有高反射率的导光管，将天然光导入室内
2	从建筑设计方面充分利用天然光	(1)在综合考虑保暖、隔热和空调的情况下，尽量使侧面和顶部采光的面积开大，特别是平天窗式采光窗的采光效率为最高。 (2) 利用天井空间采光，可以使面向天井一面的房间得到一定的天然光。 (3)利用屋顶采光，如在全天候的足球场和运动场采用充气透光薄膜屋面采光等

5.2.4 建筑照明节能评价

建筑照明节能是以照明功率密度值作为照明节能的评价指标。这个指标是用单位面积上的照明安装功率来计算的，单位是 W/m^2。在进行照明设计时，所选照明方案除满足照度要求外，还需校核功率密度值的要求。

《建筑照明设计标准》(GB 50034—2013)中对各种类型的建筑物的照明功率密度做了规定，此处主要给出住宅建筑和办公建筑的照明功率密度限值。

(1) 住宅建筑每户照明功率密度限值应符合表 5.13 中的规定。

表 5.13　住宅建筑每户照明功率密度限值

房间或场所	照度标准值/lx	照明功率密度限值/(W/m^2)	
		现行值	目标值
起居室	100	≤6.0	≤5.0
卧室	75		
餐厅	150		
厨房	100		
卫生间	100		
职工宿舍	100	≤4.0	≤3.5
车库	30	≤2.0	≤1.8

(2) 办公建筑和其他类型建筑中具有办公用途场所的照明功率密度限值应符合表 5.14 中的规定。

表 5.14　办公建筑和其他类型建筑中具有办公用途场所的照明功率密度限值

房间或场所	照度标准值/lx	照明功率密度限值/(W/m^2)	
		现行值	目标值
普通办公室	300	≤9.0	≤8.0
高档办公室、设计室	500	≤15.0	≤13.5
会议室	300	≤9.0	≤8.0
服务大厅	300	≤11.0	≤10.0

(3) 当房间或场所的室形指数值等于或小于 1 时，其照明功率密度限值应增加，但增加值不应超过限值的 20%。

(4) 当房间或场所的照度标准值提高或降低一级时，其照明功率密度限值应按比例提高或折减。

(5) 设置装饰性灯具场所，可将实际采用的装饰性灯具总功率的 50%计入照明功率密度值来计算。

5.3 双碳目标下建筑照明设计要点

建筑照明设计的优劣直接影响建筑建成后的整体观感和人们的使用体验。建筑照明能耗占建筑总能耗比重较大，在建筑能耗中，照明能耗仅次于空调能耗排在第二位，因此，在建筑电气低碳设计中，建筑照明的节能设计显得尤为重要。在国家倡导低碳节能的前提下，建筑照明设计应遵循绿色节能、低碳环保的总体原则，应用合理有效的节能措施。

在国家提出双碳目标的背景下，建筑照明节能设计成了建筑低碳设计中的重要环节。下面主要从灯具选型、照明节能计算、照明控制和照明配电、天然光和可再生能源的利用等方面阐述建筑照明设计要点。

5.3.1 灯具选型

在进行建筑照明设计时，合理选择灯具和光源是降低建筑照明总体能耗的关键。设计人员应根据不同场所的需要，在满足照明质量要求的前提下，选用高效节能的灯具和光源。LED 光源作为当下较节能的光源，在设计中应优先选用。对于高大空间等 LED 光源无法满足使用需求的场所，可以选用金属卤化物灯、高压钠灯等节能灯具。

在灯具和光源的选择中，应重点关注灯具的能效水平。根据《建筑节能与可再生能源利用通用规范》(GB 55015—2021)，照明产品的能效水平应高于其能效限定值或能效等级 3 级的要求。以 LED 筒灯为例，如设计中选用功率为 8W、色温为 6500K 的 LED 筒灯，应按照国家标准中 LED 筒灯的能效等级选择相应的灯具。根据《室内照明用 LED 产品能效限定值及能效等级》(GB 30255—2019)，LED 筒灯的能效等级限定值为 75lm/W。所选筒灯的光效应大于 75lm/W，即光通量大于 600lm，才满足节能要求。其他类型的灯具及附件，如定向集成式 LED 灯具、非定向自镇流 LED 灯具、LED 平板灯、单端荧光灯、双端荧光灯、金属卤化物灯、高压钠灯、灯具镇流器等，也应满足国家标准中对能效限定值的相关要求。

5.3.2 照明节能计算

1. 相关参数

(1) 照度和功率密度

建筑照明的照度标准值和功率密度(*LPD*)限定值可参考《建筑节能与可再生能源利用通用规范》(GB 55015—2021)中的相关要求。在设计中，设计人员常直接利用功率密度限定值来确定灯具数量，这种做法是不正确的。因为功率密度限定值是照明节能的一个限制指标，是照明设计中必须满足的底线。设计时，设计人员应先根据标准值选择灯具，然后再利用功率密度限定值进行校验。根据规范要求，设计照度与照度标准值的偏差应在±10%，如果仅按照功率密度限定值选择灯具很有可能使照度偏差超过 10%，造成资源浪费。

(2) 室形指数

房间的室形指数(*RI*)也对房间照明设计有一定影响，当 $RI \leqslant 1$ 时，照明功率密度可适当增加，但增加值应不超过限定值的 20%。在进行照明设计计算时，应先计算房间的室形指数，以确定房间的照明功率密度是否需要折算。

2. 照明节能计算案例

（1）案例一：$RI>1$

【案例一】 房间为库房，房间长度为 13.8m、宽度为 7.9m、高度为 3.6m，净面积为 109.2m²。根据《建筑照明设计标准》（GB 50034—2013），一般件仓库的照度标准值为 100lx，功率密度限定值为 3.5W/m²。

根据室形指数的定义，其计算公式见式(5.1)。

$$RI=\frac{L\times W}{h(L+W)} \tag{5.1}$$

式中，RI 为室形指数；L 为房间长度，m；W 为房间宽度，m；h 为灯具在工作面以上的高度，m。

经过计算，该房间的室形指数为 1.4>1，因此 LPD 限定值不需要折算。可以通过利用系数法计算平均照度，以确定灯具数量。平均照度计算公式见式(5.2)。

$$E_{\text{av}}=\frac{N\phi UK}{A} \tag{5.2}$$

式中，E_{av} 为工作面上的平均照度，lx；N 为光源数量；ϕ 为光源的光通量，lm；U 为利用系数，其值见厂商样本资料，一般取值为 0.4~0.6；K 为灯具的维护系数，一般取值为 0.7~0.8；A 为房间或场所的面积，m²。

由于房间为库房，环境污染特征为一般，故维护系数取值为 0.7；利用系数一般根据灯具厂商资料确定，此处取值为 0.9。房内单管 LED 日光灯的用电功率为 16W，光通量为 1400lm。根据计算，应用 13 盏灯具，可以满足房间照度要求。最后，校验功率密度 LPD：$LPD=\frac{16\times 13}{109.2}\approx 1.90<3.5$。

由以上计算可知，实际功率密度 LPD 小于功率密度限定值，满足节能要求。

（2）案例二：$RI\leqslant 1$

【案例二】 房间为办公室，房间长度为 6.5m、宽度为 3.25m、净高度为 4m、办公工作面高度为 0.75m，房间净面积为 21m²。根据《建筑照明设计标准》（GB 50034—2013），办公室的照度标准值为 300lx，功率密度限定值为 8W/m²。

按式(5.1)计算，该房间的室形指数为 0.7≤1，因此 LPD 限定值需要折算，LPD 限定值折算后为 8×1.2=9.6W/m²。

通过利用系数法，按式(5.2)计算平均照度，可以确定灯具数量，灯具选型同例一，通过计算得出需要选配 8 盏灯具。最后，校验功率密度 LPD：$LPD=\frac{16\times 8}{21}\approx 6.09<9.6$。

由以上计算可知，实际计算功率密度 LPD 小于折算后的功率密度限定值，满足节能要求。

在提供计算书时，应提供完整的计算数据表，建议在列表内增加室形指数和功率密度折算值项，以确保计算数据的完整性，如表 5.15 所示。

表 5.15　典型房间照度计算数据表

参数名称		具体内容
场所		办公室
所在楼层		一层
轴线		5-7/R-M
光源种类		LED
净面积/m^2		21
灯具安装高度/m		4
参考平面高度/m		0.75
灯具数量/个		6
灯型		保护罩
效能/($lm \cdot W^{-1}$)		87.5
单灯具光源参数	功率/W	16
	光通量/lm	1400
总安装容量/W		96
照度/lx	计算值	304
	标准值	300
室形指数 *RI*		0.7
照明功率密度 *LPD* 限定值/(W/m^2)	计算值	4.57
	标准值	8
	修正系数	1.2
	具体内容	9.6

（3）案例三：带有装饰性灯具

【案例三】 如房间内设有装饰性灯具，在进行照明节能计算时，可将采用的装饰性灯具总功率按50%计入照明功率密度的计算。例如，某场所的面积为200m^2，照明灯具总功率为3000W(含镇流器等灯具配件功耗)，其中，装饰性灯具的功率为1000W，其他灯具的功率为2000W。按照规定，将装饰性灯具功率的50%计入 *LPD* 的计算，该场所的LPD应为12.5W/m^2。

5.3.3　照明控制和照明配电

1. 照明控制

照明控制也是照明设计中的重要环节，设计人员应结合建筑使用情况和天然采光状况，充分利用天然光，进行分区、分组控制。例如，当房间有外窗时，照明灯具的布置应根据房间使用功能按临窗区域和其他区域进行合理分组，并采取按照度或按时段调节的节能控制措施；当房间设有电动遮阳装置时，照度控制宜与其联动。旅馆建筑的每间(套)客房应设置总电源节能控制措施，在客人离开客房后，应延时切断除冰箱和电脑等特殊重要设备外的其他电源。

（1）公共区域照明控制

建筑走廊、楼梯间、门厅、电梯厅及车库的照明应根据需要进行节能控制。住宅建筑公共区域的照明，应采用延时自动熄灭或自动降低照度等节能措施，节能自熄开关宜采用红外移动探测加光控开关控制。建筑公共区域照明如使用BAS系统，可以通过该系统进行集中管理。如果条件允许，也可以采用智能照明控制系统进行更加灵活的节能控制，采用智能照明系统时，建议进行全生命周期的综合成本测算。

（2）景观照明控制

为了满足城市亮化需要，近些年的城市更新改造中，增加了很多楼体亮化及景观照明设计。为实现建筑整体设计的低碳节能目标，景观照明设计也应注重绿色环保，除了在灯具选型时选用高效节能灯具外，在控制中也应根据需求设置平日、一般节假日及重大节假日等多种控制模式。

2. 照明配电

照明配电应注意减少照明线路总损耗，具体措施如下。

（1）在照明配电时，应注意照明线路路由的确定，尽量少走弯路以缩短线路长度。应合理确定竖井或配电间的数量及位置，以控制照明配电箱至供电末端照明设备的距离，一方面可以减少损耗，另一方面距离过长可能导致断路器无法满足末端接地故障保护要求，产生人身安全隐患。

（2）选用电阻率较小的线缆。一般采用铜芯线缆。可适当加大线缆截面，以降低线路阻抗。对于距离比较长的线路，在满足线缆载流量、热稳定、上下级保护配合及电压损失要求的前提下，如果增加一级线缆截面的费用和减少年运行损耗节省的费用之比在合理范围内，可以考虑加大一级线缆截面。

（3）照明配电主电源应尽量采用三相供电，以减少电压损失。配电箱出线设计应使三相照明负荷平衡，减少因三相不平衡而产生的能耗增大和电能质量下降、灯具发光效率下降等问题。

5.3.4 天然光和可再生能源的利用

（1）天然光。为了实现建筑减碳目标，应进一步提高天然光的利用率，将天然光引入室内进行照明。设计人员应根据项目具体情况，分析项目所处地理位置及光照情况，通过技术、经济比较，合理选择导光或反光装置。采用导光或反光系统时，应结合项目具体情况通过BAS系统或智能照明系统对人工照明进行自动控制，当引入天然光的照度满足场所照明需求时，可以自动关闭人工照明；当引入天然光的照度不足时，可以自动开启部分人工照明，满足场所照明要求。

（2）可再生能源。如果项目所在地的太阳能、风能等可再生能源较丰富，应在确保技术合理的情况下，加大可再生能源在建筑照明设计中的应用，以最大限度地减少能耗、降低碳排放。

第6章　建筑给水排水节能设计

6.1　建筑给水排水系统节能途径与设计

6.1.1　建筑给水系统节能设计

建筑给水系统是将市政给水管网(或自备水源)中的水引入一幢建筑或一个建筑群体，供人们生活、生产和消防之用，并满足各类用水对水质、水量和水压要求的冷水供应系统。建筑给水系统存在的常见问题主要包括管网压力过高导致管网工作压力浪费严重、管网压力过低导致水压不满足要求、管网水压水量分配不均衡、供水安全保障程度低等，其直接后果就是不能从系统上节水节能。

建筑给水系统的节能节水环节主要在于建筑设计阶段给水方式的优选及节能改造阶段给水方式的优化，应充分挖掘其中节水节能的巨大潜力。对水的节约可以减少输送水过程中的能源消耗，从而达到节能的目的。

1. 采取合理的供水方式

若城市供水管网压力满足建筑物供水压力，应充分利用市政水压直接供水。当水压不满足要求时，应设加压设施。目前，应用广泛的供水方式有管网叠压供水和变频调速供水，所选加压水泵应具有效率高、节能的特性。管网叠压供水因充分考虑市政供水管道的自由水头而节能；变频调速供水因采用始终处在高效区工作的变频技术而节能。

高层建筑若采用同一给水系统供水，则垂直方向管线过长，下层管道中静水压力过大，会使系统超压，造成水量浪费，超压时还易产生噪声、水击及管道振动，缩短管道及管件的使用寿命。高层建筑可采取分区供水方式，低区采用市政水压直接供水，高区采用加压设备供水，减少二次加压能量消耗。

高层建筑竖向分区时应注意设置减压设施，如各分区最低卫生洁具给水配件处的静水压宜不大于0.45MPa，静水压大于0.35MPa的入户管(或配水横管)宜设置减压或调压设施。国外一些国家常采用在给水支管上安装减压阀、减压孔板、压力调节阀等手段来避免部分供水点超压，使竖向分区的水压分布更加均匀，可使耗水量降低15%~20%。

2. 采用节水型管材和节水型器具

选用管材时，应考虑经济可靠、安全卫生、施工方便等因素，以前生活给水管道常采用的镀锌钢管，易发生锈蚀和引起水质污染，接头处也易出现漏水、渗水，在工程中已被淘汰。

现通常采用新型管材[如 PE 管(Polyethylene pipe，聚乙烯管)、PP-R 管(Polypropylene Random，三型聚丙烯管)、不锈钢钢管、铝塑复合管、钢塑复合管、铜塑复合管等]，可大大减少阻力损耗和热损失及漏水的可能。

卫生器具及附件位于供水终端，其节水性能对给水系统整体节能效果影响很大。例如，在普通住宅内采用 6L 左右的小容量水箱比采用 9L 容量水箱节水约 12%，在办公楼内可以节水约 27%；生活淋浴、盥洗等用水器具可采用延时自闭阀、充气水龙头、脚踏开关淋浴器等，且建筑物越高其节能效果越明显；公共卫生间内，大、小便器可采用节水效果突出的红外线或光电数控控制出水来取代传统的定时冲洗方式。

6.1.2 建筑热水系统节能设计

1. 热水供应系统的选择原则

(1) 集中热水供应系统的热源，宜首先利用工业余热、废热、地热。利用废热锅炉制备热媒时，引入其内的废气、烟气温度宜不低于 400℃；当以地热为热源时，应根据地热水的水温、水质和水压采取相应的技术措施。节约能源是我国的基本国策，在设计中应对工程基地附近进行调查研究，全面合理地选择热源。

地热在我国分布较广，有条件时，应优先加以考虑，如广州、福州等地均有利用地热水作为热水供应的水源。地热水的利用应充分，有条件时，应考虑综合利用，如先将地热水用于发电再用于采暖空调，或先用于理疗和生活用水再用于养殖业和农田灌溉等。

(2) 太阳能作为热水供应热源的条件。在日照时数大于 1400h/a 且年太阳辐射量大于 4200MJ/m^2 及年极端最低气温不低于-45℃的地区，宜优先采用太阳能作为热水供应热源。太阳能是取之不尽用之不竭的能源，近年来，太阳能的利用已有很大发展，在日照较长的地区取得的效果更佳。

(3) 热泵热水供应系统的选择原则。夏热冬暖地区，宜采用空气源热泵热水供应系统；地下水源充沛、水文地质条件适宜，并能保证回灌的地区，宜采用地下水源热泵热水供应系统；沿江、沿海、沿湖等地表水源充足、水文地质条件适宜，以及有条件利用城市污水、再生水的地区，宜采用地表水源热泵热水供应系统。当采用地下水源和地表水源时，应经当地水务主管部门批准，必要时应进行生态环境、水质卫生方面的评估。近年来，在国内已有一些采用水源热泵、空气源热泵制备生活热水的工程应用实例。它是一种新型能源，当合理应用该项技术时，节能效果显著。但选用这种热源时，应注意水源、空气源的适用条件及配备质量可靠的热泵机组。

(4) 热力管网作为热水供应热源的条件。当没有条件利用工业余热、废热、地热或太阳能等热源时，宜优先采用能保证全年供热的热力管网作为集中热水供应的热源。热力网和区域性锅炉应是新规划区供热的首选，其对节约能源和减少环境污染都有较大的好处，应予推广。

(5) 设燃油、燃气热水机组或电蓄热设备等供给集中热水供应系统的热源或直接供给热水适用于第“(1)～(4)”条所述热源无可利用时。为保护环境，消除燃煤锅炉工作时产生的废气、废渣、烟尘对环境的污染，改善司炉工的操作环境，提高设备效率，燃油、燃气常压热水锅炉（又称“燃油”“燃气热水机组”）已在全国各地许多工程的集中生活热水系统中推广应用，并取得了较好的效果。

用电能制备生活热水最方便、最简洁，且无二氧化碳排放，但电的热功当量较低，且我国总体的电力供应紧张，因此，除个别电源供应充沛的地方用于集中生活热水系统的热水制备外，一般用于太阳能等可再生能源局部热水供应系统的辅助能源。

2. 典型节能热水系统的选择

（1）太阳能热水器

我国大部分地区位于北纬40°以北，日照充足，太阳能资源比较丰富，随着太阳能技术的逐渐成熟，其技术成本也在逐渐下降，其应用范围越来越广。太阳能热水系统已在宾馆、酒店、医院、游泳馆、公共浴池、商品住宅、体育类建筑、高档的办公类及展馆类建筑中大量应用。利用太阳能制备生活热水，不仅减少了大量的传统能源的消耗，也减少了对环境的污染。

目前，太阳能热水器按集热器形式可分为平板型集热器、全玻璃真空管集热器、玻璃-金属真空管集热器。这三类太阳能热水器都具有集热效率高、保温性能好、操作简单、维修方便等优点，且热水系统可安装在屋面、墙壁及阳台等位置，便于建筑设计。太阳能热水系统由集热器、储水箱、循环管等组成。

① 太阳能热水系统类型

自然循环系统：仅利用传热工质内部的温度梯度产生的密度差进行循环的太阳能热水系统。在自然循环系统中，为了保证必要的热虹吸压力，储水箱的下循环管应高于集热器的上循环管。这种系统结构简单，不需要附加动力。

强制循环系统：利用机械设备等外部动力迫使传热工质通过集热器（或换热器）进行循环的太阳能热水系统。强制循环系统的控制方式包括温差控制、光电控制及定时器控制等。

直流式系统：冷水一次流过集热器加热后，进入储水箱至用热水处的非循环太阳能热水系统。直流式系统一般可采用非电控温控阀或温控器控制方式。直流式系统通常也可称为定温放水系统。

带辅助能源的太阳能热水系统：为保证民用建筑的太阳能热水系统可以全天候运行，通常，将太阳能热水系统与使用辅助能源的加热设备联合使用，构成带辅助能源的太阳能热水系统。辅助能源为电力、热力网、燃气等，辅助能源设计按现行设计规范进行。

② 太阳能热水供应系统的设计

应参照《建筑给水排水设计标准》（GB 50015—2019）的规定进行设计。

太阳能集热器应符合下列要求：太阳能集热器的设置应和建筑专业统一规划、协调，并在满足水加热系统要求的同时不影响结构安全和建筑美观；集热器的安装方位、朝向、倾角和间距等应符合《民用建筑太阳能热水系统应用技术标准》（GB 50364—2018）的要求；集热器总面积应根据日用水量、当地年平均日太阳辐照量、集热器集热效率等因素来确定。

强制循环的太阳能集热系统应设循环泵，循环泵的流量扬程计算应符合相关规范计算公式要求。

太阳能热水供应系统应设置辅助热源及其水加热设施。其设计计算应符合下列要求：

辅助热源宜因地制宜选择城市热力管网、燃气、燃油、电、热泵等；辅助热源及其水加热设施应结合热源条件、系统形式及太阳能供热的不稳定状态等因素，经技术经济比较后合理选择、配置；辅助热源加热设备应根据热源种类及其供水水质、冷热水系统形式等选用直接加热或间接加热设备；辅助热源的控制应在保证充分利用太阳能集热量的条件下，根据不同的热水供水方式采用手动控制、全日自动控制或定时自动控制。

大型太阳能热水系统集热面积一般不超过500m²，试验性工程主要是一些宾馆、办公建筑，近年来，在商品住宅楼工程中也有安装集中型太阳能热水系统的尝试。大型太阳能热水系统工程设计应综合考虑各种技术经济因素，例如，游泳池供水可优先采用连续强制循环系统，而宾馆客房用水可优先采用间歇式强制循环系统，南方地区可优先考虑玻璃真空管集热器，严寒地区应优先采用真空管热管集热器。

（2）热泵热水器

热泵技术是近年来在全世界备受关注的新能源技术。人们所熟悉的“泵”是一种可以提高介质(流体)位能或势能的机械装置，如水泵主要是提高水位或增加水压。如油泵、气泵、水泵、混凝土泵都是输送流体至更高压力或更高位置的机械装置。顾名思义，“热泵”是输送“热量”的泵，是一种能从自然界的空气、土壤或水中获取低品位热能，经过电力做功，提供可被人们所用的高品位热能的装置。热泵的种类有空气源热泵、地源热泵。

热泵热水器就是利用逆卡诺原理，通过介质将热量从低温物体传递到高温的水里的设备。热泵装置，可以使介质(冷媒)相变，变得比低温热源更低，从而自发吸收低温热源热量；回到压缩机后的介质，又被压缩成高温(比高温的水还高)高压气体，从而自发放热到高温热源，实现将低温热源“搬运”热量到高温热源，突破能量转换100%的瓶颈。

通常，将大型热泵热水供应系统称为“中央热泵热水系统”；将户用型热泵热水装置称为“热泵热水器”。热泵热水器在欧美高能耗国家已很普及，在南非的热水器市场已经占有16%的份额；在我国，家用压缩式热泵热水器目前已经有市场产品问世，但热泵技术作为大型热水供应系统研究仍有待深化和完善。

按照提取热量形式的不同，热泵技术可分为土壤源热泵技术、水源热泵技术和空气源热泵技术。从技术角度而言，空气源热泵热水技术只适合5℃以上的气候条件，受压缩机性能和系统效率的限制，采用常规工质提供55℃以上的热水有一定的困难，国内的试验研究表明，在大部分气候条件下其出水温度一般不超过50℃，这也是推广受到限制的原因之一。

可以考虑辅助热源或串级热泵的形式，将水温进一步提升到40~60℃，满足生活用水的温度要求。目前，某种高温地源热泵已投入运行，最高输出温度达到了75℃，该系统除提供冬季采暖、夏季制冷外，全年可提供60℃的热水。该技术比电采暖省电70%，比天然气采暖节省运行费50%，夏季比普通中央空调节电20%以上，供热水比常规方法节能80%以上。

（3）太阳能辅助热泵热水器

国外对太阳能辅助热泵热水器的研究开展得比较早，近年国内也有研究。太阳能热泵热水器是将空调器的热泵工作原理转化为太阳能热水器辅助加热装置，是太阳能热水器与空气能热泵的有机结合。当在阴雨天需要辅助加热，自动控制装置检测到水箱内的水温达不到设定值时，热泵开始工作，冷凝器产生高温，与水箱内（或循环管路中）的水进行热交换，最后达到并保持水温稳定在设定值。热泵的工作原理是将环境空气中的能量加以吸收，通过压缩机的驱动消耗部分高品位电能，将吸收的能量通过媒体循环系统在冷凝器中进行释放，加热蓄水箱中的水，释能后的媒体在气态状况下进入蒸发器再次吸热。太阳能热泵热水器解决了传统带电辅助加热的太阳能热水器耗电大的缺点。太阳能热泵热水器用空气源热泵辅助加热，有取长补短的效果，最大限度地降低了对高品位能源的利用。

6.1.3 建筑污水系统节能设计

在进行污水管线规划和管线综合规划前，应确定是否污水回用。如果采用污水回用方案，应确定原水收集范围，收集管网是否需要单独设置，是否需要二次提升、绘制水量平衡图、选择水处理工艺、制定用水和排水的安全保障措施等，尤其重要的是进行市场调研，给出技术经济分析。建筑污水系统的节能设计应参照《城镇污水再生利用工程设计规范》（GB 50335—2016）和《建筑中水设计标准》（GB 50336—2018）来进行设计。

6.1.4 建筑中水系统节能设计

随着城镇化进程加快，城市用水量大幅上升，大量污废水的排放污染水源，使水质日益恶化，严重影响人们生活和生产，中水回用技术在这种情况下得到了研究、应用和推广。

中水是指建筑物或建筑小区内的生活污废水（包括沐浴排水、盥洗排水、洗衣排水、厨房排水、冷却排水等杂排水，不含厨房排水的杂排水称为优质杂排水）、雨水等各种排水，经过适当处理后达到规定的水质标准，回用于建筑物或建筑小区内，作为杂用水的水源。可以说，中水是第二水源，水质介于自来水和生活污水之间，可用于冲厕、道路冲洗、园林绿化、汽车冲洗、景观补水等。建筑中水系统设计要参照《建筑中水设计标准》（GB 50336—2018）进行设计。

1. 建筑中水水源

建筑中水水源可取自建筑的生活排水和其他可以利用的水源。中水水源应根据排水的水质、水量、排水状况和中水回用的水质、水量选定。

建筑中水水源可选择的项目和选取顺序为：卫生间、公共室的浴盆、淋浴等的排水；盥洗排水；空调循环冷却系统排污水；冷凝冷却水；游泳池排水；洗衣排水；厨房排水；厕所排水。

用作中水水源的水量宜为中水回用量的110%~115%。

综合医院污水作为中水水源时，必须经过消毒处理，产出的中水仅可用于独立的不与人直接接触的系统。传染病医院、结核病医院污水和放射性污水不得作为中水水源。建筑屋面雨水可作为中水水源或水源的补充。

2. 建筑小区中水水源

建筑小区中水水源的选择要依据水量平衡和经济技术比较确定，并应优先选择水量充裕稳定、污染物浓度低、水质处理难度小、安全且居民易接受的中水水源。

建筑小区中水可选择的项目和选取顺序为：建筑小区内建筑物杂排水，小区或城市污水处理厂出水，相对洁净的工业排水，小区内的雨水，小区生活污水。

当城市污水处理厂出水达到中水水质标准时，建筑小区可直接连接中水管道使用。当城市污水处理厂出水未达到中水水质标准时，可作中水原水进一步处理，达到中水水质标准后方可使用。

3. 中水处理工程设计总则

各种污水、废水资源，应根据当地的水资源情况和经济发展水平充分利用。缺水城市和缺水地区，在进行各类建筑物和建筑小区建设时，其总体规划设计应包括污水、废水、雨水资源的综合利用和中水设施建设的内容。对于适合建设中水设施的工程项目，应按照当地有关规定配套建设中水设施。中水设施必须与主体工程同时设计，同时施工，同时使用。

中水工程设计，应根据可用原水的水质、水量和中水用途，进行水量平衡和技术经济分析，合理确定中水水源、系统形式、处理工艺和规模。中水工程设计应由主体工程设计单位负责，中水工程的设计进度应与主体工程设计进度相一致，各阶段设计深度应符合国家有关建筑工程设计文件编制深度规定。

中水工程设计质量应符合国家关于民用建筑工程设计文件质量特性和质量评定实施细则要求。中水设施设计合理使用年限应与主体建筑设计标准相符合。中水工程设计必须确保使用、维修安全，严禁中水进入生活饮用水给水系统。

4. 中水处理常用工艺简介

中水处理常用工艺由原水收集、储存、处理及供给设施等构成，中水系统是目前现代化住宅功能配套设施之一，采用建筑中水后，居住小区用水量可节约30%~40%，废水排放量可减少35%~50%。在以上几种中水水源内，盥洗废水水量最大，其使用时间较均匀、水质较好且较稳定，因此，其应作为建筑中水首选水源，但目前建筑中水技术具有运行效果稳定性差且造价较高等缺点，因而，在设计过程中应综合技术、管理、投资等多方面因素来选择新的优良的处理工艺。如图6.1所示为以杂排水为水源的中水流向示意。

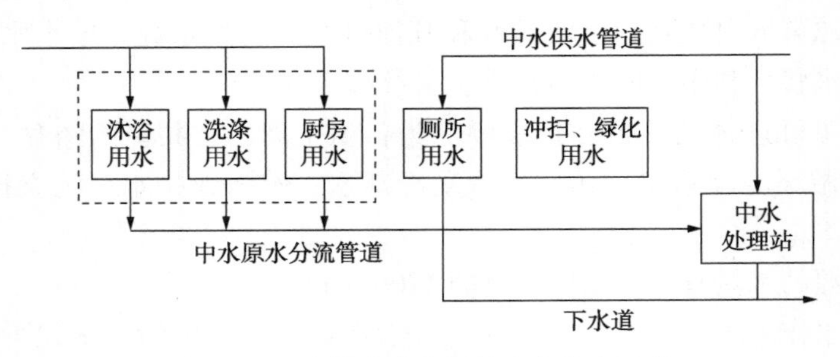

图6.1　以杂排水为水源的中水流向示意

人工湿地是中水处理利用的一种工艺，它是由人工建造并控制运行的与沼泽地类似的地面，将污水、污泥有控制地投配到经人工建造的湿地上，污水与污泥在沿一定方向流动的过程中，利用土壤、人工介质、植物、微生物的物理、化学、生物三重协同作用，对污水、污泥进行处理的一种技术。其作用机制包括吸附、滞留、过滤、氧化还原、沉淀、微生物分解、转化、植物遮蔽、残留物积累、蒸腾水分和养分吸收及各类动物的作用。

人工湿地污水处理工艺的设计和建造是通过对湿地自然生态系统中的物理、化学和生物作用的优化组合来进行废水处理的。它一般由以下结构单元构成：底部的防渗层、水体层和湿地植物(主要是挺水植物)等。它能高效去除有机污染物，氮、磷等营养物和重金属，以及盐类和病原微生物等多种污染物。人工湿地处理系统具有缓冲容量大、处理效果好、工艺简单、投资省、运行费用低等特点，非常适合中、小城镇的污水处理。

人工湿地是一个综合的生态系统，它应用生态系统中物种共生、物质循环再生的原理，结构与功能协调原则，在促进废水中污染物质良性循环的前提下，充分发挥资源的生产潜力，防止环境的再污染，获得污水处理与资源化的最佳效益。根据污水在湿地中水面位置的不同，人工湿地可分为表面流(自由水面)人工湿地和潜流人工湿地。

(1) 表面流(自由水面)人工湿地处理系统。表面流人工湿地(SFCW)类似于自然湿地。在表面流湿地系统中，四周筑有一定高度的围墙，维持一定的水层厚度(10~30cm)，湿地中种植挺水植物(如芦苇等)。污水从湿地床表面流过，污染物的去除依靠植物根茎的拦截作用及根茎上生成的生物膜的降解作用。这种湿地造价低，运行管理方便，但是不能充分利用填料及植物根系的作用，在处理废水的过程中容易产生异味、滋生蚊蝇，在实际应用中一般不采用。

(2) 潜流人工湿地处理系统。在潜流人工湿地系统中，污水在湿地床中流过，因而能充分利用湿地中的填料，且卫生条件好于表面流人工湿地。根据污水在湿地中水流方向的不同，可分为垂直潜流式人工湿地、水平潜流式人工湿地。垂直潜流式人工湿地系统中，污水由表面纵向流至床底，在纵向流的过程中污水依次经过不同的专利介质层，达到净化的目的。垂直潜流式湿地具有完整的布水系统和集水系统，其优点是占地面积较其他形式湿地小，处理效率高，整个系统可以完全建在地下，地上可以建成绿地和配合景观规划使用。水平潜流式人工湿地系统是潜流式湿地的另一种形式，污水由进水口一端沿水平方向流动的过程中依次通过砂石、介质、植物根系，流向出水口一端，以达到净化目的。

人工湿地与传统污水处理厂相比，具有投资少、运行成本低等明显优势。在农村地区，由于人工密度相对较小，人工湿地同传统污水处理厂相比，一般可节省投资1/3~1/2。在处理过程中，人工湿地基本上采用重力自流的方式，无能耗，运行费用低，污水处理厂处理每吨废水的价格在1.0元左右，而人工湿地平均不到0.2元。

中水回用是一条开源节流的有效途径，具有一定的环境效益、社会效益和经济效益。在此基础上，须继续加强中水回用技术开发和新产品研制，进一步降低中水处理成本和使用成本，尽快为人们所接受。

6.1.5 建筑雨水系统节能设计

雨水利用是指对雨水进行收集、入渗、储存、回用。加强雨水收集利用，可缓解水资源短缺，改善生态环境，具有广阔的应用前景。政府在进行雨水管线规划设计和管线综合规划设计时，若采用雨水利用，则应考虑雨水收集措施(包括收集范围、调蓄容积、管道走向、机房位置和大小、水量平衡等)，同时应设计防洪方案，确保汛期排水安全。合理确定雨水收集的规模、方式方法，进行现场调研，给出技术经济分析。

建筑雨水系统的节能设计要参照《建筑与小区雨水控制及利用工程技术规范》(GB 50400—2016)的规定。随着社会的发展，绿色生态型建筑成为建筑建设的新方向，其强调雨水的收集和利用。收集后的雨水进入较先进的雨水处理系统进行处理，处理后的雨水将用于小区的景观用水、冲洗汽车、绿化喷灌、道路清洗、冲厕等，这样可节约大量自来水。绿色生态型建筑雨水利用模式(图 6. 2)应具有以下功能。

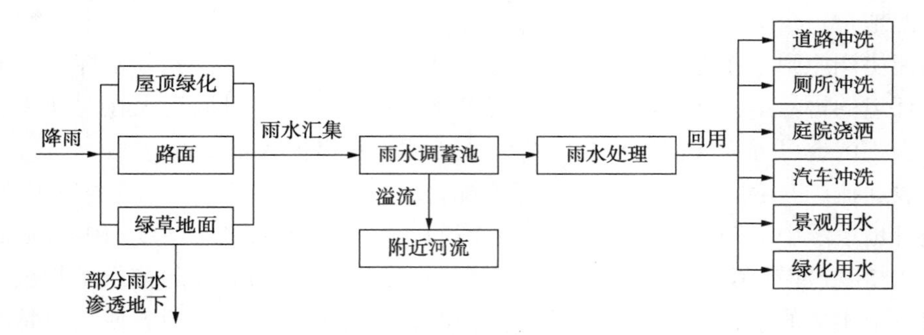

图 6. 2　绿色生态型建筑雨水利用模式

(1) 收集雨水再回用。在建筑和小区附近修建规模适当的雨水调蓄池储存由硬化地面、建筑屋面汇集的雨水，平时调蓄池雨水经简单处理净化后达到杂用水水质标准，作为中水回用于建筑和小区道路冲洗、厕所冲洗、庭院浇洒、汽车冲洗、景观用水、绿化用水等；调蓄池水满时，自动将多余的雨水溢流到附近河流或建筑小区景观水池。

(2) 雨水渗透以补充地下水。雨水渗透可通过渗透地面(建筑和小区绿草地面)进入地下补充地下水，来保持和恢复自然循环，热天时地面热反射也可大大降低。渗透地面可分为天然渗透地面和人工渗透地面两种。天然渗透地面以草地为主，人工渗透地面是人为铺装的透水性地面(如多孔嵌草砖、碎石地面、多孔混凝土、多孔沥青路面等)。小区道路路面、建筑物周围广场、停车场可采用人工渗透地面使雨水顺利渗透到地下；降雨量大时，来不及渗透到地下的雨水汇集进入雨水调蓄池。

(3) 利用雨水以绿化屋面。在建筑物的屋面上种植花草植被进行绿化，利用屋面收集雨水。选择的花草植被应具有培育生长、质轻、不板结、保水保肥、施工方便和经济环保等性能。绿化屋面的优点是：改善屋面隔热性能，夏天防晒、冬天保温；花草植被的覆盖可延长屋面防水层的寿命，降低屋面雨水径流系数，增加对雨水的利用量；还可作为居民休闲放松之地。降雨量大时，溢流到地面的雨水汇集进入雨水调蓄池。

目前，国内外已经有了较成熟的雨水利用成套技术和示范工程，而且节水效益明显。例如，获得我国首届绿色建筑创新奖的南京聚富园，采用 MBR(Membrane Bioreactor，膜生物反应器)处理雨水，将处理后的雨水作为景观水体的补充水源，全年可利用雨水 30600m^3，雨水利用率达到 40%；丹麦首都哥本哈根的斯科特帕肯低能耗住宅，采用雨水槽将雨水引至住宅区中央的小湖内，再渗入地下，节水率达到 30%。

不同地区要根据自身气候和水文条件，采用适合本地区的雨水收集利用技术；同时，对雨水的收集利用及推广还需要国家、地方政府有关部门统筹规划并给予法律保障。

6.2 建筑给水排水系统设备的选择

6.2.1 建筑给水系统设备的选择

建筑给水系统设备的选择主要包括卫生器具及其配件的选择，管材、管件和水表的选择，增压设备、泵房的选择。

1. 卫生器具及其配件

为了节水，卫生器具和配件的选择，应符合《节水型生活用水器具》(CJ/T 164—2014)的有关要求，如公共场所的卫生间洗手盆宜采用感应式水嘴或自闭式水嘴等限流节水装置，公共场所的卫生间的小便器宜采用感应式或延时自闭式冲洗阀。

2. 管材、管件和水表

为达到节水效果，给水系统采用的管材、管件和水表，应符合现行国家有关产品标准的要求。

(1) 室内给水管道的管材，应选用耐腐蚀和安装连接方便、可靠的管材，可采用不锈钢钢管、铜管、塑料给水管和金属塑料复合管及经防腐处理的钢管。所选择的管材和管件及连接方式的工作压力不得大于产品标准公称压力或标称的允许工作压力。

(2) 各类阀门材质的选择，应耐腐蚀和耐压。根据管径大小和所承受压力的等级及使用温度，可采用全铜、全不锈钢、铁壳铜芯和全塑阀门等。给水管道上的阀门，应根据使用要求按下列原则选型。

① 需调节流量、水压时，宜采用调节阀、截止阀。

② 要求水流阻力小的部位宜采用闸板阀、球阀、半球阀。

③ 安装空间小的场所，宜采用蝶阀、球阀。

④ 水流需双向流动的管段上，不得使用截止阀。

⑤ 口径大于或等于 *DN*150 的水泵，出水管上可采用多功能水泵控制阀。

(3) 止回阀的阀型选择，应根据止回阀的安装部位、阀前水压、关闭后的密闭性能要求和关闭时引发的水锤等因素确定。给水管道的下列管段上应设置止回阀：直接从城镇给水管网接入小区或建筑物的引入管上；密闭的水加热器或用水设备的进水管上；水泵出水管上。装有倒流防止器的管段处，不需再装止回阀。

(4) 水表口径的确定，应符合以下规定：用水量均匀的生活给水系统的水表应以给水设计流量选定水表的常用流量；用水量不均匀的生活给水系统的水表应以给水设计流量选定水表的过载流量；在消防时除生活用水外尚需通过消防流量的水表，应以生活用水的设计流量叠加消防流量进行校核，校核流量不应大于水表的过载流量。

3. 增压设备、泵房

增压设备、泵房的布置关系到建筑给水系统是否节水、节能，应注意以下几个方面。

(1) 生活给水系统的加压水泵，应根据管网水力计算进行选泵，水泵应在其高效区内运行，提高运转效率；生活加压给水系统的水泵机组应设备用泵，备用泵的供水能力不应小于最大一台运行水泵的供水能力；水泵宜自动切换交替运行。

(2) 小区的给水加压泵站，当给水管网无调节设施时，宜采用调速泵组或额定转速泵编组运行供水。泵组的最大出水量不应小于小区生活给水设计流量，生活与消防合用给水管道系统还应按《建筑给水排水设计标准》(GB 50015—2019)第3.13.7条以消防工况校核。

(3) 建筑物内采用高位水箱调节供水的系统，水泵由高位水箱中的水位控制启动或停止，当高位水箱的调节容量(启动泵时箱内的存水一般不小于5min用水量)不小于0.5h最大用水时流量的情况下，可按最大用水时流量选择水泵流量。

(4) 生活给水系统采用变频调速泵组供水时，除符合《建筑给水排水设计标准》(GB 50015—2019)第3.9.1条外，尚应符合下列规定。

① 工作水泵组供水能力应满足系统设计秒流量。

② 工作水泵的数量应根据系统设计流量和水泵高效区段流量的变化曲线经计算确定。

③ 变频调速泵在额定转速时的工作点，应位于水泵高效区的末端。

④ 变频调速泵组宜配置气压罐。

⑤ 生活给水系统供水压力要求稳定的场合，且工作水泵大于或等于2台时，配置变频器的水泵数量宜不少于2台。

⑥ 变频调速泵组电源应可靠，满足连续、安全运行的要求。

6.2.2 建筑热水供应设备的选择

建筑热水供应设备的选择要遵循以下原则。

(1) 根据国家有关部门关于“在城镇新建住宅中，禁止使用冷镀锌钢管用于室内给水管道，并根据当地实际情况逐步限制禁止使用热镀锌钢管，推广应用铝塑复合管、交联聚乙烯(PE-X)管、三型无规共聚聚丙烯(PP-R)管、耐热聚乙烯管(PERT)等新型管材，有条件的地方也可推广应用铜管”的规定，作为热水管道的管材推荐顺序为薄壁铜管、薄壁不锈钢钢管、塑料管、塑料和金属复合管等。

(2) 局部热水供应设备的选用，应符合下列要求：选用设备应综合考虑热源条件、建筑物性质、安装位置、安全要求及设备性能特点等因素；需同时供给多个卫生器具或设备热水时，宜选用带储热容积的加热设备；当地太阳能充足时，宜选用太阳能热水器或太阳能辅以电加热的热水器；热水器不应安装在易燃物堆放或对燃气管、表或电气设备产生影响及有腐蚀性气体和灰尘多的地方。

(3) 燃气热水器、电热水器必须带有保证使用安全的装置。严禁在浴室内安装直接排气式燃气热水器等在使用空间内积聚有害气体的加热设备。

(4) 在设有高位加热储热水箱的连续加热的热水供应系统中，应设置冷水补给水箱。

(5) 水加热设备和储热设备罐体，应根据水质情况及使用要求采用耐腐蚀材料制作或在钢制罐体内表面作衬、涂、镀防腐材料处理。

6.2.3 建筑污水系统设备的选择

建筑污水系统设备的选择要遵循以下原则。

（1）大便器选择应根据使用对象、设置场所、建筑标准等因素确定，且均应选用节水型大便器。

（2）存水弯的选择应符合下列要求：当构造内无存水弯的卫生器具或无水封的地漏，其他设备的排水口或排水沟的排水口与生活污水管道或其他可能产生有害气体的排水管道连接时，必须在排水口以下设存水弯。水封装置的水封深度不得小于50mm。严禁采用活动机械密封替代水封。卫生器具排水管段上不得重复设置水封。

（3）地漏的选择应符合下列规定：食堂、厨房和公共浴室等排水宜设置网筐式地漏；不经常排水的场所设置地漏时，应采用密闭地漏；事故排水地漏不宜设水封。地漏的排水管道应采用间接排水；设备排水应采用直通式地漏；地下车库如有消防排水时，宜设置大流量专用地漏。

（4）污水泵的选择应符合下列规定：小区污水水泵的流量应按小区最大小时生活排水流量选定；建筑物内的污水水泵的流量应按生活排水设计秒流量选定；当有排水量调节时，可按生活排水最大小时流量选定；当集水池接纳水池溢流水、泄空水时，应按水池溢流量、泄流量与排入集水池的其他排水量中大者选择水泵机组；水泵扬程应按提升高度、管路系统水头损失，另附加2~3m流出水头计算。

6.2.4 建筑中水系统设备的选择

建筑中水系统设备的选择要遵循以下原则。

（1）中水处理系统应设置格栅，格栅宜采用机械格栅。格栅可按下列规定设计：设置一道格栅时，格栅条空隙宽度应小于10mm；设置粗细两道格栅时，粗格栅条空隙宽度为10~20mm，细格栅条空隙宽度为2.5mm。设在格栅井内时，其倾角不得小于60°。

（2）以洗浴、洗涤排水为原水的中水系统，污水泵吸水管上应设置毛发过滤器。

（3）中水处理构筑物及处理设备应布置合理、紧凑，满足构筑物的施工、设备安装、运行调试、管道敷设及维护管理的要求，并应留有发展及设备更换的余地，还应考虑最大设备的进出。

（4）选用中水处理一体化装置或组合装置时，应具有可靠的设备处理效果参数和组合设备中主要处理环节处理效果参数，其出水水质应符合使用用途要求的水质标准。

6.2.5 建筑雨水系统设备的选择

建筑雨水系统设备的选择要遵循以下原则。

（1）雨水斗是控制屋面排水状态的重要设备，屋面雨水排水系统应根据不同的系统采用相应的雨水斗。重力流排水系统应采用重力流雨水斗，不可用平篦或通气帽等替代雨水斗，以免造成排水不通畅或管道吸瘪的现象。我国已将87型雨水斗归于重力流雨水斗，以策安全。满管压力流排水系统应采用专用雨水斗。重力流雨水斗、满管压力流雨水斗最大泄水量取自国内产品的测试数据，87型雨水斗最大泄水量数据摘自国家建筑标准设计图集09S302。雨水斗的设计排水负荷应根据各种雨水斗的特性并结合屋面排水条件等情况设计确定。泄流量、斗前水深(65、87型)见表6.1。

表 6.1 泄流量、斗前水深(65、87 型)

雨水斗类型	规格 DN/mm	额定泄流量/($L \cdot s^{-1}$)	斗前水深/mm
65 型雨水斗	100	12	65
87 型雨水斗	75(80)	8	55
	100	12	65
	150	26	88
	200	40	—

(2) 多层建筑的雨水管材宜采用塑料管，高层建筑宜采用耐腐蚀的金属管、承压塑料管；满管压力流排水系统宜采用内壁较光滑的带内衬的承压排水铸铁管、承压塑料管和钢塑复合管等，其管材工作压力应大于建筑物净高度产生的静水压。用于满管压力流排水的塑料管，其管材抗环变形外压力应大于 0.15MPa；小区雨水排水系统可选用埋地塑料管、混凝土管或钢筋混凝土管、铸铁管等。

(3) 雨水排水泵下沉式广场地面排水、地下车库出入口的明沟排水，应设置雨水集水池和排水泵提升排至室外雨水检查井。排水泵设计应符合下列要求：排水泵的流量应按排入集水池的设计雨水量确定；排水泵应不少于 2 台，宜不多于 8 台，紧急情况下可同时使用；雨水排水泵应有不间断的动力供应；下沉式广场地面排水集水池的有效容积应不小于最大一台排水泵 30s 的出水量；地下车库出入口的明沟排水集水池的有效容积应不小于最大一台排水泵 5min 的出水量。

6.3 双碳目标下建筑给排水设计

2022 年 4 月 1 日实施的《建筑节能与可再生能源利用通用规范》(GB 55015—2021，以下简称“《节能通用规范》”)中 2.0.3 条要求“新建的居住和公共建筑碳排放强度应分别在 2016 年执行的节能设计标准的基础上平均降低 40%，碳排放强度平均降低 7kg CO_2/($m^2 \cdot a$)以上。”；2.0.5 条规定“……建设项目可行性研究报告、建设方案和初步设计文件应包含建筑能耗、可再生资源利用及建筑碳排放分析报告。”，同时在《建筑碳排放计算标准》(GB/T 51366—2019，以下简称“《计算标准》”)中 1.0.2 指出，碳排放计算包括民用建筑的运行、建造及拆除、建材生产及运输阶段。建筑的节能减排设计，以及全过程中碳排放越来越受到重视。因此在碳达峰过程中，建筑给排水设计也需要从建筑全寿命周期采用更加科学、合理的设计方式，减少建筑碳排放峰值，为碳中和创造有利条件，降低碳中和技术难度，下面就碳达峰过程中建筑给排水设计方式进行探索。

6.3.1 给水设计

城市供水在城市地区的能源消耗总量中占很大比例。据估计，世界能源 2%~3%用于城市引水、地区原水的提升、城市饮用水处理及输配供应。随着城市建设规模的扩大，在城市中居住人口的数量也越来越多，对水资源的需求量也随之增加，在满足居民生活用水量的过程中，不可避免的会产生相应量碳足迹，所以选择合理的给水设计方式达到节水、节能目的，是减少碳排放的手段之一。

1. 用水点供水压力

由水力学知识我们知道，在用水点出水口形式和面积一定的条件下，用水点出流量和供水压力的平方根成正比。因此，控制用水点压力，在满足卫生洁具使用要求的前提下减少用水点的无效出流，以此节约水资源，是给水设计时必须要考虑的重要节水措施。

在《民用建筑节水设计标准》(GB 50555—2010，以下简称"《节水设计标准》")和《建筑给水排水设计标准》(GB 50015—2019)(以下简称"《设计标准》")中均以"应"和"宜"的措词，要求用水点处供水压力控制在0.20MPa内。目前，对于二次加压供水系统的用水点压力要求，设计时都会严格遵守，采取合理的调、控压措施确保用水点压力不大于0.20MPa。市政供水管网直供的用水点，由于市政供水管网压力数据资料的不完整，缺乏数字化、网络化、智能化的城市基础设施建设数据，因此通常在设计时只能按照供水部门提供的市政供水管网最低保障水压，进行系统分区和确定用水点压力，而不是依据项目建设地的实际市政供水水压，进行计算并控制用水点压力，最终导致市政管网直供的用水点超压。

2022年4月1日实施的全文强制性规范《建筑给水排水与节水通用规范》(GB 55020—2021)(以下简称"《节水通用规范》")中3.4.4条明确有"用水点处水压大于0.20MPa的配水支管应采取减压措施，并应满足用水器具工作压力的要求。"即使市政供水压力资料未能准确反映用水地区的实际供水压力，当市政管网直接供水区域的用水点实测压力超过0.20MPa时，也应当严格按照标准和规范的要求采取支管减压措施，控制出水压力。减少使用过程中的无效出流和水资源浪费，降低取水、制水和供水过程中的碳排放，达到节水、节能的目的。随着城市信息模型(City Information Modeling，CIM)平台建设工作的推进，项目建设地区的市政供水资料也会越来越详细、准确，有利于给水设计时充分利用市政供水管网压力，合理进行系统分区，正确控制用水点压力。

2. 室内供水管道布置

上海市城市总体规划(2017—2035年)报告中提出"至2035年，全市供水水质达到国际先进标准，满足直饮需求。"要实现这一目标不仅需要区域供水网络和二次供水设施的改造更新，减少供水管网的二次污染，还需要加强、提高建筑内配水管道至终端水龙头处的水质保障措施。对室内配水管道水质的影响因素包括管材、更新时间、环境温度等，有研究表明室内管道合理的布置方式对抑制配水管中微生物滋生，降低水质恶化风险有益。如果可以按照不同建筑的用水特点，选择合适的室内管道布置方式，缩短管道中生活用水的更新时间，解决使用中水压、水量的稳定和均衡问题，提高饮用水质量，对节约水资源，降低能源消耗也会有积极的作用。目前室内给水管道敷设(供水方式)方式有传统支状管道、分水器管道、双承弯配件串联管道和双承弯配件环状管道，相关比较和总结如图6.3、表6.2所示。

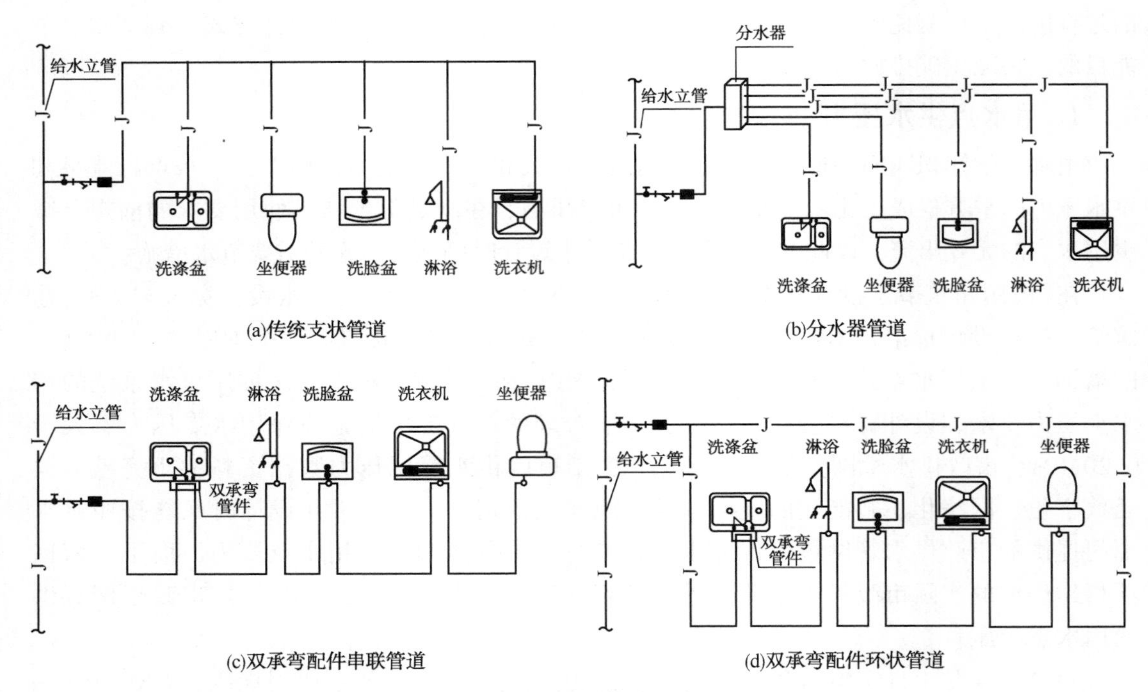

图 6.3　不同供水方式

表 6.2　室内给水管道敷设方式

名称	传统支状管道	分水器管道	双承弯配件串联管道	双承弯配件环状管道
管道连接图示	图 6.3(a)	图 6.3(b)	图 6.3(c)	图 6.3(d)
管材和配件	管材和配件无特殊要求	管材和管件应配套使用	管材无特殊限定，配件需采用双承弯配件	管材无特殊限定，配件需采用双承弯配件
优点	通过弯头、三通连接，节省管材、施工便捷；目前较为普遍采用该方式	分水器后管道直接连接到用水器具，使用时相互干扰少，水压稳定、水量均衡；暗敷垫层或管槽内管道不设管件连接，防止接口漏水；有利于工业化建筑机电管线集成	缩短给水支管和用水器具间的连接管道，减少室内给水管道滞水区，当给水管道末端器具(或自动冲洗阀)用水时，可以带动室内整个给水管道的水质更新	管道成环状连接，管中任一器具(或自动冲洗阀)用水均能带动整个配水管道的水质更新和补充，管道水质更新时间较其他三种方式更短，用水点水量、水压均匀性和稳定性提高
缺点	给水管和用水器具间连接管敷设距离较长存在滞水区；当多用水点同时使用时，会出现水量、水压不稳定现象	需要土建等专业的配合预留分水器位置以及管道敷设管槽；暗敷管材需要柔韧性较好的给水塑料管道，暗敷管道不能有连接管件；分水器后至用水器具管道也存在滞水区	施工复杂，增加了管道长度和连接管件数量，管道阻力损失相应增大；也存在多用水点同时用水时，水量、水压不稳定现象	施工复杂，管材、管件数量较多；管道阻力损失增加

续表

名称	传统支状管道	分水器管道	双承弯配件串联管道	双承弯配件环状管道
水质和节水效果	滞水区大，水质更新时间长；水量、水压不稳定产生水资源浪费	滞水区大小和水质更新时间由分水器后到用水点管线长度决定；水量、水压稳定，水资源浪费少	滞水区少，水质更新快，水量、水压不稳定，产生水资源浪费	没有滞水区，水质更新时间短；经管网平差后的管段水量、水压稳定，水资源浪费少
使用建议	减少器具配水支管长度，将用水量大、使用频率高的器具布置在管段末端，便于管道水质更新	用水点较多时宜分设多个分水器，分水器后管道应按最短距离接至用水点，节省管道并有利于水质更新	用水量大、使用频率高的器具布置在管段末端，有利于管道水质更新	用水量大、使用频率高的器具布置在管段中间位置，对环状管道更有利于双向供水，实现水质更新
适用场所特点	使用频率高、用水人数多，如：住宿制学校、商场、客运站、航站楼等	由装配式混凝土结构体系建造的工业化建筑	水质要求高，如：普通住宅、医院等	水质和水量、水压要求高，如：高档住宅、宾馆、酒店等

室内给水管道的敷设方式应当符合建筑特点，满足场所使用需要，同时提供优质的生活用水，保障水量、水压的均衡、稳定，对节约水资源，减少无谓的浪费和运行碳排放有利。

6.3.2 排水设计

排水系统是建筑给排水设计中重要的组成部分，合理的排水设计，对改善和保护水环境，保障排水卫生、安全有积极作用，同时对排水资源的有效利用和更科学的设计手段也有利于排水系统减少能源消耗，降低建筑碳排放。

1. 关于化粪池的设置

在排水系统设计时，化粪池的设置总是一个无法回避的问题。许多项目中排水管理部门要求生活污水必须经化粪池处理后，才可以排入市政污水管网，但在项目中设置化粪池后的清掏和管理工作，往往又未能及时到位，反而造成环境污染和使用中的安全隐患。化粪池的应用起源于我国污水建设不完善的时期，当时全国污水管道覆盖率低，污水处理设施缺乏，很多污水管道末端尚未建设污水处理厂，而是直排河道，化粪池在一定程度上减少了污水对环境的污染。而目前城市排水管道长度、污水处理厂规模以及污水处理率都比过去有了很大的进步，仅与1991年相比，城市排水管道长度增加了12倍，污水处理厂的规模增长近60倍，污水处理率从14.8%增长到97.5%，在这种情况下化粪池的设置不利于污水处理厂进水水质和处理效率，并且增加项目中室外环境和景观设计的难度，降低了项目环境效果。因此《室外排水设计标准》（GB 50014—2021）中3.3.6条规定“城镇已建有污水收集和集中处理设施时，分流制排水系统不应设置化粪池。”在条件具备的地区，新建项目中不应当设置化粪池，对已建项目在城市更新的过程中，可以逐步取消化粪池的设置，合理降低建造和污水处理厂水处理成本，减少过程中的碳排放。

2. 地下空间防洪挡水措施

《节水通用规范》中 4. 5. 17 条规定“连接建筑出入口的下沉地面、下沉广场、下沉庭院及地下车库出入口坡道，整体下沉的建筑小区，应采取土建措施禁止防洪水位以下的客水进入这些下沉区域。”。城市低洼地区的地下空间，受洪涝灾害和极端气候影响，成灾风险高，而按照目前地下空间的设计要求，排水系统的排水能力仅能满足地下空间已知的排水需求，完全不具备排除洪涝灾害和极端降雨情况下室外水体侵入地下空间的排水能力。地下空间排水设计的前提是各连通口部有能力在雨、洪期间阻挡外水的进入，因此需要科学、合理确定这些出入口部的高程，采取有效土建措施防止防洪水位以下的客水通过地下空间的出入口进入建筑下沉区域。建议在现阶段更多采用工程措施，综合项目地势、历史暴雨雨量和积水数据、区域防洪排涝能力、排水设施条件等因素，在项目设计时和土建专业合作，确定有效的挡水措施和高程。项目中地下空间连通口高程，往往受人行通道、车辆出入口坡道标高条件的限制难以一次达到防洪所需安全设防高度，可以通过分级挡水措施实现防止外水入侵的目的。

安全设防高程可按式(6. 1)和式(6. 2)确定。

$$H=H_d+U \tag{6.1}$$

$$U=H_y+H_f+A \tag{6.2}$$

式中，H 为安全设防高程；H_d 为相邻道路路面标高；U 为出入(连通)口安全超高；H_y 为暴雨期间地下空间所在区域相邻地面最大积水深度(可参照历史记录或模型模拟)；H_f 为城市发展造成地面加高以及地下空间自身沉降造成的相对高差降低值(可取 150~250mm)；A 为安全加高值(可取 300~500mm)。

在采用分级挡水措施时，首先确定一个基本挡水高程，土建实施时先一次满足，再通过其他措施如：临时增加防汛挡板、防汛沙袋等措施达到安全设防高程。

基本挡水高程可以按式(6. 3)确定。

$$基本挡水高程=H_d+H_y+H_f \tag{6.3}$$

式中，符号意义同前。

通过增设防汛挡板、沙袋满足安全加高值 A。采用分级挡水时，地下空间风井、窗井以及机动车和非机动车坡道两侧翼墙土建构筑高度仍应当满足安全设防高程要求或满足后期安装防汛挡水板和专用沙袋条件。

通过和土建配合完成地下空间防洪挡水设施达到安全设防高程，避免在防洪水位以下的外水侵入地下空间，降低受灾风险，确保地下空间安全，降低该场所的日常运行碳排放和灾后建设产生的隐含碳排放。

6. 3. 3　热水设计

在实现碳达峰、碳中和战略的过程中，需要能源生产、消费、技术的变革和能源政策机制的改革，最终将目前以化石能源为基础的能源系统，转换成以核能和可再生能源为基础的“零碳”能源。在《计算标准》中单独列出运行阶段生活热水和可再生能源系统碳排放计算方法，所以选择节能的优质热媒和运行方式是生活热水系统低碳发展的基础。

1. 热媒选用

据有关研究，用于生活热水的能耗约占整个建筑能耗的20%～30%，因此，热水系统的热源选择应把节能放在重要位置。在双碳战略下，寻找高效的清洁能源具有重要的意义。热媒选择时，应当首先考虑资源的循环利用，如使用稳定、可靠的余热、废热；其次，在日照时数和年太阳能辐射可以满足使用需要的地区太阳能是较为合适的热源。但是稳定、可靠的余热、废热并不是在每个项目中都能够碰到，而太阳能容易受天气、早晚日照以及季节的影响，使用中不可避免的需要增设辅助热源。同样作为传统能源的替代系统，空气源热泵系统具有比其他热泵系统更少的使用限制条件，不存在冷、热平衡以及水生环境、生态破坏的问题，作为减少运行碳排放的措施之一，近年来得到越来越广泛的使用。

在夏季和过渡季节总时间较长地区，对一般使用场所通过采用太阳能+空气源热泵的组合系统，基本可以满足使用需要；但医院等场所要求水加热设备出水温度60～65℃，一般的空气源热泵机组很难实现。因此当医院、疗养院使用空气源热泵热水机组制备生活热水时，不仅应当符合《节能通用规范》中表3.4.3所要求的性能系数(COP)值，还要关注在规定的COP值下设备的出水温度，若出水温度不能满足使用要求时应在热水系统中设消毒灭菌设施以符合《设计标准》中6.2.6条要求或采用产热水可达80～90℃的CO_2空气源热泵机组。

2. 集中热水系统设计和循环方式选择

《设计标准》中6.3.6条规定“宾馆、公寓、医院、养老院等公共建筑及有使用集中供应热水要求的居住小区，宜采用集中热水供应系统。”当建筑热水使用量大、安全性要求高，有统一的管理单位时，具有较好的集中热水使用条件。但在项目中经常会遇到部分热水使用点分散，使用时间不一致的情况，如果不加区分的将所有用水点都纳入同一集中热水供应系统，会出现为了极个别的用水点而必须整个系统运行的“大马拉小车”现象。同时在《设计标准》中6.3.10条以及《节水通用规范》中5.1.3条都规定了，各类建筑热水配水点的出水时间要求，其目的在于为配水点尽快提供满足使用的热水，减少水资源的浪费。为了满足这一要求，集中热水供应系统除了干、立管循环，还会设置到用水器具的支管循环，在集中热水供应系统中，供回水管道的热损失也是设计时不容忽视的环节。

从节能角度出发，一个项目中的集中热水供水系统应当依据使用场所的水温、水质标准，使用时间要求以及管理特点等因素，在管理可行的前提下，将各种需求相近的用水场所合并为同一系统，并且根据使用时间在项目中细分采用全日制集中+定时集中热水供应系统，同时对于热水用水量不大且分散的用水点采用局部热水供应系统。在有些时间段使用量小的集中热水供应场所，也可以增设局部热水供应系统满足使用需要。如：医院的手术部可以通过增设局部热水供应系统和集中热水供应系统的切换，既满足夜间使用需要，又实现末端的灵活可控，达到节能、节水的效果。

集中热水供应系统选择末端可以灵活使用的系统方式和运行模式，不仅满足实际使用的需要，又符合双碳目标的要求。集中热水供应系统规模越大，供回水管道越长，系统热损失也越大，所以在设计时宜合理控制管网规模，避免过多的热损失反而增加了系统的碳排放。对于配水点用水数量少、水温要求不高且支管长度大于15m和不便采用支管循环方式的系统，建议更多可以按照标准要求不设循环管道或采用自调控电伴热保温。经设支管电伴热的工程测算：采用支管自调控电伴热与采用支管循环比较，虽然前者一次投资大，但节能效果显著，如居住建筑的支管采用定时自调控电伴热，每天伴热按6h计比支管循环节能约70%，运行2~3年节省的能源费可抵消增加的一次性投资费用，并且还基本解决了以上支管循环的各种问题。热水支管的自控电伴热保温方式，对减少管道热损失，降低系统碳排放有积极的促进作用。

6.3.4 管材、洁具和设备

建筑碳排放由隐含碳排放和运行碳排放组成，而隐含碳排放还包括建筑改造和拆除过程中的碳排放，所以建筑给排水设计中选用优质的管材、节水器具以及高效率的运行设备，对于降低建筑碳排放会有所帮助。节水器具在使用过程中减少水源的浪费和节省能耗的价值毋庸置疑；同时选用质优的管材、设备，虽然在建设初期投资费用增加，但是更长的使用寿命、更高的使用效率，可以延长系统使用时间减少系统改造以及运行过程中的碳排放。在《节能通用规范》中3.4.5条要求“给水泵设计选型时其效率应不低于《清水离心泵能效限定值及节能评价值》(GB 19762—2007)规定的节能评价值。”水泵作为常用的基本耗能设备，在设计需要的流量和扬程下应当选择节能评价值高的节能产品达到减少能耗的目的。通过查阅《清水离心泵能效限定值及节能评价值》(GB 19762—2007)，发现水泵的流量、扬程、比转速与泵节能评价值密切相关，在同样的流量和扬程条件下，转速高的水泵，效率更高。因此在满足环境噪声的情况下，选用高转速的水泵更有利于节能，降低运行碳排放。

6.4 双碳目标下绿色建筑雨水系统碳排放核算与减排路径

绿色建筑作为一种可持续发展建筑类型，是实现建筑碳中和的有效途径，已成为建筑业发展的必然趋势。给排水系统贯穿建筑施工全过程，是绿色建筑设计的重要内容，而雨水系统作为城市水务系统的重要组成部分，其设计建设对我国绿色建筑建设有着重要的意义。

6.4.1 建筑雨水系统碳排放概述

1. 碳排放核算边界

合理确定雨水系统的碳排放核算边界，对于保证碳排放核算结果的准确性和代表性有着重要的意义。雨水系统碳排放核算边界主要考虑时间边界和空间边界两个基本维度。其中，时间边界需要考虑建筑业全生命周期，包括建设阶段和运行阶段；空间边界包括雨水系统自身物理边界内的碳排放活动，以及与之关联的物质流等活动。

2. 碳排放组成

雨水系统建设阶段和运行阶段的碳排放活动主要包括蓄水池、管道、泵和控制系统等材料生产、排水管渠及泵站等附属构筑物运行消耗化石燃料等能源产生的碳排放，排放类型包括直接温室气体排放和间接温室气体排放等。

3. 碳排放核算方法

（1）规划建设阶段

规划建设阶段的碳排放大多属于隐含碳，主要来源包括材料生产、材料运输和系统设备维护等。由于规划建设阶段时间较短，以碳排放总量计更能突出其排放强度。计算公式见式(6.4)。

$$CE_{js}=\sum_{i=1,\ j=1}^{n,\ l}(CES_i\cdot S_i+CES_j\cdot L) \tag{6.4}$$

式中，CE_{js}为雨水系统规划建设阶段产生的碳排放量，$kgCO_2e$；n 为雨水利用设施总数；l 为使用的雨水管道种类数；CES_i 为第 i 种设施碳排放强度，$kgCO_2e/m^2$；S_i 为第 i 种设施占地面积，m^2；CES_j 为第 j 种雨水管道碳排放强度，$kgCO_2e/m$；L 为雨水管道长度，m。

（2）运行维护阶段

运行维护阶段产生的碳排放主要来自雨水管道管网运行消耗能源产生的碳排放及各种绿色设施产生的碳汇等。

① 化石燃料直接排放。雨水排水管渠及提升泵站等附属构筑物设备在运行过程中会消耗汽油、柴油等化石燃料，因而产生一定的直接碳排放量，计算公式见式(6.5)。

$$CES_{rl}=\sum_{i=1}^{n}(M_{rl,\ i}\cdot EF_{rl,\ i})/Q \tag{6.5}$$

式中，CES_{rl}为化石燃料碳排放强度，$kgCO_2e/m^3$；n 为使用的化石燃料种类数；$M_{rl,i}$为评价年内消耗的第 i 种化石燃料总量，kg/a 或 m^3/a；$EF_{rl,i}$为第 i 种化石燃料碳排放因子，$kgCO_2e/kg$ 或 $kgCO_2e/m^3$；Q 为评价年内总处理水量，以转输和承接管理水量计，m^3/a。

②电力消耗间接排放。主要来自雨水泵站运行过程中的电力消耗，也包含了雨水系统运行中景观照明、景观维护等其他电力消耗，计算公式见式(6.6)。

$$CES_d=EH\cdot EF_d/Q \tag{6.6}$$

式中，CES_d 为雨水系统消耗电力产生的碳排放强度，$kgCO_2e/m^3$；EH 为泵站运行年耗电量，kW·h/a；EF_d 为电力排放碳因子，$kgCO_2e/(kW\cdot h)$；Q 为评价年内输送的雨水总量，m^3/a。

③ 绿色设施固碳作用碳汇。绿色建筑中所运用的绿色屋顶、下沉式绿地、雨水花园等绿色设施均包含植物及土壤，通过光合作用吸收二氧化碳，能产生一定的固碳量，即碳汇，计算公式见式(6.7)。

$$CSS_{Zb}=EF_{Zb}\cdot S_{Zb} \tag{6.7}$$

式中，CSS_{Zb}为植被固碳量，$kgCO_2e$；EF_{Zb}为植被固碳因子，$kgCO_2e/m^2$；S_{Zb}为植被占地面积，m^2。

④CH_4(甲烷)排放。雨水湿地在去除雨水化学需氧量(COD)过程中会产生 CH_4，计算

公式见式(6.8)。

$$CE_{CH_4} = \sum_{i=1}^{n} (TOW_i \cdot EF_{CH_4} \cdot i) \times 28 \tag{6.8}$$

式中，CE_{CH_4}为雨水系统处理产生的CH_4折算成CO_2当量的年排放量，$kgCO_2e/a$；TOW_i为第i种雨水湿地处理的有机物总量，kgCOD/a；EF_{CH_4}为第i种雨水湿地CH_4排放因子，$kgCH_4/kgCOD$；i为雨水湿地种类数；28为CH_4全球变暖潜能值。

⑤ N_2O(一氧化二氮)排放。雨水湿地运行过程中产生N_2O，计算公式见式(6.9)。

$$CE_{N_2O} = \sum_{i=1}^{n} (N_i \cdot EF_{N_2O} \times \frac{44}{28}) \times 265 \tag{6.9}$$

式中，CE_{N_2O}为雨水系统处理产生的N_2O折算成CO_2当量的年排放量，$kgCO_2e/a$；N_i为每年进入第i种雨水湿地的总氮，mg N/L；EF_{N_2O}为第i种雨水湿地N_2O排放因子，$kgN_2O\text{-}N/kgN$；i为雨水湿地种类数；44/28为N_2O与2个N的分子质量比；265为N_2O全球变暖潜能值。

6.4.2 建筑雨水系统碳排放核算案例分析

1. 绿色建筑项目概况

选取广西壮族自治区南宁市某绿色建筑社区为研究对象，项目用地面积为44620m^2，其中建筑屋面面积约为9900m^2，绿地面积为15640.61m^2，道路广场面积为8300m^2。项目根据小区的雨水排出口设置雨水系统，采用雨水调蓄池、透水铺装、下沉式绿地、绿色屋顶等多种组合措施。南宁市属于亚热带季风气候，多年平均降雨量为1298mm，年径流总量控制率按不小于80%计。

2. 项目碳排放核算

(1) 确定核算边界

项目雨水系统碳排放核算时间边界考虑建设阶段和运行阶段；物理边界则自雨水源头排放开始至排入自然水体为止的全部设施单元，包括管道管网、提升泵站和其他转输设施，以及案例选用的透水铺装、下沉式绿地和绿色屋顶等雨水控制设施。

(2) 核算数据收集和获取

根据项目测算数据和《城镇水务系统碳核算与减排路径技术指南》，得出本案例雨水系统碳排放核算的主要参数指标值，如表6.3所示。

表6.3 项目雨水系统碳排放核算主要参数指标值

参数/指标	数　值
年雨水收集总量/m^3	15640.95
雨水集蓄池容积/m^3	324
区域综合径流系数	0.61
径流污染去除率	0.75

续表

参数/指标	数　值
系统最大用电量/(kW・h)	5.25
汽油碳排放因子/($kgCO_2e \cdot kg^{-1}$)	2.92
汽油卡车运输能耗/($MJ \cdot t^{-1} \cdot km^{-1}$)	2.42
南方区域电力碳排放因子/($kgCO_2e \cdot kW^{-1} \cdot h^{-1}$)	0.8042
种植土碳排放因子/($kgCO_2e \cdot m^{-2}$)	0.024
植草砖碳排放因子/($kgCO_2e \cdot m^{-3}$)	336
乔木、灌木、花草密植混种固碳因子/($kg \cdot m^{-2} \cdot a^{-1}$)	27.5

部分规划建设清单数据获取困难，按照本案例项目实际情况，可以参考表6.4进行数据取值。

表6.4　项目雨水系统建设碳核算参考指标数据　　$kgCO_2e/m$

设施分类	设施类型		材料生产碳排放强度	运输过程碳排放强度	施工建设碳排放强度	系统建造总碳排放强度
雨水管渠系统	PE管		0.664	11.933	0.161	12.758
	渗管		20.307	8.044	0.396	28.747
	渗渠		77.765	8.416	0.397	86.578
雨水控制系统	透水铺装	人行道	17.679	17.680	0.194	35.553
		行车荷载≤5t	39.937	39.940	0.334	80.211
	绿色屋顶		77.865	3.351	4.372	85.588
	下沉式绿地		261.618	11.530	2.334	275.482
	设施类型		10.608	2.281	0.207	13.096

(3) 项目碳排放核算

① 径流计算。选取2022年当地降雨数据为降雨条件，利用暴雨洪水管理模型(Storm Water Management Model，SWMM)模拟4种不同情景，即常规排水管网(无低影响开发)、排水管网+透水铺装、排水管网+绿色屋顶、排水管网+下沉式绿地，项目模拟不同情景径流量情况如表6.5所示。

表6.5　项目模拟不同情景径流量情况　　m^3/a

情　景	径流量	初期雨水截流量	管道溢流量
常规排水管网(无低影响开发)	4.31×10^4	8.53×10^3	1.23×10^2
排水管网+透水铺装	3.75×10^4	7.45×10^3	1.03×10^1
排水管网+绿色屋顶	1.35×10^4	2.06×10^3	2.28×10^1
排水管网+下沉式绿地	1.47×10^4	2.39×10^3	5.53×10^1

根据4种不同情景的模拟，以截流3mm初期径流为条件，对比常规排水管网(无低影响开发)情景，在排水管网基础上增设透水铺装、绿色屋顶和下沉式绿地3种低影响开发措施后，初期雨水截流量分别减少了13%、76%和72%；管道溢流量分别减少了92%、81%和55%。

② 建设阶段碳排放计算。项目建设阶段碳排放主要来自材料生产、运输和施工等，所需材料主要有植被、透水砖、土壤、砾石、管材等。根据当地设计规模进行核算，得出雨水系统规划建设阶段总碳排放量为1.16×10^4kgCO_2e，其中材料生产碳排放量占比约为67.91%。此外，数据表明，在年径流总量控制率相近的情况下，透水铺装和绿色屋顶建设碳排放量大于下沉式绿地，主要是由建设过程中使用大量混凝土或高密度聚乙烯土工膜等材料导致的。

③ 运行阶段碳排放计算。项目运行阶段碳排放主要包括泵站产生的电力消耗以及绿色设施固碳作用碳汇等。结合表6.5的数据，项目运行阶段碳排放核算如表6.6所示。

表6.6 项目运行阶段碳排放核算 kgCO_2e/a

设施	碳排放量		
	初期截流的碳排放量	溢流控制的碳排放量	总碳排放量
透水铺装	3.54×10^3	16.45	3.56×10^3
绿色屋顶	3.15×10^3	7.68	3.16×10^3
下沉式绿地	8.25×10^1	38.54	1.21×10^2

根据核算结果，与传统建筑模式相比，低影响开发设施的使用可以有效降低项目运行阶段碳排放量，采用3种低影响开发设施后，碳减排率分别为12.04%、15.58%和72.25%，按30年生命周期计算，项目运行阶段的碳排放量约为2.05×10^5kgCO_2e。此外，雨水回用减少了小区对自来水的需求量，进而减少了供水系统处理和运输自来水所产生的碳排放。根据南宁市自来水厂的统计数据，每处理1t自来水的耗电量取平均值，约为0.92kW·h，得出每回用1m^{3}的雨水可减少碳排放量0.74kgCO_2e，根据项目年雨水收集总量15640.95m^3，累计每年大约可减少碳排放量1.16×10^4kgCO_2e。

6.4.3 建筑雨水系统碳减排路径

根据碳减排原理和机制，国际上将碳减排技术分为3个范畴：碳减、替碳和碳汇，基于此，本文提出以下3种碳减排路径。

(1) 碳减路径

碳减是指通过优化和变革现有技术工艺，降低化石燃料消耗或减少碳直接排放。可考虑以下路径：①尽量通过分散式设施减少雨水径流量，实现源头减量。②在满足设计需求的前提下，应考虑采用绿色设施代替灰色设施，如用生态沟渠替代灰色明渠。③尽可能充分利用当地地形和水系流向等条件，采用重力流排放系统或低能耗雨水泵站。④积极采用雨污分流制排水系统，减少雨水湿地的碳排放。

（2）替碳路径

替碳是指使用清洁能源替代传统化石燃料，减少碳排放。可考虑以下路径：①雨水水质相对清洁，简单处理后可作为绿化灌溉、景观用水和冲洗浇洒等杂用水回用。②加强绿色基础设施建设和应用，如绿色屋顶等。③利用绿色设施空间空隙、向阳面等条件，考虑与光伏发电设施结合使用，实现传统能源向低碳绿色能源的转变。

（3）碳汇路径

碳汇是指通过植树造林等方式吸收固定大气中的温室气体，减少温室气体在大气中浓度。雨水系统的绿色设施扩大了绿色植被覆盖区域，可产生一定的植物增汇，固碳量不容忽视，因此，在实际规划建设过程中，应因地制宜完善绿色空间体系，以取得可观的碳回收效益。

第7章　墙体节能工程施工

7.1　聚苯乙烯泡沫塑料施工技术

目前，聚苯乙烯泡沫塑料外保温系统是应用最广泛的外墙外保温技术。其施工方法有粘贴保温板外保温技术、胶粉 EPS 颗粒保温浆料外保温技术、EPS 板现浇混凝土(无钢丝网)外保温技术等。以下主要介绍粘贴保温板外保温技术和 EPS 板现浇混凝土(有钢丝网或无钢丝网)外保温技术。

7.1.1　粘贴保温板外保温技术(EPS/XPS 板薄抹灰外墙外保温系统)

EPS/XPS 板薄抹灰外墙外保温系统由 EPS/XPS 板保温层、薄抹灰层和饰面涂层构成。EPS/XPS 板用胶粘剂固定在基层上，薄抹面层中满铺玻璃纤维网格布。

该系统的优点主要有：是综合投资最低的系统之一；热工性能高，保温效果好；隔声效果好；对建筑主体长期保护，提高主体结构的耐久性；避免墙体产生冷桥、防止发霉等作用。其缺点主要是 EPS 板燃点低，为热熔型材料，防火性能较差，即使是阻燃型板材，阻燃的性能稳定性也较差，大多数情况下需设置防火隔离带；系统若为空腔体系，对于系统的施工工艺要求较高，一旦墙面发生渗漏水，则难以修复。

1. 施工材料

在聚苯乙烯保温施工过程中，耐碱玻璃纤维网格布、聚合物砂浆和机械锚固件对整体施工质量和保温效果起着关键作用。

(1) 耐碱玻璃纤维网格布。耐碱玻璃纤维网格布是以玻璃纤维机织物为基材，经高分子抗乳液浸泡涂层，采用中无碱玻纤纱(主要成分是硅酸盐，化学稳定性好)经特殊的组织结构——纱罗组织绞织而成，后经抗碱液、增强剂等高温热定型处理，具有良好的抗碱性、柔韧性以及经纬向高度抗拉力的保温材料。可广泛用于建筑物内外墙体保温、防水、抗裂等。在粘贴法保温板施工中，为防止饰面层出现脱落开裂现象，采用耐碱玻璃纤维网格布作为增强材料。

(2) 聚合物砂浆。聚合物砂浆是在建筑砂浆中添加聚合物胶粘剂，从而改善砂浆的性能。外保温系统的施工成败主要是保温板能否牢固地黏结在墙面，以防止后期开裂。聚合物砂浆可满足保温板与砂浆层的黏结强度、抗冲击性能和吸水量要求。

(3) 机械锚固件。机械锚固件是用机械方法将保温材料固定在墙体上的连接件，常用铆钉和膨胀螺栓，作为保温板固定在墙上的辅助方法。

2. 粘贴保温板外保温技术施工过程

主要施工要点如下。

(1) 清理基层墙面

基层墙体必须清理干净，要求墙面无油渍、灰尘、污垢、脱膜剂、风化物、泥土等污物。基层墙体的表面平整度、立面垂直度不得超过5mm。超差部分必须剔凿或用1∶3水泥砂浆修补平整。若基层墙面太干燥，吸水性能太强，应先洒水喷淋湿润。

现浇混凝土墙面应事先拉毛，用毛刷甩界面处理剂水泥砂浆在墙面呈均匀毛钉状。要求拉毛长度为3~5mm，作拉毛处理不得遗漏，干燥后方可进行下一道工序。

(2) 弹控制线

根据建筑立面设计和外墙外保温技术要求，在墙面弹出外门窗水平、垂直控制线及伸缩缝线、装饰线等。

(3) 挂基准线

在建筑外墙大角(阳角、阴角)及其他必要处挂垂直基准钢线，每个楼层适当位置挂水平线，以控制聚苯板的垂直度和平整度。

(4) 配制聚合物砂浆胶粘剂

根据生产厂家使用说明书提供的配合比配制，专人负责，严格计量，手持式电动搅拌机搅拌，确保搅拌均匀。拌好的胶粘剂在静停10min后还需经二次搅拌才能使用。配好的料注意防晒避风，以免水分蒸发过快。一次配制量应在可操作时间内用完。

(5) 粘贴翻包网格布

凡是粘贴的聚苯板侧边外露处(如伸缩缝缝线两侧、门窗口处)，都应作网格布翻包处理。

(6) 粘贴聚苯板

外保温用聚苯板标准尺寸为600mm×900mm、600mm×1200mm两种。非标准尺寸或局部不规则处可现场裁切，但必须注意切口板面垂直。整块墙面的边角处应用最小尺寸大于300mm的聚苯板。采用黏结方式固定聚苯板，其黏结方式分为点框法和条粘法两种，黏结应保证黏结面积不小于40%。排板时按水平顺序排列，上下错缝黏结，阴阳角处应作错茬处理。保温板应粘贴牢固，不得有脱层、空鼓、漏缝，粘板应用专用工具轻柔、均匀地挤压聚苯板，随时用2m靠尺和托线板检查平整度和垂直度。粘板时，注意清除板边溢出的胶粘剂，使板与板之间无“碰头灰”。板缝拼严，缝宽超出2mm时，用相应厚度的挤塑片填塞。拼缝高差不得大于1.5mm，否则应用砂纸或专用打磨机具打磨平整，如图7.1所示。

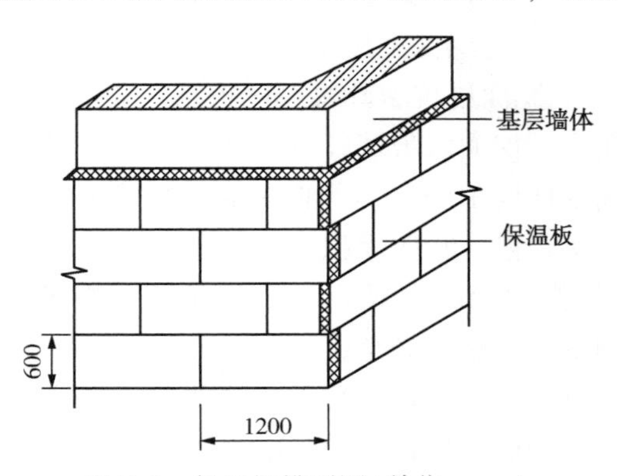

图7.1 保温板排列图(单位：mm)

门窗洞口四角处不得拼接，应将整个保温

板切割成型，保温板拼缝应离开角部至少 200mm，如图 7.2 所示。

保温板粘贴完毕后，为加强固定强度，可采用锚钉固定，但锚钉主要起辅助固定作用，胶粘剂主要起负担全部荷载的作用，不能因有锚钉就放松胶粘剂的黏结作用，所以，如果胶粘剂能满足要求，也可无锚钉固定。该法是在粘贴法的基础上设置若干锚栓固定 EPS 保温板。锚栓为高强超韧尼龙或塑料精制而成，尾部设有螺钉自攻性胀塞结构。锚栓用量每平方米 10 层以下约为 6 个，10~18 层为 8 个，19~24 层为 10 个，24 层以上为 12 个。单个锚栓抗拉承载力极限值≥1.5kN，适用于外墙饰面为面砖的外墙保温层施工，尤其适用于基面附着力差的既有建筑围护结构的节能改造，如图 7.3 所示。

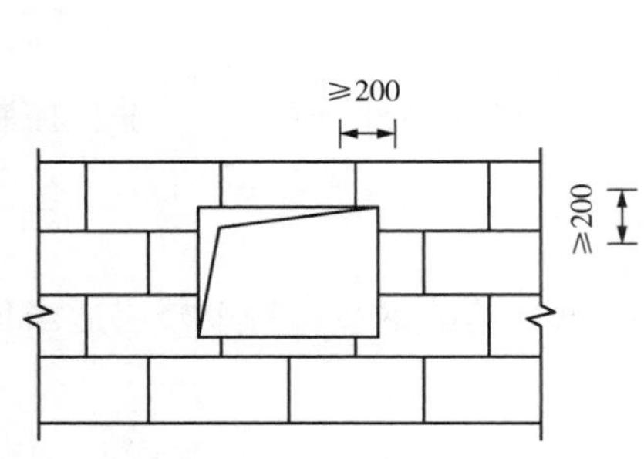

图 7.2　门窗洞口处的排列(单位：mm)

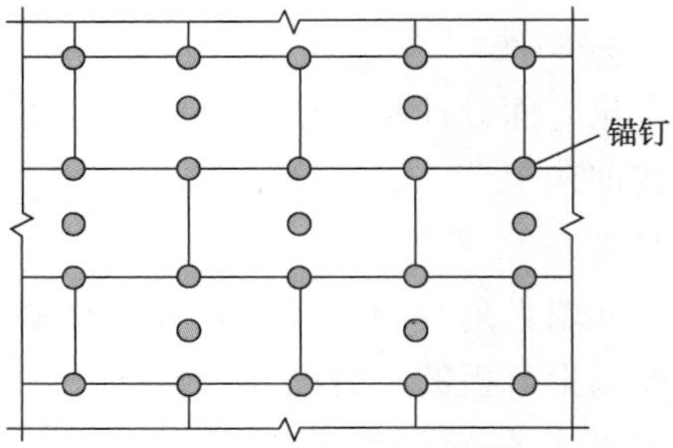

锚钉

图 7.3　锚钉的位置

(7) 配制抹面砂浆

按照生产厂家提供的配合比配抹面砂浆，做到计量准确，机械二次搅拌，搅拌均匀。配好的料注意防晒避风，一次配制量应控制在可操作时间内用完，超过可操作时间后，不准再度加水(胶)使用。

(8) 抹底层抹面砂浆

聚苯板安装完毕，检查验收后进行聚合物砂浆抹灰。抹灰分底层和面层两次进行。在聚苯板面抹底层抹面砂浆，厚度为 2mm。同时将翻包网格布压入砂浆中，门窗口四角和阴阳角部位所用的增强网格布随即压入砂浆中。

(9) 贴压网格布

① 底层保温层施工完毕，经验收合格后，方可进行抗裂砂浆面层施工。

② 面层抗裂砂浆厚度控制在 4~5mm(指两层罩面砂浆)，抹完抗裂砂浆后，用铁抹子压入一层耐碱玻璃纤维网格布，达到网格布似露非露为宜。网格布之间如有搭接时，必须满足横向 100mm、纵向 80mm 的搭接长度，先压入一侧，再抹一些抗裂砂浆，压入另一侧，严禁干搭。在大面积贴网格布之前，在门窗洞口四周 45°方向横贴一道 300mm×200mm 的加强网，如图 7.4 所示。阴阳角处网格布要压槎搭接，宽度不小于 200mm，如图 7.5 所示。网格布铺贴要平整，无褶皱，砂浆饱满度达到 100%，同时要抹平、抹直，保持阴阳角处的方正和垂直度。注意，在粘贴网格布时，应先从阴阳角处粘贴，然后大面积粘贴。

(10) 抹面层抹面砂浆

在底层抹面砂浆凝结前再抹一道抹面砂浆罩面，厚度为 1.2mm，仅以覆盖网格布、稍微可见网格布轮廓为宜。面层砂浆切忌不停揉搓，以免形成空鼓。

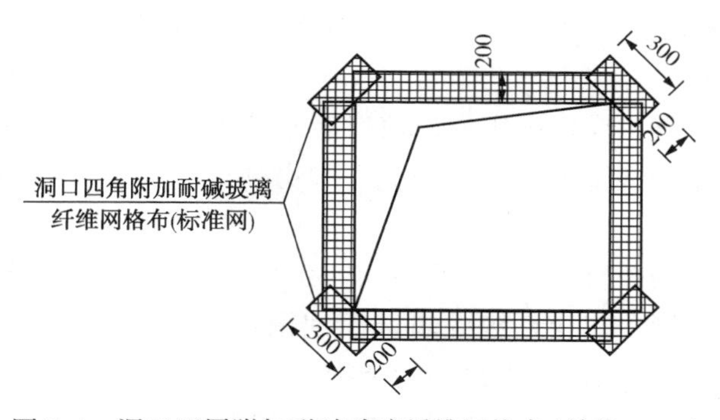

图 7.4 洞口四周附加耐碱玻璃纤维网格布(单位：mm)

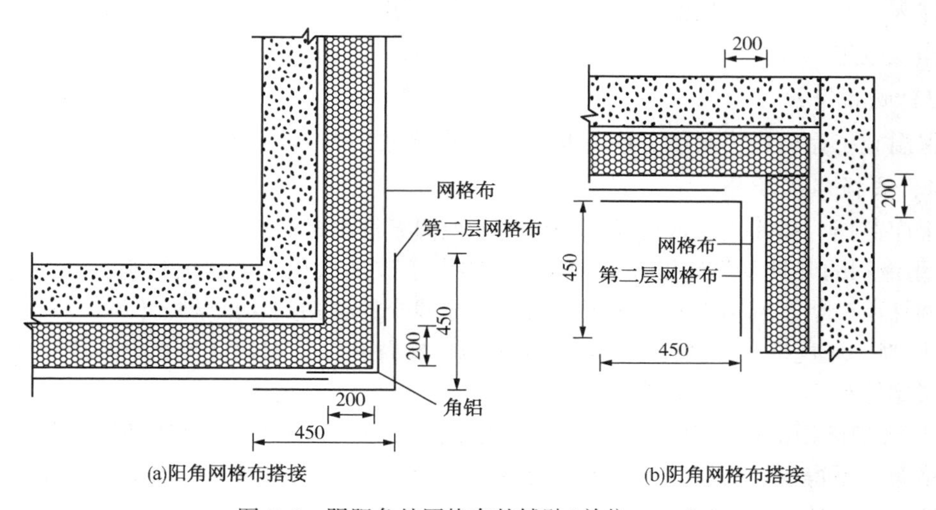

图 7.5 阴阳角处网格布的铺贴(单位：mm)

砂浆抹灰施工间歇应在自然断开处，如伸缩缝、阴阳角、挑台等部位，以方便后续施工的搭接。在连续墙面上如需停顿，面层砂浆不应完全覆盖已铺好的网格布，需与网格布、底层砂浆呈台阶形坡槎，留槎间距不小于150mm，以免网格布搭接处平整度超出偏差。

(11)“缝”的处理

外墙外保温可设置伸缩缝、装饰缝。在结构沉降缝、温度缝处应作相应处理。留设伸缩缝时，分格条应在抹灰工序时就放入，等砂浆初凝后起出，修整缝边。缝内填塞发泡聚乙烯圆棒(条)作背衬，直径或宽度为缝宽的1.3倍，再分两次勾填建筑密封膏，深度为缝宽的50%~70%。变形缝根据缝宽和位置设置金属盖板，以射钉或螺栓紧固。

应严格按设计和有关构造图集的要求做好变形缝、滴水槽、勒角、女儿墙、阳台、水落管、装饰线条等重要节点和关键部位的施工，特别要防止渗水。

(12)装饰线条做法

① 装饰缝应根据建筑设计立面效果处理成凹型或凸型。凸型称为“装饰线”，以聚苯板来体现为宜，此处网格布与抹面砂浆应断开。粘贴聚苯板时，先弹线标明装饰线条位置，将加工好的聚苯板线条粘于相应位置。当线条凸出墙面超过100mm时，需加设机械固定

件。线条表面按普通外保温抹面做法处理。凹型称为“装饰缝”，用专用工具在聚苯板上刨出凹槽再抹防护层砂浆。

② 滴水线槽。滴水线槽应镶嵌牢固，窗口滴水槽处距外墙两侧各 30mm，滴水槽处距墙面 30mm，面层抹一层抗裂砂浆，外窗外边下口必须做泛水(内外高差为 10mm)，保温板损坏部分补胶粉颗粒。

③ 变形缝做法。变形缝内用建筑胶粘牢 50mm 厚软质聚氯乙烯泡沫塑料，外侧用 0.7mm 厚的彩色钢板封堵。在变形缝处填塞发泡聚乙烯圆棒，深度为缝宽的 50%~70%，然后嵌密封膏，施工前必须清理变形缝内的杂物。

④ 涂料面层。涂料施工前，首先检查抹面聚合物胶泥上是不是有抹子刻痕，网格布是否全部埋入，然后修补面层的缺陷或凹凸不平处，并用细砂纸打磨光滑。涂料面层按施工正常操作规范施工。

(13) 成品保护

外保温施工完成后，后续工序与其他正在进行的工序应注意对成品进行保护。

(14) 破损部位修补

因工序穿插、操作失误或使用不当致使外保温系统出现破损的，按如下程序进行修补。

① 用锋利的刀具剜除破损处，剜除面积略大于破损面积，形状大致整齐。注意防止损坏周围的抹面砂浆、网格布和聚苯板。清除干净残余的胶粘剂和聚苯板碎粒。

② 切割一块规格、形状完全相同的聚苯板，在背面涂抹厚度适当的胶粘剂，塞入破损部位基层墙体粘牢，表面与周围聚苯板齐平。

③ 仔细把破损部位四周约为 100mm 宽度范围内的涂料和面层抹灰砂浆磨掉。注意不得伤及网格布，不得损坏底层抹面砂浆。如果不小心切断了网格布，打磨面积应继续向外扩展。如造成底层抹面砂浆破碎，应抠出碎块。

④ 在修补部位四周贴胶纸带，以防造成污染。

⑤ 用抹面砂浆补齐破损部位的底层抹面砂浆，用湿毛刷清理不整齐的边缘。对没有新抹砂浆的修补部位作界面处理。

⑥ 剪一块面积略小于修补部位的网格布(玻纤方向横平竖直)，绷紧后紧密粘贴到修补部位上，确保与原网格布的搭接宽度不小于 80mm。

⑦ 从修补部位中心向四周抹面层抹面砂浆，做到与周围面层顺平。防止网格布移位、皱褶。用湿毛刷修整周边不规则处。

⑧ 待抹面砂浆干燥后，在修补部位补做外饰面，其纹路、色泽尽量与周围饰面一致。

⑨ 待外饰面干燥后，撕去胶纸带。

7.1.2 EPS 板现浇混凝土(无钢丝网)外保温技术

EPS 板现浇混凝土外保温系统以现浇混凝土外墙为基层，EPS 板为保温层，EPS 板内表面(与现浇混凝土接触的表面)开有矩形齿槽，内、外表面均满涂界面砂浆。施工时将 EPS 板置于外模板内侧，并安装辅助固定件。浇筑混凝土后，墙体与 EPS 板、辅助固定件结合为一体，EPS 板表面做抹面胶浆薄抹面层，抹面层中满铺玻璃纤维网格布，外表面以涂料或饰面砂浆为饰面层。该技术主要用于寒冷和严寒地区，适用于现浇混凝土剪力墙结构体系外墙。

1. EPS 板现浇混凝土(无钢丝网)外保温施工过程

将工厂标准化生产的 EPS 模块经积木式互相错缝插接拼装成现浇混凝土墙体的外侧免拆模块，用木模板作为内外侧模板，通过连接桥将两侧模板组合成空腔构造，在空腔构造内浇筑混凝土，混凝土硬化后，拆除复合墙体内侧模板和外侧支护，由混凝土握裹连接桥、连接桥拉结模块和模块内表面燕尾槽与混凝土机械咬合所构成的外墙外保温体系。

(1) 绑扎钢筋、垫块。外墙钢筋验收合格后，绑扎按混凝土保护层厚度要求制作好的水泥砂浆垫块。每平方米不少于 4 个。

(2) 安装聚苯板。先根据建筑物平面图及其形状排列聚苯板，并根据其特殊节点的形状预先将聚苯板裁好，在聚苯板的接缝处涂刷胶粘剂(有污染的部分必须先清理干净)，然后将聚苯板黏结上。黏结完成的聚苯板不要再移动，在板的专用竖缝处用专用塑料卡子将两块聚苯板连接到一起，基本拉住聚苯板。聚苯板安装完毕后，将专用塑料卡子绑扎固定在钢筋上，绑扎时，注意聚苯板底部应绑扎紧一些，使底部内收 3~5mm，以保证拆模后聚苯板底部与上口平齐。首层的聚苯板必须严格控制在同一水平面，以保证上层聚苯板缝隙严密和垂直。在板缝处用聚苯板胶填塞。

(3) 固定外墙内侧模板。固定外墙内侧模板，保证稳固性。

(4) 穿入穿墙螺栓。可按照大模板穿墙螺栓的间距，用电烙铁对聚苯板开孔，使模板与聚苯板的孔洞吻合，孔洞不宜太大，以免漏浆。

(5) 固定外侧大模板。紧固螺栓，调整垂直、平整度。

(6) 浇筑混凝土及拆模。墙体模板立好后，须在聚苯板的上端扣上一个槽形的镀锌薄皮板罩，防止浇筑混凝土时污染聚苯板上口。在常温条件下，墙体混凝土浇筑完成(大于 1MPa)，间隔 12h 后即可拆除墙体内、外侧面的大模板。EPS 板上端镀锌锅板保护罩仍保持不动，作楼板的外模。

(7) 吊胶粉聚苯颗粒找平层垂直控制线、套方作口，按设计厚度用胶粉聚苯颗粒保温浆料做标准厚度贴饼、冲筋。

(8) 胶粉聚苯颗粒保温浆料找平施工。找平层固化干燥后(用手掌按不动表面为宜，一般为 3~7d 后)，方可进行抗裂层施工。

(9) 抹抗裂砂浆，铺压耐碱网格布。耐碱网格布按楼层间尺寸事先裁好，抹抗裂砂浆时，将 3~4mm 厚抗裂砂浆均匀地抹在保温层表面，然后立即将裁好的耐碱网格布用铁抹子压入抗裂砂浆内。相邻网格布之间的搭接宽度不应小于 50mm，并不得使网格布皱褶、空鼓、翘边。首层应铺贴双层网格布，第一层铺贴加强型网格布，加强型网格布应对接。然后进行第二层普通网格布的铺贴，两层网格布之间抗裂砂浆必须饱满。在首层墙面阳角处设 2m 高的专用金属护角，护角应夹在两层网格布之间。其余楼层阳角处两侧网格布双向绕角相互搭接，各侧搭接宽度不小于 150mm。门窗洞口四角应增加 300mm×200mm 的附加网格布，铺贴方向为 45°。

(10) 刮柔性耐水腻子。刮柔性耐水腻子应在抗裂防护层干燥后施工，做到平整光洁。

(11) 成品保护。①在抹灰前应对保温层半成品加强保护，尤其应对首层阳角加以保护。②分格线、滴水槽、门窗框、管道、槽盒上残存砂浆，应及时清理干净。③装修时，应防止破坏已抹好的墙面，门窗洞口、边、角宜采取保护性措施。其他工种作业时，不得污染或损坏墙面，严禁蹬踩窗台。④涂料墙面完工后要妥善保护，不得磕碰损坏。

2. 施工注意事项

(1) 在外墙外侧安装聚苯板时，将企口缝对齐，墙宽不合模数时，应用小块保温板补齐，门窗洞口处保温板不开洞，待墙体拆模后再开洞。门窗洞口及外墙阳角处聚苯板外侧燕尾槽的缝隙，仍用切割燕尾槽时多余的楔形聚苯板条塞堵，深度为10~30mm。

(2) 聚苯板竖向接缝时，应注意避开模板缝隙处。

(3) 在浇筑混凝土时，要注意振捣棒在插、拔过程中不要损坏保温层。墙体混凝土浇灌完毕后，如槽口处有砂浆存在，应立即清理。

(4) 在整理下层甩出的钢筋时，要特别注意下层保温板边槽口，以免受损。

(5) 穿墙螺栓孔，应以干硬性砂浆捻实填补(厚度小于墙厚)，随即用保温浆料填补至保温层表面。

(6) 聚苯板在开孔或裁小块时，要注意防止碎块掉进墙体内。

(7) 施工门窗口应采用胶粉聚苯颗粒保温浆料进行找平。

(8) 涂料应与底漆相容。

(9) 应遵守有关安全操作规程。新工人必须经过技术培训和安全教育方可上岗。电动吊篮或脚手架经安全检查验收合格后，方可上人施工，施工时应有防止工具、用具、材料坠落的措施。

7.2 现场喷涂硬泡聚氨酯外保温系统施工技术

聚氨酯泡沫塑料的导热系数比聚苯乙烯小一些，所以其保温效果良好。另外，其防火性能也优于聚苯乙烯泡沫塑料，目前，聚氨酯泡沫塑料用于墙体和屋面保温可以有喷涂、粘贴、浇筑等施工方法，其中粘贴法与上节聚苯乙烯泡沫塑料板施工方法相同，这里不再叙述，本节主要讲述聚氨酯泡沫塑料喷涂法。该方法主要应用于外墙表面不规则的保温系统中，其造价高于聚苯乙烯泡沫塑料是其使用受到限制的主要因素。

喷涂硬泡聚氨酯外墙保温系统采用现场聚氨酯硬泡喷涂进行主体保温，采取ZL胶粉聚苯颗粒保温浆料(是北京振利公司研发的一种外墙保温系统做法)找平和补充保温，充分利用了聚氨酯优异的保温和防水性能以及ZL胶粉聚苯颗粒外墙外保温体系的柔性抗裂性能，是技术先进、保温性能优良的外墙外保温体系。

1. 施工流程

基层清理→吊垂线、粘贴聚氨酯预制块、聚合物砂浆找补→粘贴聚氨酯预制块→涂刷聚氨酯防潮底漆→喷涂无溶剂硬泡聚氨酯→聚氨酯界面处理→聚苯颗粒浆料找平→抗裂防护层(压入耐碱网布)及饰面层。

2. 施工条件及准备

（1）喷涂施工时的环境温度宜为10～40℃，风速应不大于5m/s(3级风)，相对湿度应小于80%，雨天不得施工。当施工时环境温度低于10℃时，应采取可靠的技术措施保证喷涂质量。

（2）材料准备。聚氨酯硬质泡沫塑料、聚氨酯界面砂浆、胶粉聚苯颗粒、抹面砂浆、耐碱网格布。

（3）技术准备。施工前，须编制操作程序和质量控制的技术交底；加强对进场原材料的质量验收、控制；选择具备资质的专业施工队伍，操作人员必须持证上岗；设置专职质量监督员对整个施工过程进行监控，确保施工质量。

3. 施工要点

（1）基层清理。在聚氨酯硬泡体喷涂施工前，必须将墙体基面清理干净。

（2）吊垂线、粘贴聚氨酯预制块、聚合物砂浆找补。吊大墙垂直线，检查墙面平整度及垂直度，用聚合物水泥砂浆修补加固找平。

（3）粘贴聚氨酯预制块。吊垂直厚度控制线，由下而上在阴角、阳角、门窗口等处粘贴已经预制好的聚氨酯预制块或板，聚氨酯预制块粘贴后，应达到厚度控制线的位置。对于墙面宽度大于2m处，需增加水平控制线，并做厚度标筋。

（4）涂刷聚氨酯防潮底漆。满涂聚氨酯防潮底漆，用滚刷将聚氨酯防潮底漆均匀涂刷，无漏刷、透底现象。

（5）喷涂无溶剂硬泡聚氨酯。喷涂作业前，用塑料薄膜等将门窗、脚手架等非涂物遮挡、保护起来。

运送到现场的聚氨酯组合料应存放在阴凉通风的临时库房或搭建的棚子内，不应放在露天太阳直射的地方，组合料因发泡剂挥发，应采用密封镀锌铁桶装。在冬期施工气温低时，组合料允许加热到25℃，有阻燃要求的组合料可在出厂前混入阻燃剂，也可在施工现场配入阻燃剂，但要与组合料混合均匀，混入阻燃剂的组合料发泡参数会有所变化且储存时间变短。多异氰酸酯也应存放在无太阳直射的阴凉通风场所，当冬期施工气温低时，多异氰酸酯允许加热到70℃，但不应温度过高。

发泡机到现场后接通电源，检查发泡机空运转情况，并打入物料进行循环，检查有无泄漏及堵塞情况，校准计量泵流量，按所需比例调试比例泵，比例误差不得大于4%。每次都要进行试喷，待试喷正常后再正式进行喷涂作业。

喷枪距离墙面0.4～0.6m，喷枪移动速度要均匀，以0.5～0.8m/s为宜。一次喷涂厚度要适宜，一般不超过10mm。一次喷涂厚度太薄，泡沫体密度大，用料多；一次喷涂厚度过大，反应热难以发散，容易产生变形起鼓缺陷。

喷涂过程中随时检查泡沫质量，如外观平整度，有无脱层、发脆发软、空穴、起鼓、开裂、收缩塌陷、花纹、条斑等现象，发现问题及时停机查明原因并妥善处理。喷涂作业完毕20min后，开始清理遮挡保护部位的泡沫及修整超过10mm厚的凸出部位，使喷涂面凹凸不超过5mm。

（6）聚氨酯界面处理。在聚氨酯硬泡体喷涂完成后 4h 之内，作界面处理，界面砂浆或界面素浆可用滚子均匀地涂刷于聚氨酯硬泡体表面层上，以保证聚氨酯硬泡体与聚合物水泥砂浆的黏结。

（7）聚苯颗粒浆料找平。①吊胶粉聚苯颗粒找平层垂直控制线，按设计厚度用胶粉聚苯颗粒做标准厚度贴饼、冲筋。②胶粉聚苯颗粒找平施工：a. 抹胶粉聚苯颗粒找平时，应分两遍施工，每遍间隔在 24h 以上。b. 抹头遍胶粉聚苯颗粒应压实，厚度宜不超过 1cm。c. 第二遍操作时，应达到冲筋厚度并用大杠搓平，用抹子局部修补平整；30min 后，用抹子再赶抹墙面，用托线尺检测后达到验收标准。d. 找平层固化干燥后(用手掌按不动表面为宜，一般为 3~7d 后)，方可进行抗裂层施工。

（8）抗裂防护层(压入耐碱网布)及饰面层。抹抗裂砂浆，铺压耐碱网布。耐碱网布按楼层间尺寸事先裁好，抹抗裂砂浆时，将 3~4mm 厚抗裂砂浆均匀地抹在保温层表面，立即将裁好的耐碱网布用铁抹子压入抗裂砂浆内。相邻耐碱网布之间搭接宽度不应小于 50mm，并不得使网格布皱褶、空鼓、翘边。首层应铺贴双层网格布，第一层铺贴加强型网格布，加强型网格布应对接。门窗洞口四角应增加 300mm×400mm 的附加网格布，铺贴方向为 45°。刮柔性腻子应在抗裂防护层固化干燥后施工，做到平整光洁。

4. 工程质量及成品保护

（1）聚氨酯硬泡组合料、多异氰酸酯、DG 单组分聚氨酯防潮底漆、界面砂浆、聚合物水泥砂浆、耐碱玻璃纤维网格布的质量应符合相关现行规范的指标要求。

（2）聚氨酯硬泡体必须与墙面黏结牢固，无松动开裂起鼓现象。检查数量按每 20m 长抽查 1 处，但不少于 3 处，观察并用手推拉检查。

（3）聚合物水泥砂浆必须与聚氨酯硬泡体黏结牢固，无脱层、空鼓，面层无爆灰及龟裂。检查数量按每 20m 长抽查 1 处，但不少于 3 处，用小锤轻击和目视检查。

（4）硬泡保温层厚度应符合设计要求。用 ϕ1mm 钢针刺入基层表面，每 100m^2 监测 5 处，测量钢针插入深度，最薄处不应小于设计厚度。

（5）抹面层无裂缝及爆灰等缺陷，目视检查。

（6）对喷涂完毕硬泡体及抹完聚合物水泥砂浆的保温墙体，不得随意开凿打孔，若确实需要，应在聚合物水泥砂浆达到设计强度后方可进行，安装完成后，其周围应恢复原状。

（7）防止重物撞击外墙保温系统。

5. 安全措施

（1）使用的施工机械、电动工具必须做到“三级配电两级保护”并实行“一机一闸一漏一箱”。

（2）手持电动工具负荷线必须采用橡皮护套铜芯软电缆，并不得有接头；插头、插座应完整，严禁不用插头而将电线直接插入插座内。

（3）手持电动工具使用前必须作空载检查，外观无损坏及运行正常后方可使用。

（4）每台吊篮应由专门人员负责操作，并且操作人员必须无不适应高空作业的疾病和生理缺陷，使用前认真阅读说明书，并经常对吊篮进行保养。

（5）操作和施工人员上吊篮必须佩戴安全帽、系安全带。

（6）严禁吊篮超载使用，并且保证佩戴的稳定力矩等于或大于两倍的平台自重、额定核载及风载力矩。

（7）距吊篮 10m 范围内不能有高压线。

（8）雷雨、雾天、冰雹、风力大于五级等恶劣天气时不能使用吊篮施工。

（9）作业人员离开施工现场，应先拉闸切断电源后再离开，避免误碰触开关发生事故。

6. 环保措施

保温材料、胶粘剂、稀释剂和溶剂等使用后，应及时封闭存放，废料及时清出室内。禁止在室内使用有机溶剂清洗施工用具。施工现场噪声严格控制在 90dB 以内。

7.3 岩棉板外墙外保温系统施工技术

由岩棉板保温层、固定材料(胶粘剂、锚固件等)、找平浆料层(必要时)、抹面层和饰面层构成，并固定在外墙外表面的非承重保温构造总称，简称岩棉板外保温系统。该系统包括岩棉板复合浆料外墙外保温系统和岩棉板单层或双层耐碱玻纤网薄抹灰外墙外保温系统。

(1)基层处理及要求

基层为砌体的部分，用水泥砂浆进行内抹灰找平。

为保证保温工程的质量，减少材料的浪费，本系统要求：基层面干燥、平整，平整度≤4mm/2m；基层面具有一定强度，表面强度不小于 0.5MPa；基层面无油污、浮尘或空鼓的疏松层等其他异物。

当基层面不符合要求时，必须采取有效措施进行处理，完成修整后方可进行保温板施工：①基层平整度不合格时，凿除墙面过于凸起部位，用 1∶3 水泥砂浆粉刷找平，养护 5~7d(视强度而定)；②基层面有粉尘、疏松层时，必须铲除、清理干净，采用有关材料处理。如有必要，采用封闭底漆处理，清理和增强界面强度。

（2）粘贴岩棉板施工

① 吊线。挂基准线、弹控制线时，根据建筑立面设计和外保温技术要求，在建筑外墙阴阳角及其他必要处挂垂直基准线，以控制保温板的垂直度和平整度。在墙面弹出外门、窗口的水平、垂直控制线以及伸缩缝线、装饰条线、装饰缝线、托架安装线等。

② 安装铝合金托架。在勒脚部位外墙面上沿距散水 300mm 的位置用墨线弹出水平线，沿水平线安装托架，水平线以下粘贴聚苯板，起到防潮作用。水平线以上粘贴第一层岩棉板。安装托架时，保证托架处于水平位置，两根托架之间留有 3mm 的缝隙，托架水平方向宽度小于岩棉厚度。

③ 涂刷岩棉界面剂。将界面剂先刷在岩棉板粘贴面，刷界面剂过程中，岩棉板要轻拿轻放，以免损坏岩棉板；在做抹面层施工前再刷岩棉板外表面。岩棉板四周侧边不得涂刷，涂刷要均匀，不得漏刷。

④ 胶粘剂配置。胶粘剂是一种聚合物增强的水泥基预制干拌料，在施工时只需按重量

比为4∶1(干粉：水)的比例加水充分搅拌，直到搅拌均匀，稠度适中。注意胶粘剂应设专人进行配制。视施工环境、气候条件的不同，可在一定范围内通过改变加水量来调节粘胶的施工和易性。加水搅拌后的粘胶要在2h内用完。在搅拌和施工时不得使用铝质容器或工具；配置好的胶粘剂严禁二次加水搅拌。

⑤ 翻包网。门窗外侧洞口系统与门窗框的接口处，伸缩缝或墙身变形缝等需要保温终止系统的部位，勒脚、阳台、雨篷、女儿墙等系统尽端处，要采用耐碱网格布对系统的保温实施翻包。翻包网宽度约为200mm，在保温板黏结层中的长度不小于100mm。

⑥ 岩棉板的粘贴。应优先采用条粘法，施工时先用平边抹灰刀将粘胶均匀地涂到保温板表面上，然后使用专用的锯齿抹子，保持抹子紧贴聚苯板并拖刮出锯齿间其余的粘胶，形成胶浆条。岩棉板上抹完胶粘剂后，应先将岩棉板下端与基层墙体墙面粘贴，然后自上而下均匀挤压、滑动就位。粘贴时应轻柔，并随时用2m靠尺和托线板检查平整度和垂直度。注意清除板边溢出的粘胶，板的侧边不得有粘胶。相邻岩棉板应紧密对接，板缝不得大于2mm(板缝应用聚氨酯处理)，且板间高差应不大于1mm。保温板自上而下，沿水平向铺设粘贴，竖缝必须逐行错缝1/2板长，在墙角处交错互锁，并保证墙角垂直度。门窗洞口四角处或局部不规则处岩棉板不得拼接，采用整块岩棉板切割成型，岩棉板接缝离开角部位至少200mm，注意切割面与板面垂直。门、窗开口处不得出现板缝。

(3) 第一遍抹面胶浆施工

① 岩棉板粘贴完成24h，且施工质量验收合格后，可进行第一遍抹面胶浆施工。

② 抹面胶浆施工前，应根据设计要求做好滴水线条或鹰嘴线条。

③ 在门窗洞口四角沿45°方向铺贴200mm×300mm玻纤网加强。

④ 根据墙面上不同标高的洞口、窗口、檐线等，裁好所用的玻纤网，长度宜为3000mm左右。

⑤ 在岩棉板表面抹第一遍抹面胶浆，应均匀、平整、无褶皱。

(4) 岩棉板锚固施工

① 第一遍抹面胶浆施工完成24h，且施工质量验收合格后，可进行锚栓锚固施工。

② 锚固件的安装应按设计要求，用冲击钻或电锤打孔，钻孔深度应大于锚固深度10mm。

③ 锚栓按梅花状布置，数量每平方米不小于10个。锚栓间距不大于400mm，从距离墙角、门窗侧壁100~150mm及从檐口与窗台下方150mm处开始安装。沿墙角或者门窗周边，锚栓适当加密，锚固件间距不大于250mm。

④ 锚栓安装时，将锚固钉敲入或拧入墙体，圆盘紧贴第一层抹面胶浆，不得翘曲，并及时用抹面胶浆覆盖圆盘及其周围。

(5) 第二遍抹面胶浆施工

① 锚栓安装完成且施工质量验收合格后，可进行第二遍抹面胶浆施工。

② 抹第二遍抹面胶浆应均匀、平整，厚度为2~3mm，并趁湿压入第二层玻纤网。

③ 玻纤网应自上向下铺设，顺茬搭接，玻纤网的上下、左右之间均应有搭接，其搭接宽度应不小于100mm，玻纤网不得外露，不得干搭接，铺贴要平整、无褶皱。

④ 抹面胶浆施工间歇应在一个楼层处，以便后续施工的搭接。在连续墙面上如需停顿，抹面胶浆应形成台阶形坡槎，留槎间距不小于150mm。

(6) 第三遍抹面胶浆施工

第二次抹面胶浆施工初凝稍干后，可进行第三层抹面胶浆施工，抹面胶浆厚度为1mm，抹平。

抹面胶浆施工完成后，应检查平整度、垂直度、阴阳角方正，对不符合要求的，采用抹面胶浆修补。

(7) 电焊网铺设及锚固施工

① 岩棉板粘贴完成24h，且施工质量验收合格后，可进行电焊网铺设及锚固施工。

② 电焊网的铺设应压平、找直，并保持阴阳角的方正和垂直度，电焊网不平处用塑料U形卡卡平，然后用锚栓锚固电焊网及岩棉板。

③ 电焊网搭接宽度应不小于2个完整的网格，搭接处应用镀锌钢丝绑扎牢固，电焊网搭接处不打锚栓。墙体底部、门窗洞口侧壁、墙体转角处岩棉板采用定型电焊网增强。包边网片要同岩棉板一起由锚栓锚固。

④ 锚固件的安装用冲击钻或电锤打孔。

⑤ 锚栓按梅花状布置。

⑥ 锚栓安装时，将锚固钉敲入或拧入墙体，圆盘紧贴电焊网，不得翘曲。

(8) 找平层施工

施工前用找平砂浆做标准厚度灰饼，然后抹找平砂浆，用大杠刮平，并修补墙面达到平整度要求。施工时，还应注意门窗洞口及阴阳角的垂直、平整及方正。

(9) 抹面层施工

① 在找平层施工完成后3~7d，且施工质量验收合格后，方可进行抹面层施工。

② 在门窗洞口四角沿45°方向铺贴200mm×300mm玻纤网增强。采用护角线条时，护角线条应先用抹面胶浆粘贴在找平层外，外层玻纤网覆盖护角线条。

③ 根据墙面上不同标高处的洞口、窗口、檐线等，裁好所用的玻纤网，长度宜为3000mm左右。

④ 抹第一遍抹面胶浆，厚度为2~3mm，随即压入玻纤网，铺贴要平整、无褶皱，24h后，在其表面抹第二遍抹面胶浆，厚度为1~2mm，以面层凝固后露出玻纤网暗格为宜，抹面胶浆总厚度为3~5mm。

⑤ 玻纤网应自上向下铺设，顺茬搭接，玻纤网的上下、左右之间均应搭接，搭接宽度应不小于100mm。

⑥ 抹面胶浆施工间歇应在一个楼层处，以便施工的搭接。

⑦ 抹面胶浆施工后，检查平整度、垂直度及阴阳角方正，不符合要求的，采用抹面胶浆进行修补。

(10) 成品保护

施工过程中和施工结束后，应做好半成品及成品的保护，防止污染和损坏；各构造层材料在完全固化前，应防止淋水、撞击和振动。墙面损坏及使用脚手架的预留孔洞用相同材料修补。

第 8 章　幕墙节能工程施工

8.1　建筑幕墙的分类

1. 点支式玻璃幕墙

点支式玻璃幕墙是指在幕墙玻璃的四角打孔，用幕墙专用钢爪将玻璃连接起来，并将荷载传给相应的构件，最后传给主体结构的一种幕墙做法。这种做法充分体现了玻璃幕墙高科技和技术美相结合的倾向。

点支式玻璃幕墙追求建筑物内外空间的更多融合，人们可透过玻璃清晰地看到支承玻璃的整个构架体系，使得这些构架体系从单纯的支承作用转向具有形式美和结构美的体系，具有优异而明显的装饰效果，深受设计和使用者的欢迎。目前，点支式玻璃幕墙，已广泛应用于各种大型公共建筑中的外装饰，为城市美化起到良好的作用。

2. 铝框玻璃幕墙

铝框玻璃幕墙一般是指明框玻璃幕墙。明框玻璃幕墙的玻璃镶嵌在铝框内，成为四边有铝框的幕墙构件，幕墙构件镶嵌在横梁上，形成横梁立柱外露，铝框分格明显的立面。明框玻璃幕墙是最传统的形式，应用最广泛，工作性能可靠。相对于隐框玻璃幕墙，更易满足施工技术水平要求。

铝框玻璃幕墙主要由骨架材料、板材、密封填缝材料组成，其中骨架材料主要采用铝合金型材。通常在幕墙中采用 LD31 合金热挤压型材，它是通过高温挤压成型快速冷却、人工时效状态经阳极氧化表面处理的型材。

3. 建筑金属幕墙

所谓金属幕墙是指幕墙面板材料为金属板材的建筑幕墙，简单地说，就是将玻璃幕墙中的玻璃更换为金属板材的一种幕墙形式。

由于金属板材具有优良的加工性能，多样的色彩及良好的安全性，能完全适应各种复杂造型的设计，可以任意增加凹进和凸出的线条，而且可以加工各种形式的曲线线条，给建筑师以巨大的发挥空间，备受建筑师的青睐，因而获得了突飞猛进的发展。

金属幕墙按照面板材料的材质不同，主要可分为铝复合板、单层铝板、蜂窝铝板、夹芯保温铝板、不锈钢板、彩涂钢板、珐琅钢板等幕墙。金属幕墙按照面板表面处理不同，主要可分为光面板、亚光板、压型板和波纹板等幕墙。

4. 建筑石材幕墙

石材幕墙是指利用金属挂件等构件将石材饰面板直接挂在主体结构上，或当主体结构为混凝土框架时，先将金属骨架悬挂于主体结构上，然后再利用金属挂件等构件将石材饰面板挂于金属骨架上的幕墙。前者称为直接式干挂幕墙，后者称为骨架式干挂幕墙。

石材幕墙同玻璃幕墙一样，需要承受各种外力的作用，还需要适应主体结构位移的影响，所以石材幕墙必须按照《金属与石材幕墙工程技术规范》(JGJ 133—2001)进行强度计算和刚度验算，还应满足建筑热工、隔声、防水、防火和防腐蚀等方面的要求。按照施工方法不同，石材幕墙主要分为短槽式石材幕墙、通槽式石材幕墙、钢销式石材幕墙和背栓式石材幕墙等。

8.2 玻璃幕墙施工工艺

8.2.1 基本作业条件

(1) 应编制幕墙施工组织设计，并严格按施工组织设计的顺序进行施工。

(2) 幕墙应在主体结构施工完毕后开始施工。对于高层建筑的幕墙，如因工期需要，应在保证质量与安全的前提下，按施工组织设计沿高度方向分段施工。在与上部主体结构进行立体交叉施工幕墙时，结构施工层下方及幕墙施工的上方，必须采取可靠的防护措施。

(3) 幕墙施工时，原主体结构施工搭设的外脚手架宜保留，并根据幕墙施工的要求进行必要的拆改(脚手架内层距主体结构不小于300mm)。如采用吊篮安装幕墙时，吊篮必须安全可靠。

(4) 幕墙施工时，应配备必要的安全可靠的起重吊装工具和设备。

(5) 当装修分项工程会对幕墙造成污染或损伤时，应将该项工程安排在幕墙施工之前施工，或应对幕墙采取可靠的保护措施。

(6) 不应在大风大雨气候下进行幕墙的施工。当气温低于-5℃时不得进行玻璃安装，不应在雨天进行密封胶施工。

(7) 应在主体结构施工时控制和检查固定幕墙的各层楼(屋)面的标高、边线尺寸和预埋件位置的偏差，并应在幕墙施工前对其进行检查与测量。当结构构件边线尺寸偏差过大时，应先对结构构件进行必要的修正；当预埋件位置偏差过大时，应调整框料的间距或修改连接件与主体结构的连接方式。

8.2.2 幕墙安装

1. 隐(明)框玻璃幕墙安装工艺

幕墙安装施工顺序：测量放线→安装L形转接件→安装竖向铝立柱→安装铝横梁→避雷节点安装→层间防火安装、玻镁板安装→安装玻璃板块→安装扣盖→注胶及外立面清洗。

主要施工要点如下。

(1) 测量放线

依据结构复查时的放线标记，及预埋件的十字中心线，确定安装基准线，包括龙骨排布基准及各部分幕墙的水平标高线，为各个不同部位的幕墙确定三个方向的基准。

(2) 安装L形转接件

根据预埋件的放线标记，将L形转接角钢码采用M16的螺栓固定在预埋件上，转接角钢码中心线上下偏差应小于 2mm，左右偏差应小于 2mm。L 形转接角钢码与立柱接触边应垂直于幕墙横向面线，且应保持水平，不能因预埋板的倾斜而倾斜。遇到此种情况时，应在角钢码与预埋钢板面之间填塞钢板或圆钢条进行支垫，并应进行满焊。

(3) 安装竖向铝立柱

① 幕墙竖向铝立柱的安装工作，是从结构的底部由下至上安装，先对照施工图检查主梁的尺寸(长度)加工孔位(L 形转接角钢码安装孔)是否正确。

② 将竖向铝立柱用两颗 M12mm×140mm 不锈钢螺栓固定在转接角钢码上，角钢码与铝立柱之间用 2mm 厚尼龙垫片隔离，螺栓两端与转接角钢码接触部位各加一块 2mm 厚圆形垫片。

③ 调整固定，利用转接件上的腰型孔，根据分格尺寸、测量放线的标记，横向、竖向控制钢丝线进行立柱三维调整。

④ 竖向铝立柱用铝插芯连接，插芯与铝立柱上端依靠固定连接角码的不锈钢螺栓进行连接，两个立柱竖向接缝应符合设计要求，并不小于 20mm，插芯长度不小于 420mm。

⑤ 偏差要求：立柱安装的垂直度小于 2mm。

⑥ 调整后进行螺栓加固，拧紧所有螺栓。

⑦ 对每个锚固点进行隐蔽工程验收，并做好记录。

(4) 安装铝横梁

① 根据图纸要求的水平分格和土建提供的标高线在竖向立柱上划线确定连接铝件的位置。

② 采用 M5×35mm 不锈钢自攻钉将连接铝件固定在铝立柱的相应位置。注意横梁与立柱间的接缝间应符合设计要求(加设 2mm 厚橡胶垫)，横梁与立柱平面应一致，其表面误差不大于 0. 5mm。

③ 选择相应长度的横梁，采用 M6×25mm 不锈钢自攻钉固定在连接铝件上，横梁安装应由下向上进行，当安装一层高度后应进行检查调整，及时拧紧螺栓。

④ 横梁上下表面与立柱正面应成直角，严禁向下倾斜，若发生此种现象应采用自攻螺丝将角铝块直接固定在立柱上，以增强横梁抵抗扭矩的能力。

⑤ 使用耐候密封胶密封立柱间接缝和立柱与横梁的接缝间隙。

(5) 避雷节点安装

① 按图纸要求选用材料，宜采用直径 ϕ12mm 的镀锌圆钢和 1mm 厚的不锈钢避雷片。

② 镀锌圆钢与横向、纵向主体结构预留的避雷点进行搭接，双面焊接的长度不低于 80mm。

③ 每三层应加设一圈横向闭合的避雷筋，且应与每块预埋件进行搭接。

④ 在各大角及垂直避雷筋交接部位，均采用 ϕ12mm 的镀锌圆钢进行搭接。

⑤ 在主楼各层的女儿墙部位及塔楼顶部均设置一圈闭合的避雷筋与幕墙的竖向避雷筋进行搭接。

⑥ 首层的竖向避雷筋与主体结构的接地扁铁进行搭接，其搭接长度为双面焊 80mm。

⑦ 在铝立柱与钢立柱的交接部位及各立柱竖向接头的伸缩缝部位，均采用不锈钢避雷片连接。

⑧ 在避雷片安装时，需将铝型材、镀锌钢材表面的镀膜层使用角磨机磨除干净，以确

保避雷片的全面接触，达到导电效果。接触面应平整，采用四颗 M5×20mm 自攻钉固定。

（6）层间防火安装、玻镁板安装

① 根据现场结构与玻镁板背面的实际距离，进行镀锌铁皮的裁切加工。

② 依据现场结构实际情况确定防火层的高度位置，依横梁的上口为准弹出镀锌铁皮安装的水平线。

③ 采用射钉将镀锌铁皮固定在结构面上，射钉的间距应以 300mm 为宜。

④ 将裁切的镀锌铁皮的另一边直接采用拉铆钉固定在玻璃背面的玻镁板上。

⑤ 依据现场实际间隙将防火岩棉裁剪后，平铺在镀锌铁皮上面。

⑥ 在防火棉接缝部位、结构面和玻镁板背面之间，采用防火密封胶进行封堵。

需注意的是：防火层安装应平整，拼接处不留缝隙。

（7）安装玻璃板块

① 将玻璃板块按图纸编号送到安装所需的层间和区域，检查玻璃板块的质量、尺寸和规格是否达到设计要求。

② 按设计要求将玻璃垫块安放在横梁的相应位置，选择相应的橡胶条或塑料泡沫条穿在型材（玻璃内侧接触部位）槽口内。

③ 用中空吸盘将玻璃板块运到安装位置，随后将玻璃板块由上向下轻轻放在玻璃垫块上，使板块的左右中心线与分格的中心线保持一致。

④ 采用临时压板将玻璃压住，防止倾斜坠落，调整玻璃板块的左右位置（从室内注意玻璃边缘分止塞与铝框的关系，其四边应均匀）。

⑤ 调整完成后，将穿好胶条的压板采用 M5×20mm 六角螺栓固定在横梁上（胶条的自然长度应与框边长度相等，边角接缝严密）。

⑥ 按设计图样安装幕墙的开启窗，并应符合窗户安装的有关标准规定；玻璃板块由下至上安装，每个楼层由上至下进行安装。

（8）安装扣盖

选择相应规格、长度的内、外扣盖进行编号，再将内、外扣盖由上向下挂入压板齿槽内。

2. 无骨架玻璃安装工艺

由于玻璃长、大、体重，施工时一般采用机械化施工方法，即在叉车上安装电动真空吸盘，将玻璃吸附就位，操作人员站在玻璃上端两侧搭设的脚手架上，用夹紧装置将玻璃上端安装固定。每块玻璃之间用硅胶嵌缝。

3. 幕墙安装质量控制

（1）安装质量要求

① 幕墙以及铝合金构件要横平竖直，标高正确，表面不允许有机械损伤（如划伤、擦伤、压痕），也不允许有需处理的缺陷（如斑点、污迹、条纹等）。

② 幕墙全部外露金属件（压板），从任何角度看均应外表平整，不允许有任何小的变形、波纹、紧固件的凹进或突出。

③ 牛腿铁件与 T 形槽固定后应焊接牢固，与主体结构混凝土接触面的间隙不得大于

1mm，并用镀锌钢板塞实。牛腿铁件与幕墙的连接，必须垫好防震胶垫。施工现场焊接的钢件焊缝，应在现场涂二道防锈漆。

④ 在与砌体、抹面或混凝土表面接触的金属表面，必须涂刷沥青漆，厚度大于100μm。

⑤ 玻璃安装时，其边缘与龙骨必须保持间隙，使上、下、左、右各边空隙均有保证。同时，要防止污染玻璃，特别是镀膜一侧应尤加注意，以防止镀膜剥落形成花脸。安装好的玻璃表面应平整，不得出现翘曲等现象。

⑥ 橡胶条和胶条的嵌塞应密实、全面，两根橡胶条的接口处必须用密封胶填充严实。使用封缝胶密封时，应挤封饱满、均匀一致，外观应平整光滑。

⑦ 层间防火、保温矿棉材料，要填塞严实，不得遗漏。

(2) 成品保护

① 吊篮升降应由专人负责，其里侧要设置弹性软质材料，防止碰坏幕墙和玻璃。收工时，应将吊篮放置在尚未安装幕墙的楼层(或地面上)固定好。

② 已安装好的幕墙，应设专人看管，其上部应架设挡板遮盖，防止上层施工时，料具坠落损坏幕墙。上层进行电气焊作业时，应设置专用的“接火花斗”防止火花飞溅损坏幕墙。靠近幕墙附近施工时，亦应采取遮挡措施，防止污染铝合金材料和破损玻璃。

③ 竣工前应用擦窗机擦洗幕墙。

8.3 石材幕墙施工工艺

8.3.1 施工材料性能

1. 幕墙石材的选用

(1) 石材板质：幕墙石材宜采用火成岩，即花岗岩，很少采用大理石。因花岗岩的主要结构物质是长石和石英，具有质地坚硬、耐酸碱、耐腐蚀、耐高温、耐日晒雨淋、耐冰冻及耐磨性好等特点，故而较适宜用作建筑物的外饰面，也就是幕墙的饰面板材。

(2) 板材厚度：幕墙石材的常用厚度为25~30mm。为满足强度计算的要求，幕墙石板的厚度最薄不得小于25mm。

火烧石板的厚度应比抛光石板的厚度大3mm。石材经火烧加工后，在板材表面形成细小的不均匀麻坑而影响了板材厚度，同时也影响了板材的强度，故规定在设计计算强度时，对同厚度火烧板一般需要按减薄3mm进行。

(3) 因石材是天然性材料，其内伤或微小的裂纹有时用肉眼很难看清，在使用时会埋下安全隐患。因此，设计时应考虑到天然材料的不可预见性，石材幕墙立面划分时，单块板面积宜不大于1.5m^2。

2. 金属构架

用于幕墙的钢材有不锈钢、碳素钢、低合金钢、耐候钢、钢丝绳和钢绞线。低碳钢Q235主要制作钢结构件和连接件(预埋件、角码、螺栓等)，是应用最广泛的钢材。石材幕墙的金属构架主要采用低碳钢Q235，如果是高于40m的幕墙结构，钢构件宜采用高耐候结构钢。

石材幕墙钢架主要由横梁和立柱组成，一般情况下，横梁主要采用角钢，立柱采用槽钢(有时也采用桁架)，至于选用多大的型钢、立柱布置间距的确定，必须进行受力分析、计算。

钢型材应该符合设计及《钢结构设计标准》(GB 50017—2017)的要求，并应具有钢材厂家出具的质量证明书或检验报告，其化学成分、力学性能和其他的质量要求必须符合国家标准规定。市面上很少有国标的型钢(槽钢和角钢)，往往采用非国标的型钢来作为幕墙结构的立柱和横梁，因此，在选择钢材时注意下列要求。

(1) 采用质量可靠，有检验证书、出厂合格证和质量保证书的产品。

(2) 使用前，必须由权威的检验部门进行试验，有试验合格报告书。

幕墙的钢结构属隐蔽工程，而钢材是易受锈蚀的材料，如果钢架受到锈蚀，将无法进行维护，因此，在安装钢架之前必须进行防锈处理。可采取以下措施。

(1) 镀锌是最有效的防锈处理方法，其镀锌层应不小于45μm。

(2) 涂刷防锈漆，只能是对焊接点进行的后补的防锈方法，在涂刷防锈漆前，要对钢构件去油、除锈后才能进行涂刷防锈漆。

因此，尽可能不用涂刷防锈漆的方法作为防锈处理，热镀锌是幕墙钢结构唯一的防锈办法。

钢架横梁角钢与立柱槽钢(或桁架)的连接方法可以采用焊接和螺栓连接(国家规范的要求是采用螺栓连接)。螺栓连接时，采用螺栓通过角码将角钢固定在槽钢上，使角钢与槽钢形成一整体钢架。另外，钢架要与主体结构的壁雷装置进行有效连接，使整个建筑形成一个较好的避雷网络。

3. 连接件

石材幕墙的连接件有：石材与角钢的连接；角钢与槽钢的连接。

(1) *石材与角钢的连接*

石材与角钢的连接采用不锈钢挂件连接。其连接方法有：①钢销连接法；②蝴蝶扣和T形挂件连接法；③背栓法；④通槽连接法；⑤S、R形挂件连接法；⑥复合连接法。

虽然在整个石材幕墙中挂件只是一个小小的配件，但它起着“四两拨千斤”的作用，也可以说在整个石材幕墙的质量与安全问题中，挂件是最关键的配件之一。

市场上多以“不锈铁”或镀锌挂件充当不锈钢挂件。这些挂件的特点是材料多为再生材质，强度要比不锈钢低得多，使用后易产生断裂；锈蚀后，其强度自然也就降低，时间久了，势必引起破坏、断裂，造成质量安全事故；氧化生锈污染石材表面及胶缝，破坏美观，石材一旦被污染清洗都无法消除。因此，选购挂件的时候，一定要避免买到这种非正品的不锈钢挂件。购买时，就应有质量保证书，质检报告。

(2) *角钢与槽钢的连接*

角钢与槽钢的连接有两种方法：采用螺栓通过角钢与支座钢板连接；通过支臂采用焊接与支座钢板连接。

当立柱槽钢离主体结构较远时，一般采用槽钢作为伸臂，使槽钢与支座钢板连接；当立柱槽钢离主体构件不远时，可采用角钢与支座钢板连接。

一般每层设一根槽钢，上下两头分别与预埋在混凝土结构上的支座连接，整个结构按悬壁式进行设计。每根槽钢的上头可与支臂焊接，也可采用螺栓与角码连接；下头应通过插芯或连接钢板进行螺栓连接，这样上下槽钢可以伸缩活动，进而消除钢材变形而产生的应力。

4. 支座预埋件

支座预埋件应在主体结构浇筑水泥之前与主体结构配筋同时预埋。对于未设预埋件、预埋件漏放、预埋件偏离设计位置太远、设计变更或是旧建筑加装幕墙等情况而采用锚固螺栓(膨胀螺栓或化学螺栓)时，应注意满足下列要求：

（1）采用质量可靠的品牌。

（2）用于立柱与主体结构连接的后加螺栓，每处不少于2个，直径不小于10mm，长度不小于110mm。螺栓应为不锈钢或热镀锌碳素钢产品。

（3）必须进行现场拉拔试验，有试验合格报告书。

（4）优先设计成螺栓受剪的节点形式。

（5）螺栓承载力不得超过厂家规定的承载力，并要按厂家规定的方法进行计算。

5. 建筑密封材料

所用硅酮耐候密封胶和硅酮结构密封胶，均应是中性制品，并应在有效期内使用。

（1）硅酮耐候密封胶

幕墙应采用硅酮耐候密封胶，其性能应符合表8.1的规定。

表8.1　硅酮耐候密封胶的性能表

项目	性能	
	金属幕墙用	石材幕墙用
表干时间	1~1.5h	
流淌性	无流淌	≤1.0mm
初期固化时间	3d	4d
完全固化时间(相对湿度≥50%，温度25℃±2℃)	7~14d	
邵氏硬度	20~30度	15~25度
极限拉伸强度	0.11~0.14MPa	≥1.79MPa
断裂延伸率	—	≥300%
撕裂强度	3.8N/mm	—
施工温度	5~48℃	
污染性	无污染	
固化后的变位承受能力	25%≤δ≤50%	δ≥50%
有效期	9~12个月	

（2）硅酮结构密封胶

幕墙构造中用于各种板材与金属构架、板材与板材的受力黏结材料，应采用硅酮结构密封胶。硅酮结构密封胶有中性单组分和中性双组分，其性能应符合表8.2的规定。注意下述强制性条文：同一幕墙工程应采用同一品牌的单组分或双组分的硅酮结构密封胶，并应有保质年限的质量证书。用于石材幕墙的硅酮结构密封胶还应有证明无污染的试验报告。

同一幕墙工程应采用同一品牌的硅酮结构密封胶和硅酮耐候密封胶配套使用。

表 8.2 硅酮结构密封胶的性能表

项目	技术性能	
	中性双组分	中性单组分
有效期	9 个月	9~12 个月
施工温度	10~30℃	5~48℃
使用温度		-48~88℃
操作时间		≤30min
表干时间		≤3h
初步固化时间(25℃)		7d
完全固化时间		14~21d
邵氏硬度	35~45 度	
粘结拉伸强度(H 型试件)	≥0.7N/mm	
延伸率(哑铃型)	≥100%	
粘结破坏(H 型试件)	不允许	
内聚力(母材)破坏率	100%	
剥离强度(与玻璃、铝)	5.6~8.7N/mm(单组分)	
撕裂强度(B 模)	4.7N/mm	
抗臭氧及紫外线拉伸强度	不变	
污染和变色	无污染、无变色	
耐热性	150℃	
热失重	≤10%	
流淌性	≤2.5mm	
冷变形(蠕变)	不明显	
外观	无龟裂、无变色	
完全固化后的变位承受能力	12.5%≤δ≤50%	

8.3.2 施工工艺

(1) 测量放线

① 测量放线工依据总包单位提供的基准点线和水准点，用全站仪在底楼放出外控制线，用激光垂直仪，将控制点引至标准层顶层进行定位。依据外控制线以及水平标高点，定出幕墙安装控制线。为保证不受其他因素影响，垂直钢线每 2 层一个固定支点，水平钢线每 4m 一个固定支点。填写测量放线记录表，报监理验收，验收后进入下道工序。

② 将各洞口相对轴线标高尺寸全部量出来。

③ 结构弹线。立柱的安装依据放线的位置进行。安装立柱施工一般是从下开始，然后向上安装。放线组施工人员首先在预埋件上将施工图标高尺寸弹出各层间的横向墨线，作为定位基准线。

(2) 转接件安装

根据设计要求和预埋件所弹控制线，进行转接件安装。转接件是通过不锈钢螺栓固定在预埋件上，安装时必须保证转接件的标高、前后、左右偏差在允许范围内；如超过偏差允许范围，则要进行调整。

（3）钢管立柱安装

① 先对照施工图检查钢管立柱的加工孔位是否正确，然后用螺栓将钢管立柱与连接件连接，吊到安装部位进行安装。先将螺栓与转接件连接，进行初步拧紧，然后进行调节。

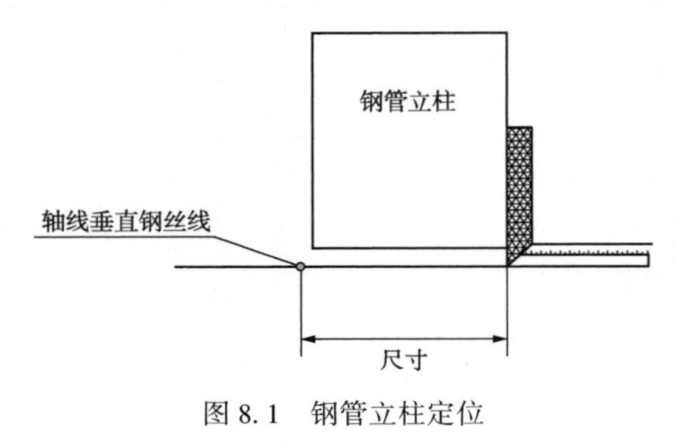

图 8.1　钢管立柱定位

② 钢管就位后，依据测量组所布置的钢丝线进行调节。依据施工图进行安装检查，各尺寸符合要求后，对钢管进行直线的检查，确保钢管立柱的轴线偏差符合要求，钢管立柱定位如图 8.1 所示。

③ 钢管立柱安装好后，开始安装槽钢横梁，用角码和螺栓安装到钢管立柱上。

（4）钢挂件安装

将钢挂件型材按图纸设计下料、打孔。
然后将钢挂件通过螺栓固定在角钢上，两者之间用橡胶垫片连成一体。依据控制线进行标高，左右调节。

（5）石材进场验收

将花岗岩放在阳光充足处，人在 2m 外观察，基本调和。天然花岗岩的色差级别一般分为 A、B、C 三种。同一立面只能存在 A、B 或 B、C 两种，A 与 C 绝不能在同一立面出现，如图 8.2 所示。

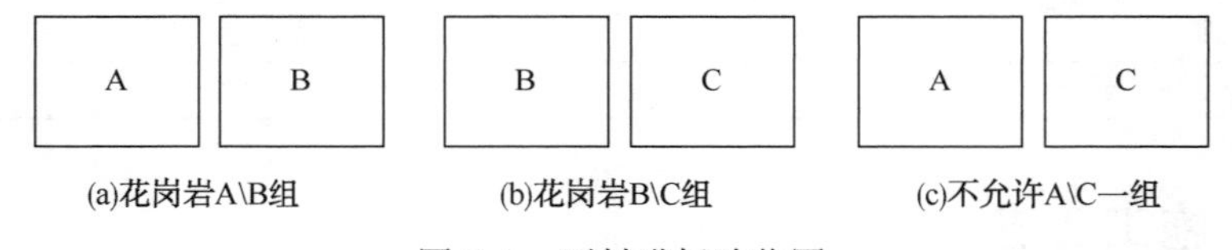

图 8.2　石材进场验收图

（6）花岗岩的安装

① 为了减少石材表面与水和大气的接触，并减少污物附在石材上，保护石材的美观及延长使用寿命，在石材进场前，要先进行石材防水、防污的处理，刷石材表面防护剂，避免施工过程中石材受到污染。

② 花岗岩板片检查合格后依据垂直钢丝线与横向鱼丝线进行挂板，角位与玻璃幕墙连接的地方应由技术较高人员进行安装，安装后大面积铺开。

③ 石材进行试挂，并调整，进行花岗岩安装。在安装过程中，有一块板材四个角不在同一平面，往往会造成该石材安装不在同一平面上，此时应利用公差法进行调整。若三个角与相邻板在一平面，其中一个角凹入 1mm，则整个板向外调 0.5mm。

（7）石材安装注意事项

① 施工段第一层石材一定要严格按照施工工艺安装。

② 安装时，应先安装窗洞口及转角处石材，以避免安装困难和保证阴阳角的顺直。

③ 安装到每一层标高时，进行垂直误差的调整，不积累。

④ 石材搬运时要有保护措施。

(8) *石材打胶*

① 花岗岩安装后，先清理板缝，特别要将板缝周围的干挂胶打磨干净，然后嵌入泡沫条。

② 泡沫条嵌好后，贴上防污染的美纹纸，避免密封胶渗入石材造成污染。贴美纹纸应保证缝宽一致。打胶完成密封胶半干后撕下美纹纸。

③ 美纹纸贴完后进行打胶，胶缝要求宽度均匀、横平竖直，缝表面光滑平整。

④ 用两根角铝靠在打胶、刮胶部位，但要注意缝宽。

⑤ 采用橡胶刮刀进行刮胶，刮刀根据大小、形状能任意切割。

(9) *花岗岩板材质量控制*

石材幕墙最难控制的是石材的色差，因为花岗岩板材是天然形成的，存在自然差别，有时甚至同一石料矿同一品种的石材在不同的荒料块与同一荒料块的不同面都存在很大差别；再有板材是生产一批、运输一批、安装一批，不可能等所有板材全部生产出来进行排版调色差。即使每一批板材能够全部排版，但批与批之间仍然存在问题。因此，为最大限度保证工程质量效果，控制色差，可以进行以下几种控制。

① 开采控制：花岗岩供应商确定后，根据本工程需要的数量，荒料一次性开采完成，以防止别的工程也选取到此种石材后，厂家同时供货，造成多批次开采，差别概率就会增大。

② 加工要求：根据每块荒料的出材数量确定同一立面不同分格部位，在石材编号图上注明，同时加工完后装箱时每一箱要装同一部位连号石材，每块石材都要在侧面或背面编号，一个分格，一个编号，不准重复。每箱预留 2~3 块作备用。

③ 确定样品进行封存：同一板材上，切出 4 块板材，业主方、监理、总包方留样品 1 块，项目部留 1 块样品，供货商留 1 块样品，以便对照。

④ 项目部派人到供应商厂家蹲点，监督发货的质量，包括色差、尺寸，依样品为对照物。

8.4 金属幕墙施工工艺

20 世纪 90 年代，新型建筑材料的出现推动了建筑幕墙的进一步发展，一种新型的建筑幕墙形式在全国各地相继出现，即金属幕墙。

目前，以铝塑复合板、铝单板、蜂窝铝板等作为饰面的金属幕墙，在幕墙装饰工程中的应用已比较普遍，它们具有艺术表现力强、色彩比较丰富、质量比较轻、抗震性能好、安装维修方便等优点，是建筑外装饰一种极好的形式。

金属幕墙的施工工艺要点如下。

(1) 施工准备工作

在施工之前做好科学规划，熟悉图样，编制单项工程施工组织设计，做好施工方案部署，确定施工工艺流程和工、料、机具安排等。

详细核查施工图样和现场实际尺寸，领会设计意图，做好技术交底工作，使操作者明确每一道工序的装配、质量要求。

(2) 预埋件的检查

预埋件应当在进行土建工程施工时埋设，在幕墙施工前要根据该工程基准轴线和中线以及基准水平线，对预埋件进行检查和校核。当设计无具体的要求时，一般位置尺寸的允许偏差为±20mm，预埋件的标高允许偏差为±10mm。如有预埋件标高及位置偏差造成无法使用或漏放时，应当根据实际情况提出选用膨胀螺栓或化学锚栓加钢锚板(形成后补预埋件)的方案，并应在现场做拉拔试验，并做好记录。

(3) 测量放线工作

测量放线工作是非常重要的基础性工作，是幕墙安装施工的基本依据。工程实践证明：金属幕墙的安装质量在很大程度上取决于测量放线的准确性，如果发现轴线和结构标高与图样有出入时，应及时向业主和监理工程师报告，得到处理意见进行必要地调整，并由设计单位做出设计变更。

(4) 金属骨架安装

① 为确保金属骨架安装位置的准确，在金属骨架安装前，还要根据施工放样图纸检查施工放线位置是否符合设计要求。

② 在校核金属骨架位置确实正确后，可以安装固定立柱上的铁件，以便进行金属骨架的安装。

③ 在进行金属骨架安装时，先安装同立面两端的立柱，然后拉通线顺序安装中间立柱，并使同层立柱安装在同一水平位置上。

④ 将各施工水平控制线引至安装好的各个立柱上，并用水平仪认真校核，检查各立柱的安装是否标高一致。

⑤ 按照设计尺寸安装幕墙的金属横梁，在安装过程中要特别注意横梁一定要与立柱垂直，这是金属骨架安装中必须做到的要求。

⑥ 钢骨架中的立柱和横梁，一般可采用螺栓连接。如果采用焊接，应对下方和临近的已完工装饰饰面进行成品保护。焊接时要采用对称焊，以减少焊接产生的变形。检查焊缝质量合格后，对所有的焊点、焊缝均需除去焊渣及做防锈处理，防锈处理一般采用刷防锈漆等方法。

⑦ 在两种不同金属材料接触处，除不锈钢材料外均应采用隔离垫片，防止发生接触腐蚀。隔离垫片常采用耐热的环氧树脂玻璃纤维布或尼龙。

⑧ 幕墙的金属骨架安装完工后，应通过监理公司对隐蔽工程检查验收后，方可进行下道工序。

(5) 金属板制作

金属幕墙所用的金属饰面板种类多，一般是在工厂加工后运至工地现场安装。铝塑复合板组合件一般在工地制作和安装。

现在以铝单板、铝塑复合板、蜂窝铝板为例，说明金属板加工制作的要求。

① 铝单板。铝单板在弯折加工时弯折外圆弧半径不应小于板厚的1.5倍，以防止出现折裂纹和集中应力。板上加劲肋的固定可以采用电栓钉，但应保证铝板外表面不变形、不褪色，固定应牢固。铝单板的折边上要做耳子用于安装。耳子的中心间距一般为300mm左右，角端为150mm左右。表面和耳子的连接可用焊接、铆接或在铝板上直接冲压而成。铝单板组合件的四角开口部位凡是未焊接成形的，必须用硅酮密封胶密封。

② 铝塑复合板。铝塑复合板面有内外两层铝板，中间复合聚乙烯塑料。在切割内层铝板和聚乙烯塑料时，应保留不小于0.3mm厚的聚乙烯塑料，并不得划伤外层铝板的内表面。打孔、切口后外露的聚乙烯塑料及角缝处，应采用中性的聚硅氧烷密封胶密封，防止水渗漏到聚乙烯塑料内。加工过程中铝塑复合板严禁与水接触，以确保质量。其耳子材料一般宜采用角铝。

③ 蜂窝铝板。应根据组装要求决定切口的尺寸和形状。在去除铝芯时不得划伤外层铝板的内表面，各部位外层铝板上，应保留0.3~0.5mm的铝芯。直角部位的加工，折角内弯成圆弧，蜂窝铝板边角和缝隙处，应当采用硅酮密封胶密封。边缘的加工应将外层铝板折合180°，并将铝芯包封。

④ 金属幕墙的吊挂件和安装件。金属幕墙的吊挂件、安装件应采用铝合金件或不锈钢件，并应有可调整范围。采用铝合金立柱时立柱连接部位的局部壁厚不得小于5mm。

(6) 防火、保温材料安装

① 金属幕墙所用的防火材料和保温材料，必须是符合设计要求和现行标准规定的合格材料。在施工前，应对防火和保温材料进行质量复检，不合格的材料不得用于工程。

② 在每层楼板与石材幕墙之间不能有空隙，应用1.5mm厚镀锌钢板和防火岩棉形成防火隔离带，用防火胶密封。

③ 在金属骨架内填塞固定，要求严密牢固。

④ 幕墙保温层施工后，保温层最好应有防水、防潮保护层，以便在金属骨架内填塞固定后严密可靠。

(7) 金属幕墙的吊挂件、安装件

金属面板安装同有框玻璃幕墙中的玻璃组合件安装。金属面板是经过折边加工、装有耳子(有的还有加劲肋)的组合件，通过铆钉、螺栓等与横竖骨架连接。

(8) 注胶密封与清洁

金属幕墙板拼缝的密封处理与有框玻璃幕墙相同，以保证幕墙整体有足够的、符合设计的黏结强度和防渗漏能力。施工时注意成品保护和防止构件污染，待密封胶完全固化后或在工程竣工验收时再撕去金属板面的保护膜。

第9章　门窗节能工程施工

9.1　木门窗安装工艺

9.1.1　材料、施工工具与机具

1. 材料性能要求

(1) 木门窗的规格、型号、数量、选材等级、含水率及制作质量必须符合设计要求，有出厂合格证。外用窗的传热系数应符合节能设计要求。

(2) 门窗五金及其配件的种类、规格、型号必须符合设计要求，有产品合格证书。

(3) 门窗玻璃、密封胶、油漆、防腐剂等应符合设计选用要求，有产品合格证书。

2. 施工工具与机具

机具：电锯、电刨、手电钻。

工具：螺钉旋具，斧，刨，锯，锤子及放线、检测工具。

9.1.2　作业条件

(1) 进入施工现场的木门窗应经检查验收合格。

(2) 门窗框靠墙、靠地的一面应涂刷防腐涂料，然后通风干燥。

(3) 木门窗应分类水平码放在仓库内的垫木上，底层门窗距离地面应不小于200mm。每层门窗框或扇之间应垫木板条，以便通风。若在敞棚堆放，底层门窗距离地面不小于400mm，并采取措施防止日晒雨淋。

(4) 预装门窗框，应分别在楼、地面基层标高和墙砌到窗台标高处安装；后装的门窗框应在门窗洞口处按设计要求埋设预埋件或防腐木砖，在主体结构验收合格后安装。

(5) 门窗扇的安装应在饰面完成后进行。

(6) 安装前先检查门窗框、扇有无翘扭、窜角、劈裂、榫槽间松散等缺陷，如有则进行修理。

9.1.3　施工工艺流程及要点

木门窗安装工艺流程如下：安装定位→安装门窗框→安装门窗扇→安装贴脸板、筒子板、窗台板→安装窗帘盒→安装五金、配件。

部分施工要点的规定如下。

1. 安装门窗框的规定

（1）门窗框安装前，应按施工图要求分别在楼、地面基层上和窗下墙上弹出门窗安装定位线。门窗框的安装必须符合设计图纸要求的型号和门窗扇的开启方向。

（2）预装的门窗框：立起的门窗框按规格型号要求应做临时支撑固定，待墙体砌过两层木砖后，可拆除临时支撑并矫正门窗框垂直度。

（3）后装的门窗框：在主体结构验收合格后进行，安装前，应检查门窗洞口的尺寸、标高和防腐木砖的位置。

（4）对等标高的同排门窗，应按设计要求拉通线检查门窗标高；外墙窗应吊线坠或用经纬仪从上向下校核窗框位置，使门窗的上下、左右在同一条直线上。对上下、左右不符线的结构边角应进行处理。用垂直检测尺校正门窗框的正、侧面垂直度，用水平尺校正冒头的水平度。

靠内墙皮安装的门窗框应凸出墙面，凸出的厚度应等于抹灰层或装饰面层的厚度。

用砸扁钉帽的铁钉将门窗框钉牢在防腐木砖上，钉帽要冲入木门窗框内1～2mm，每块防腐木砖要钉两处以上。

2. 安装门窗扇的规定

（1）量出樘口净尺寸，考虑留缝宽度，定出扇高、扇宽尺寸，先定中间缝的中线，再画边线，并保证梃宽一致。四边画线后刨直。

（2）修刨时先锯掉余头，略修下边。双扇先做打叠高低缝，以开启方向的右扇压左扇。

（3）若门窗扇高、宽尺寸过小，可在下边或装合页一边用胶和铁钉补钉刨光木条。钉帽砸扁，钉入木条内1～2mm。锯掉余头刨平。

（4）平开扇的底边，中悬扇的上下边，上悬扇的下边，下悬扇的上边应刨成1mm的斜面。

（5）试装门窗扇时先用木楔塞在门窗扇的下边，然后再检查缝隙，并注意窗楞和玻璃芯子平直对齐。合格后画出铰链的位置线，剔槽装铰链。

3. 安装贴脸板、筒子板、窗台板和窗帘盒的规定

（1）按图纸做好贴脸板，在墙面粉刷完毕后量出横板长度，两头锯成45°，贴紧框子冒头钉牢，再量竖板并钉牢在门窗两侧框上。要求横平竖直，接角密合，搭盖在墙上宽度不少于20mm。

（2）筒子板钉在墙上预埋的防腐木砖上，钉法同贴脸板。

（3）窗台板应按设计要求制作，并钉在窗台口预埋木砖上。

（4）窗帘盒两端伸出洞口长度应相等。在同一房间内标高应一致，并保持水平。

4. 门安装窗五金的规定

（1）铰链安装均应在门窗扇上试装合适后，画线剔槽。先安扇上后安框上。铰链距门窗扇上下端的距离为扇高、梃高的1/10，且避开上下冒头。门窗扇往框上安装时，应先拧入一个螺钉，然后关上门窗扇检查缝隙是否合适，口与扇是否平整，无问题后方可将全部

螺钉拧入拧紧。门窗扇安好后必须开关灵活。

(2) 安装地弹簧时，必须使两轴套在同一直线上，并与扇底面垂直。从轴中心挂垂线，定出底轴中心，安好底座，并用混凝土固定底座外壳，待混凝土强度达到 C10 以上再安装门扇。

(3) 装窗插销时应先固定插销底板，再关窗打插销压痕，凿孔，打入插销。门插销应位于门内拉手下边。

(4) 风钩应装在窗框下冒头与窗扇下冒头夹角处，使窗扇开启后约成 90°，并使上下各层窗扇开启后整齐一致。

(5) 门锁距地面高约 900~1000mm，并错开中冒头与立梃的结合处。

(6) 门窗拉手应在扇上框前装设，位置应在门窗扇中线以下。窗拉手距地面 1.5~1.6m，门拉手距地面 0.8~1.0m。

(7) 安装五金时，必须用木螺钉固定，不得用铁钉代替。固定木螺钉时应先用锤打入全长的 1/3，再用螺钉旋具拧入，严禁全部打入。

9.2 铝合金门窗安装工艺

9.2.1 材料、施工工具与机具

1. 材料性能要求

(1) 门窗的品种、规格、型号、尺寸应符合设计要求，并有出厂合格证。

(2) 门窗的五金及配件的种类、型号、规格应符合设计要求，并应有产品合格证。

(3) 门窗的玻璃、密封胶、密封条、嵌缝材料、防锈漆、连接铁脚、连接铁板等应符合设计选用要求，并应有产品合格证。

(4) 门窗的外观、外形尺寸、装配质量、力学性能应符合设计要求和国家现行标准的有关规定。门窗表面不应有影响外观质量的缺陷。

2. 施工工具与机具

机具：电焊机、电锤、电钻、射钉枪、切割机。

工具：螺钉旋具，锤子，扳手，钳子及放线、检测工具。

9.2.2 作业条件

(1) 进入施工现场的门窗应经检查验收合格。

(2) 运到现场的门窗应分型号、规格竖直排放在仓库内的专用木架上。樘与樘间用软质材料隔开，防止相互磨损，压坏玻璃及五金配件。露天存放时应用苫布覆盖。

(3) 主体结构已施工完毕，并经有关部门验收合格或墙面已粉刷完毕。

(4) 主体结构施工时门窗洞口四周的预埋铁件的位置、数量是否符合图纸要求，如有问题应及时处理。

（5）拆开包装，检查门窗的外观质量、表面平整度及规格、型号、尺寸、开启方向是否符合设计要求及国家现行标准的有关规定。检查门窗框扇角梃有无变形，玻璃、零件是否损坏，如有破损，应及时更换或修复后方可安装。门窗保护膜若发现有破损的，应补粘后再安装。

（6）准备好安装脚手架或梯子，并做好安全防护。

9.2.3 施工工艺流程及要点

铝合金门窗安装工艺流程如下：洞口检查→安装门窗→嵌缝密封→安装门窗扇→安装玻璃→安装五金、配件→清洗保护。

施工要点如下。

（1）应注意根据建筑物墙面粉刷材料确定门窗洞口比门窗框尺寸大30~60mm。

（2）门窗框外表面的防腐处理应按设计要求或粘贴塑料薄膜进行保护，以免水泥砂浆直接与铝合金门窗表面接触，产生电化学反应，腐蚀铝合金门窗。连接铁件、锚固板等安装用金属零件应优先选用不锈钢件，否则必须进行防腐处理，以免产生电化学反应，腐蚀铝合金门窗。

（3）根据设计要求，将门、窗框立于墙的中心线部位或内侧，使窗、门框表面与饰面层相适应。按照门窗安装的水平、垂直控制线，对已就位立樘的门窗进行调整、支垫，符合要求后，再将镀锌锚板固定在门窗洞口内。

（4）铝合金门窗框上的锚固板与墙体的固定方法可采用射钉固定法、燕尾铁脚固定法及膨胀螺钉固定法等。当墙体上预埋有铁件时，可把铝合金门窗框上的铁脚直接与墙体上的预埋铁件焊牢。锚固板的间距应不大于500mm。带型窗、大型窗的拼接处，如需增设组合杆件(型钢或型铝)加固，则其上、下部要与预埋钢板焊接，预埋件可按每1000mm间距在洞口内均匀设置。严禁在铝合金门、窗上连接地线进行焊接工作，当固定铁码与洞口预埋件焊接时，门、窗框上要盖上橡胶石棉布，防止焊接时烧伤门窗。

（5）铝合金门窗安装固定后，应进行验收，验收合格后及时按设计要求处理门窗框与墙体间的缝隙。当设计没有要求时，可采用矿棉条或玻璃棉毡条分层填塞，缝隙表面留5~8mm深的槽口，填嵌密封材料。在施工中注意不得损坏门窗上面的保护膜；如表面沾上了水泥砂浆，应随时擦净，以免腐蚀铝合金，影响外表美观。全部竣工后，剥去门、窗上的保护膜，如有油污、污物，可用醋酸乙酯擦洗(操作时应注意防火)。

（6）门窗扇及门窗玻璃安装应在室内外装修基本完成后进行。

① 推拉门窗扇的安装：应先将外扇插入上滑道的外槽内，自然下落于对应的下滑道的外滑道内，然后再用同样的方法安装内扇。应注意推拉门窗扇必须有防脱落措施，扇与框的搭接量应符合设计要求。可调导向轮应在门窗扇安装之后调整，调节门、窗扇在滑道上的高度，并使门、窗扇与边框间平行。

② 平开门窗扇安装：应先把合页按要求位置固定在铝合金门窗框上，然后将门窗扇嵌入框内临时固定，调整合适后，再将门窗扇固定在合页上，必须保证上、下两个转动部分在同一个轴线上。

③ 地弹簧门扇安装：应先将地弹簧的顶轴安装于门框顶部，挂垂线确定地弹簧的安装

位置，安好地弹簧，并浇筑混凝土使其固定。待混凝土达到设计强度后，调节上门顶轴将门扇装上，最后调整门扇间隙及门扇开启速度。

(7) 铝合金门窗交工前，应将型材表面的塑料胶纸撕掉，如果塑料胶纸在型材表面留有胶痕，宜用香蕉水清洗干净。铝合金门、窗框扇，可用水或浓度为1%~5%、pH 值 7.3~9.5 的中性洗涤剂充分清洗，再用布擦干。不应用酸性或碱性制剂清洗，也不能用钢刷刷洗。玻璃应用清水擦洗干净，对浮灰或其他杂物，要全部清除干净。

9.3 塑料门窗安装工艺

9.3.1 材料、施工工具与机具

1. 材料性能要求

(1) 塑料门窗的品种、规格、型号、尺寸应符合设计要求，并有出厂合格证。外用窗的传热系数应符合节能设计要求。

(2) 塑料门窗的五金及配件的种类、型号、规格应符合设计要求，并应有产品合格证。

(3) 塑料门窗的玻璃、密封胶、嵌缝材料等应符合设计选用要求，并应有产品合格证。

(4) 塑料门窗的外观、装配质量、力学性能应符合设计要求和国家现行标准的有关规定。塑料门窗中的竖框、中横框或拼樘等主要受力杆件中的增强型钢，应在产品说明书中注明规格、尺寸。门窗表面不应有影响外观质量的缺陷。

2. 施工工具与机具

机具：电锤、电钻、射钉枪。

工具：螺钉旋具，锤子，扳手及放线、检测工具。

9.3.2 作业条件

(1) 进入施工现场的塑料门窗应经检查验收合格。

(2) 运到现场的塑料门窗应分型号、规格竖直排放在仓库内的专用木架上。远离热源 1m 以上，环境温度低于 50℃。

(3) 主体结构已施工完毕，并经有关部门验收合格或墙面已粉刷完毕。

(4) 当门窗用预埋木砖与墙体连接时，墙体中应按设计要求埋置防腐木砖。对于加气混凝土墙应预埋粘胶圆木。

(5) 安装组合窗的洞口，应在拼樘料的对应位置设预埋件或预留洞。

(6) 安装前先检查门窗框、扇有无变形、劈裂等缺陷，如有则进行修理或更换。

(7) 安装塑料门窗时的环境温度不宜低于 5℃。

(8) 准备好安装脚手架或梯子，并做好安全防护。

9.3.3 施工工艺流程及要点

塑料门窗安装工艺流程：洞口检查→安装门窗→嵌缝密封→安装门窗扇→安装玻璃→

安装五金、配件→清洗保护。

施工要点如下。

（1）外墙窗应吊线锤或用经纬仪从上向下校核窗框位置。注意门窗洞口比门窗框尺寸大30~60mm。

（2）将塑料门窗按设计要求的型号、规格搬到相应的洞口旁竖放。当塑料门窗在0℃以下环境中存放时，安装前应在室温下放置24h。当有保护膜脱落时，应补贴保护膜。在门窗框上画中线。

（3）如果玻璃已装在门窗框上，应卸下玻璃，并做好标记。

（4）塑料门窗框与墙体的连接固定点按表9.1设置。在连接固定点位置，用3.5mm钻头在塑料门窗框的背面钻安装孔，并用M4×20mm自攻螺钉将固定片拧紧在框背面的燕尾槽内。

表9.1 连接固定点间距 mm

项目	尺寸
连接固定点中距不应大于	600
连接固定点距框角不应大于	150

（5）根据设计要求的位置和门窗开启方向，确定门窗框的安装。将塑料门窗框放入洞口内，使其上下框中线与洞口中线对齐，无下框平开门应使两边框的下脚低于地面标高线30mm，带下框的平开门或推拉门应使下框低于地面标高线10mm。然后将上框的一个固定片固定在墙体上，并应调整门框的水平度、垂直度和直角度，用木楔临时固定。

（6）门窗框与墙体固定时，应先固定上框，后固定边框。固定方法符合表9.2要求。

表9.2 门窗框固定方法

项目	方法
混凝土墙洞口	应采用射钉或塑料膨胀螺钉固定
砖墙洞口	采用塑料膨胀螺钉或水泥钉固定，但不得固定在砖缝上
加气混凝土墙洞口	采用木螺钉将固定片固定在胶粘圆木上
设有预埋铁件的洞口	采用焊接方法固定，也可先在预埋件上按紧固件打基孔，然后用紧固件固定
设有防腐木砖的墙面	采用木螺钉把固定片固定在防腐木砖上
窗下框与墙体的固定	将固定片直接伸入墙体预留孔内，用砂浆填实

（7）安装门连窗或组合窗时，门与窗采用拼樘料拼接、拼樘料与洞口的连接方法如下：①拼樘料与混凝土过梁或柱子连接时，应将拼樘料内增强型钢与梁或柱上的预埋铁件焊接牢固；②拼樘料与砖墙连接时，先将拼樘两端插入预留洞中，然后用C20细石混凝土浇灌固定。

（8）应将门窗框或两窗框与拼樘料卡接，并用紧固件双向扣紧，其间距不大于600mm；紧固件端头及拼樘料与窗框之间缝隙用嵌缝油膏密封处理。

(9) 嵌缝密封方法。塑料门窗上的连接件与墙体固定后，卸下木楔，清除墙面和边框上的浮灰，即可进行门窗框与墙体间的缝隙处理，并应符合以下要求：①在门窗框与墙体之间的缝隙内嵌塞 PE 高发泡条、矿棉毡或其他软填料，外表面留出 10mm 左右的空槽；②在软填料内外两侧的空槽内注入嵌缝膏密封；③注嵌缝膏时墙体需干净、干燥，注胶时室内外的周边均需注满、打匀，注嵌缝膏后应保持 24h 不得见水。

(10) 安装门窗扇。①平开门窗。应先剔好框上的铰链槽，再将门、窗扇装入框中，调整扇与框的配合位置，并用铰链将其固定，然后复查开关是否灵活自如；②推拉门窗。由于推拉门窗扇与框不连接，因此对可拆卸的推拉扇，则应先安装好玻璃后再安装门窗扇；③对出厂时框扇就连在一起的平开塑料门窗，则可将其直接安装，然后再检查开闭是否灵活自如，如发现问题，则应进行必要的调整。

(11) 安装五金、配件。①安装五金配件时，应先在框、扇杆件上钻出略小于螺钉直径的孔眼，然后用配套的自攻螺钉拧入，严禁将螺钉用锤直接打入；②安装门、窗铰链时，固定铰链的螺钉应至少穿过塑料型材的两层中空腔壁，或与衬筋连接；③在安装平开塑料门、窗时，剔凿铰链槽不可过深，不允许将框边剔透；④平开塑料门窗安装五金时，应给开启扇留一定的吊高，正常情况是门扇吊高 2mm，窗扇吊高 1.2mm；⑤安装门锁时，应先将整体门扇插入门框铰链中，再按门锁说明书的要求装配门锁；⑥塑料门、窗的所有五金配件均应安装牢固，位置端正，使用灵活。

9.4 门窗玻璃安装工艺

9.4.1 材料和施工工具

1. 材料性能要求

(1) 玻璃的品种、规格、质量标准要符合设计及规范要求。

(2) 腻子(油灰)应是柔软，有拉力、支撑力，为灰白色的塑性膏状物，且具有塑性、不泛油、不粘手的特征，在常温下 20 个昼夜内硬化。

(3) 其他材料：玻璃钉、钢丝卡子、油绳、橡皮垫、木压条、红丹、铅油、煤油等应满足设计及规范要求。

2. 施工工具

工作台、玻璃刀、尺板、钢卷尺、木折尺、方尺、手钳、扁铲、批灰刀、锤子、棉纱或破布、毛笔、工具袋和安全带等。

9.4.2 作业条件

(1) 门窗安装完，初验合格，并在涂刷最后一道涂装前进行玻璃安装。

(2) 玻璃安装前，应按照设计要求的尺寸及结合实测尺寸，预先集中裁制，并按不同规格和安装顺序码放在安全地方待用。

(3) 对于加工后进场的半成品玻璃，提前核实来料的尺寸留量(上下余量3mm，宽窄余量4mm)，边缘不得有斜曲或缺角等情况，并应进行试安装，如有问题，应做再加工处理或更换。

(4) 使用熟桐油等天然干性油自行配制的油灰，可直接使用；如用其他油料配制的油灰，必须经过检验合格后方可使用。

(5) 温度应在0℃以上施工。如果玻璃从过冷或过热的环境中运入施工地点，应等待玻璃温度与室内温度相近后再进行安装；如条件允许，要将预先裁割好的玻璃提前运入施工地点。外墙铝合金框扇玻璃不宜冬期安装。

9.4.3 施工工艺流程及要点

门窗装工艺流程如下：裁割玻璃→清理裁口→安装门窗玻璃→清理。

施工要点如下。

(1) 裁割玻璃应根据所需安装的玻璃尺寸，结合玻璃规格进行。

(2) 门窗玻璃安装顺序应按先安装外门窗，后安装内门窗顺序进行。

(3) 玻璃安装前应清理裁口。先在玻璃底面与裁口之间，沿裁口的全长均匀涂抹1~3mm厚的底油灰，接着把玻璃推铺平整、压实，然后收净底油灰。

(4) 木门窗玻璃推平、压实后，四边分别钉上钉子，钉子间距100~150mm，每边不少于2个钉子，钉完后用手轻敲玻璃，响声坚实，说明玻璃安装平实；否则应取下玻璃，重新铺实底油灰后，再推压挤平，然后用油灰填实，将灰边压光压平，并不得将玻璃压得过紧。

(5) 钢门窗安装玻璃，应用钢丝卡固定，钢丝卡间距不得大于200mm，且每边不得少于2个，并用油灰填实抹光；如果采用橡皮垫，应先将橡皮垫嵌入裁口内，并用压条和螺钉加以固定。

(6) 安装斜天窗的玻璃，当设计没有要求时，应采用夹丝玻璃，并应从顺水方向盖叠安装。盖叠搭接长度应视天窗的坡度而定，当坡度≥1/4时，不小于30mm；坡度<1/4时，不小于50mm，盖叠处应用钢丝卡固定，并在缝隙中用密封膏嵌填密实；如果用平板或浮法玻璃时，要在玻璃下面加设一层镀锌铅丝网。

(7) 门窗安装彩色玻璃和压花玻璃，应按照设计图案仔细裁割，拼缝必须吻合，不允许出现错位松动和斜曲等缺陷。

(8) 安装窗中玻璃，按开启方向确定定位垫块位置，定位垫块宽度应大于玻璃的厚度，长度宜不小于25mm，并应符合设计要求。

(9) 铝合金框扇玻璃安装时，玻璃就位后，其边缘不得与框扇及其连接件相接触，所留间隙应符合有关标准规定。所用材料不得影响流水孔；密封膏封贴缝口，封贴的宽度及深度应符合设计要求，必须密实、平整、光洁。

(10) 玻璃安装后，应进行清理，将油灰、钉子、钢丝卡及木压条等随即清理干净，关好门窗。

第 10 章　屋面节能工程施工

10.1　倒置式屋面施工技术

10.1.1　倒置式屋面与正置式屋面比较

正置式屋面是将保温层设在结构层之上、防水层之下而形成的封闭式保温层。这种屋面保温形式是把保温材料设置在屋顶楼板的外侧，让屋顶的楼板受到保温层的保护而不至受到过大的温度应力。整个屋顶的热工性能能够得到保证，能够有效避免屋顶构造层内部的冷凝和结冻。屋面可上人使用，构造通常做法是在楼板上设置保温材料，在保温材料外侧设置防水层和保护层。

倒置式屋面是将保温层设置在防水层之上，形成敞露式保温层，也叫作“外置式保温”。倒置式屋面是与正置式屋面相对而言的。这种屋面保温形式是正置式屋面形式的一个倒置形式，即倒置式屋面。就是将传统屋面构造中的保温层与防水层颠倒，把保温层放在防水层的上面，防水层设置在保温层和楼板的界面上，保温层上部的保护层有良好的透水和透气性能。这种屋面构造仍属于屋面外保温和屋面外隔热形式，能有效地避免内部结露，也使防水层得到很好的保护，屋面构造的耐久性也得到提高，但对保温材料的拒水性能有较高的要求，保温材料选择时应以保温材料本身绝热性能受雨水浸泡影响最小为原则。国内可供用于倒置屋面做法的保温材料主要有泡沫玻璃、挤塑型聚苯乙烯泡沫板、聚乙烯泡沫板等。保温材料的厚度通过热工计算后应符合所在建筑热工分区的节能设计标准。

对比倒置式屋面与正置式屋面，倒置式屋面特别强调了“憎水性”保温材料。正置式屋面工程中常用的保温材料如水泥膨胀珍珠岩、水泥蛭石、矿棉岩棉等都是非憎水性的，这类保温材料如果吸湿后，其导热系数将陡增，所以才出现了在保温层上设置防水层，在保温层下设置隔气层的做法，从而增加了造价，使构造复杂化；其次，防水材料暴露于最上层，加速其老化，缩短了防水层的使用寿命，故应在防水层上加做保护层，这又将增加额外的投资；再次，对于封闭式保温层而言，施工中因受大气、工期等影响，很难做到其含水率相当于自然风干状态下的含水率，如因保温层和找平层干燥困难而采用排汽屋面的话，则会在屋面上伸出大量排汽孔，不仅影响屋面使用和观瞻，而且人为地破坏了防水层的整体性，排汽孔上防雨盖又常常容易碰踢脱落，反而使雨水灌入孔内，故常采用倒置式屋面。

倒置式屋面适用于一般保温防水屋面和高要求保温隔热防水屋面的工业与民用建筑。

10.1.2 基本规定与基本构造

1. 基本规定

(1) 倒置式屋面坡度宜不大于3%。

(2) 倒置式屋面的保温层，应采用吸水率低且长期浸水不腐烂的保温材料。

(3) 保温材料可采用干铺或粘贴板状保温材料，也可采用现喷硬泡聚氨酯泡沫塑料。

(4) 保温层上面采用卵石保护层时，保温层与保护层之间应铺设隔离层。

(5) 现喷硬泡聚氨酯泡沫塑料与涂料保护层之间应具相容性。

(6) 倒置式屋面的檐沟、水落口等部位，应采用现浇混凝土或砖砌堵头，并做好防水处理。

2. 基本构造

(1) 常见的倒置式屋面构造

非上人倒置式屋面保温防水标准构造见图10.1，上人倒置式屋面的保温防水构造见图10.2。

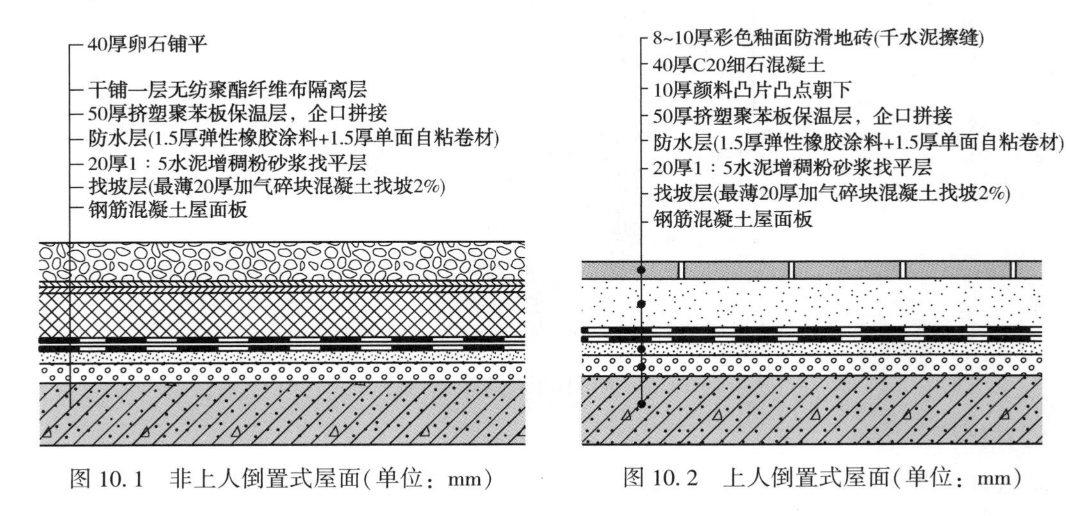

图10.1 非上人倒置式屋面(单位：mm)　　图10.2 上人倒置式屋面(单位：mm)

(2) 常见的倒置式屋面节点构造

天沟、泛水等保温材料无法覆盖的防水部位，应选用耐老化性能好的防水材料，或多道设防提高防水层耐久性。水落口、出屋面管道等形状复杂节点，宜采用合成高分子防水涂料进行多道密封处理(图10.3~图10.5)。

10.1.3 倒置式屋面施工

1. 施工准备

(1) 技术准备

施工前必须有施工方案，要有文字及口头技术交底。同时，必须由专业施工队伍来施工。保证作业队的资质合格，操作人员必须持证上岗。

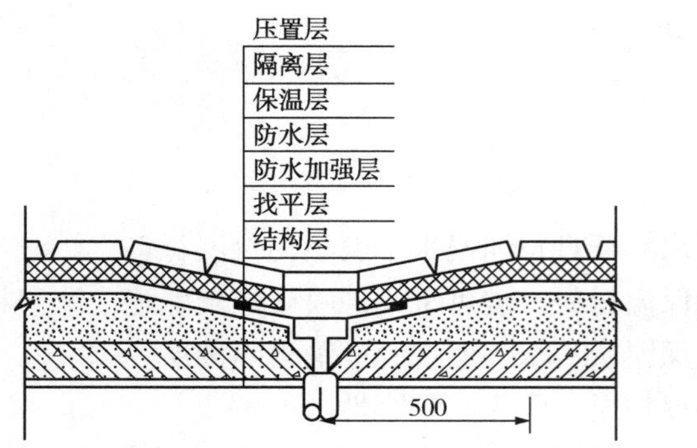

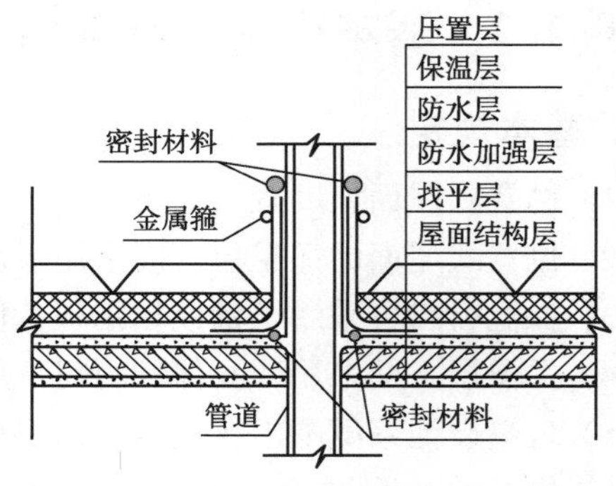

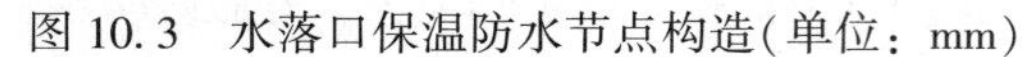

图 10.3　水落口保温防水节点构造(单位：mm)　　图 10.4　出屋面管道保温防水节点构造

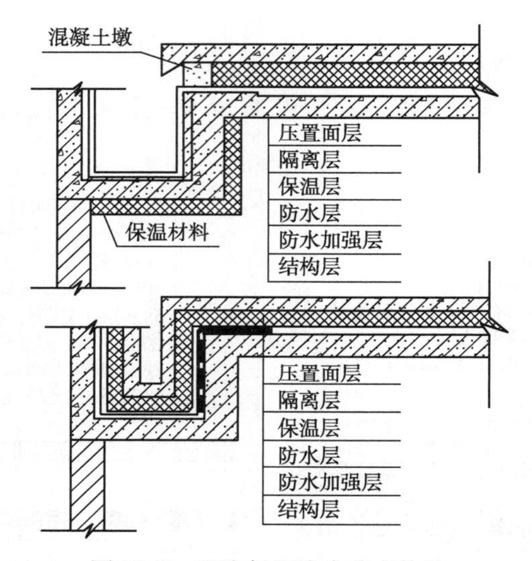

图 10.5　天沟保温防水节点构造

(2) 材料要求

保温材料及技术要求见表 10.1。

表 10.1　保温材料及技术要求

项目	质量要求					
	聚苯乙烯		硬泡聚氨酯	泡沫玻璃	加气混凝土类	膨胀珍珠岩类
	挤压	模压				
表观密度/(kg/m^3)	—	15~30	≥30	≥150	400~600	200~350
压缩强度/kPa	≥250	60~150	≥150	—	—	—
抗压强度/MPa	—	—	—	≥0.4	≥2.0	≥0.3
导热系数/[W/(m·K)]	≤0.030	≤0.041	≤0.027	≤0.062	≤0.220	≤0.087
70℃，48h 后尺寸变化率/%	≤2.0	≤4.0	≤5.0	—	—	—
吸水率/(v/v,%)	≤1.5	≤6.0	≤3.0	≤0.5	—	—
外观	板材表面基本平整，无严重凹凸不平					

保温和防水材料应符合国家现行相关标准对有害物质限量的规定，不得对周围环境造成污染，符合低碳环保的要求。

配套材料：①氯丁橡胶沥青胶粘剂：由氯丁橡胶加入沥青及溶剂等配置而成，为黑色液体，用于基层处理(冷底子油)；②橡胶改性沥青嵌缝膏：即密封膏，用于细部嵌固边缝；③保护层料：石片、各色保护涂料(施工中宜直接采购带板岩片保护层的卷材)；④70 号汽油，用于清洗受污染部位。

(3) 主要机具

现场应准备足够的高压吹风机、平铲、扫帚、滚刷、压辊、剪刀、墙纸刀、卷尺、粉线包及灭火器等施工机具或设施，并保证完好。

(4) 作业条件

作业面施工前应具备以下基本条件。

① 防水层的基层表面应将尘土、杂物等清理干净；表面必须平整、坚实、干燥。干燥程度的简易检测方法：将 $1m^2$ 卷材平铺在找平层上，静置 3~4h 后掀开检查，找平层覆盖部位与卷材上未见水印即可；

② 找平层与突出屋面的墙体(如女儿墙、烟囱等)相连的阴角，应抹成光滑的小圆角；找平层与檐口、排水沟等相连的转角，应抹成光滑一致的圆弧形；

③ 遇雨天、雪天及五级风及其以上时必须停止施工。

2. 施工工艺流程

基层清理检查、工具准备、材料检验→节点增强处理→防水层施工→蓄水或淋水试验→防水层检查→保温层铺设→保温层检查→现场清理→保护层施工→验收。

3. 操作要点

(1) 施工完的防水层应进行蓄水或淋水试验，合格后方可进行保温层的铺设。

(2) 保温层施工时保温材料可以直接干铺或用专用黏结剂粘贴，聚苯板不得选用溶剂型胶粘剂粘贴。保温材料接缝处可以是平缝也可以是企口缝，接缝处可以灌入密封材料以连成整体。块状保温材料的施工应采用斜缝排列，以利于排水。

① 铺设松散材料保温层的基层应平整、干燥、干净并且隔气层已做完毕。

② 弹线找坡：铺设时按设计坡度及流水方向，找出保温层最厚处和最薄处并做标记，确保保温层的厚度范围。

③ 管根固定：穿结构的管根在保温层施工前，应用细石混凝土塞堵密实。

④ 保温层铺设：屋面保温层干燥有困难时，应采取排汽措施。排汽道应设在屋面最高处，每 $100m^2$ 设一个。

松散材料保温层：按做好的标记拉小白线确定保温层的厚度及坡度，并分层铺设压实，每层厚度宜为 300~500mm；保温层施工完毕后，应及时进行找平层和防水层的施工，雨季施工时，保温层应采取遮盖措施。

板状材料保温层：铺设时板状保温材料应紧靠需保温的基层表面上，并应铺平垫稳；分层铺设板块材料，上下层接缝应相互错开，板块之间的缝隙应用同类的材料嵌填密实。

一般在板状保温层上用松散湿料做找坡。

现场喷涂保温层：当采用现喷硬泡聚氨酯保温材料时，要在成型的保温层面进行分格处理，以减少收缩开裂；大风天气和雨天不得施工，同时注意喷施人员的劳动保护。

（3）保护层施工时应避免损坏保温层和防水层。

（4）当保护层采用卵石铺压时，卵石的质（重）量应符合设计规定。

10.2 架空隔热屋面施工技术

10.2.1 工艺原理

架空隔热屋面是指在屋面防水层上采用薄型制品架设一定高度的空间，起到隔热作用的屋面，即在外围护结构表面设置通风的空气间层，利用层间通风，带走一部分热量，使屋顶变成两次传热，以降低传至外围护结构内表面的温度。架空隔热屋面在我国夏热冬冷地区和夏热冬暖地区被广泛地采用，尤其是在气候炎热多雨的夏季，这种屋面构造形式更显示出它的优越性。架空隔热屋面和实砌屋面相比，虽然两者热阻相等，但它们的热工性能有很大不同，架空隔热屋面内表面温度波的最高值比实砌屋面要延后3~4h，表明架空隔热屋面具有隔热好，散热快的特点。如图10.6所示。

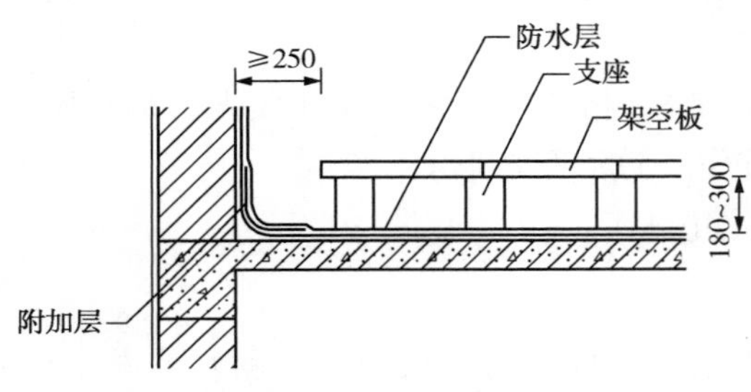

图10.6 架空隔热屋面示意图（单位：mm）

架空隔热屋面适用于一般工业与民用建筑工程采用架空隔热板的隔热屋面工程。

10.2.2 基本规定与基本构造

1. 基本规定

（1）架空隔热屋面的坡度宜不大于5%。

（2）架空隔热层的高度，应按屋面宽度或坡度大小的变化确定，若设计无要求，一般宜为180~300mm。

（3）当屋面宽度大于10m时，架空隔热屋面应设置通风屋脊。

（4）架空隔热层的进风口，应设置在当地炎热季节最大频率风向的正压区，出风口宜设置在负压区。

2. 基本构造

（1）常见架空隔热屋面的构造

架空板与山墙或女儿墙之间的距离不小于250mm，主要是保证屋面胀缩变形的同时，防止堵塞和便于清理杂物。但又不宜过宽，以防降低隔热效果。架空隔热层内的灰浆杂物应清扫干净，以减少空气流动时的阻力。如图10.7所示。

（2）架空隔热屋面细部构造

隔热板为预制钢筋混凝土板，支座采用 120mm×120mm 的砖墩，支座布置应整齐，间距如图 10.7 所示。

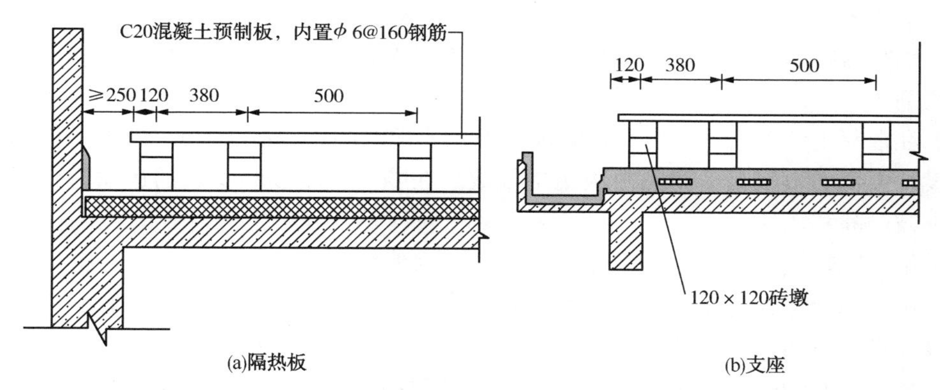

图 10.7　架空隔热屋面隔热板和支座(单位：mm)

10.2.3　架空隔热屋面施工

1. 施工准备

（1）材料准备

水泥强度等级不小于 32.5 级，砂采用中砂，含泥量不大于 2%。架空板每立方米混凝土水泥用量不得少于 330kg。

非上人屋面的黏土砖强度等级应不小于 MU7.5，上人屋面的黏土砖强度等级应不小于 MU10。

混凝土板强度等级不应低于 C20，板内应放置钢丝网片。

（2）主要机具

机械：搅拌机、平板振捣器、垂直运输施工电梯、塔吊等。

工具：平锹、木刮杆、水平尺、手推车、木拍子、铁抹子等。

（3）作业条件

屋面基层、防水层、防水层保护层等施工工序均已完成，经过蓄水试验验收合格并做好记录。

架空隔热板如为采购，则隔热板构件必须有产品合格证或试验报告说明书。如果直接在现场预拌制作，必须有混凝土、钢筋等的产品合格证、配合比报告、原材料检验报告和混凝土的强度检测报告等。

2. 工艺流程

基层清理→测量放线→弹线→砖砌支座→清理杂物→搁置架空隔热板→勾缝→验收。

3. 操作要点

（1）架空隔热板采用现场预制时，根据隔热板的尺寸制作定型钢模板。同一屋面隔热板所用混凝土尽量采用同一批量的商品混凝土，以保证混凝土表面色彩一致，混凝土强度不低于C20。

（2）混凝土浇筑时，加强混凝土的振捣。在混凝土初凝后，进行表面压实压光，压实遍数不低于3遍，以达到清水混凝土的表面观感效果。

（3）隔热板拆模时间以保证隔热板周边棱角不被破坏为宜，并即时清理钢模板，表面涂刷隔离剂。

（4）在混凝土终凝后，即时开始洒水养护，养护时间不得少于7d。当隔热板混凝土强度达到设计强度的70%后，将隔热板集中堆放。在隔热板堆放和安装的运输过程中，注意隔热板不被碰断和压坏。

（5）架空隔热板施工前先将刚性防水层或防水保护层表面清扫干净，并根据架空隔热板的实际尺寸，弹出各支座中心线、控制线。邻近女儿墙、机房及反梁处的距离根据架空隔热板尺寸进行适当调整，且架空隔热板距离山墙、女儿墙等处不得小于250mm。

（6）根据弹好的隔热板铺装线和支座中心线砌筑砖砌墩座，用水泥砂浆砌筑，砂浆强度等级不小于M5.0，表面抹灰，四周的墩座的抹面应压光压实。

（7）铺设架空板时，应将灰浆刮平，并随时扫干净掉在基层上的浮灰等杂物，以确保架空隔热层内热气流流动畅通。操作时不得损伤已完工的防水层。

（8）架空隔热板铺设应平整、稳固，缝隙宜用水泥砂浆嵌填，并按设计要求设变形缝。

（9）架空隔热屋面在雨天、大风天气不可施工。

10.3　蓄水隔热屋面施工技术

10.3.1　工艺原理

蓄水隔热屋面是指在屋面防水层上蓄积一定高度的水，起到隔热作用的屋面。其优点是具有良好的隔热性能，当太阳光照射蓄水屋面时，它的含热量较少的短波部分穿透水层被屋面吸收，而含热量较多的长波部分则被水吸收，其隔热效果十分明显；刚性防水层不干缩，变形小；密封材料使用寿命长；可以净化空气和改善环境小气候等。其缺点是水的蒸发耗去大量的热量，使屋顶降温。水吸收的热量在环境温度降低后（如夜间）大部分因对天空的长波辐射而冷却，另一部分向室内释放，形成“热延迟现象”，这对于夏季夜间降温不利。水层如果采用50～100mm或采用500～600mm并种植水生植物，可减小此种不利影响。但热延迟现象可使昼夜温差缩小，在冬季，有利于提高夜间室内温度；屋顶蓄水增加了屋顶静负荷；为防止渗水，还要加强屋面的引水措施。蓄水隔热屋面适用于南方气候炎热地区屋面防水Ⅰ级的工业与民用建筑的屋面。

10.3.2　基本规定与基本构造

1. 基本规定

① 蓄水隔热屋面不宜在寒冷地区、地震设防地区和震动较大的建筑物上使用，其坡度

宜不大于0.5%。

② 蓄水隔热屋面应划分为若干蓄水区，每区的边长宜不大于10m，在变形缝的两侧应分成两个互不连通的蓄水区，长度超过40m的蓄水隔热屋面应设分仓缝，分仓隔墙可采用混凝土或砖砌体，并可兼作人行通道，池壁应高出溢水口至少100mm。

③ 蓄水隔热屋面应设排水管、溢水口和给水管，排水管应与水落管或其他排水出口连通。

④ 蓄水隔热屋面的蓄水深度宜为150~200mm。

⑤ 蓄水隔热屋面的防水层应为柔性防水层上加做细石混凝土防水层。

⑥ 蓄水隔热屋面的每块盖板应留20~30mm间隙，以利下雨时蓄水。

2. 基本构造

(1) 蓄水隔热屋面分类

常见的蓄水隔热屋面有开敞式和封闭式两种。

① 开敞式蓄水隔热屋面

开敞式蓄水隔热屋面(图10.8)适用于夏季需要隔热而冬季不需要保温或兼顾保温的地区。夏季屋顶外表面温度最高值随蓄水层深度增加而降低，并具有一定热稳定性。水层浅，散热快，理论上以25~40mm的水层深度散热最快。实践表明，这样浅的水层容易蒸发干涸。在工程实践中一般浅水层采用100~150mm，中水层采用200~350mm，深水层采用500~600mm。如在开敞式蓄水隔热屋面的水面上培植水浮莲等水生植物，屋面外表温度可降低5℃左右，适宜夜间使用的房间的屋顶。开敞式蓄水隔热屋面可用刚性防水屋面，也可用柔性防水屋面。

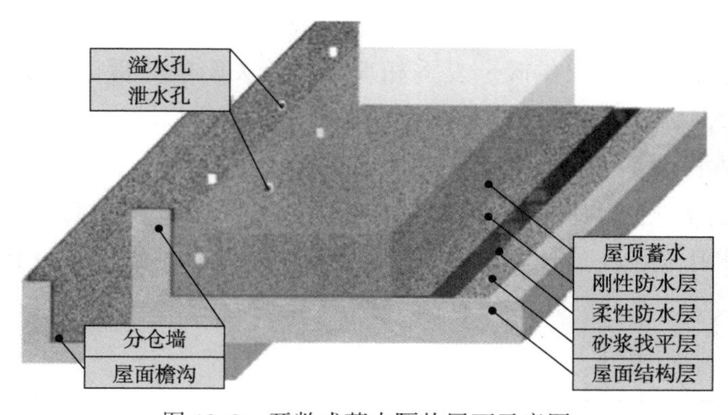

图10.8 开敞式蓄水隔热屋面示意图

刚性防水屋面层可用200号细石混凝土做防水层。其有以下四个优点：一是有良好的隔热性能。利用太阳辐射加热水温，由于水的比热较大，屋顶蓄水可大量减少太阳对屋顶的辐射热，同时水蒸发时消耗大量的汽化热。对于开敞式蓄水隔热屋面，水的蒸发量是比较大的，而水的蒸发，要带走大量的热。因此，屋顶表面的水层起到了调节室内温度的作用，在干热地区采用蓄水隔热屋面，其隔热效果十分显著。二是刚性防水层不干缩。在空气中硬化五年的水泥砂浆，其收缩值约为3mm/m，混凝土的收缩量一般为0.2~0.4mm/m，收缩值随时间延长而增长。当周围湿度较大时，混凝土的收缩就小，长期在水下的混凝土反而有一定程度的膨胀，避免了出现开放性透水毛细管的可能性而不渗漏水。三是刚性防水层变形小。水下的防水层表面温度，比暴露在大气中的防水层表面温度降低15℃以上。由于外表面温度较低，内外表面温差小，昼夜内外表面温度波幅小，这样，混凝土防水层及钢筋混凝土基层产生的温度应力也较小，因温度应力而产生的变形也相应变小，从而避免了因温度应力而产生的防水层和屋面基层开裂。四是密封材料使用寿命长：因大面积刚性防水蓄水隔热屋面的分格缝中，也要填嵌密封材料，而密封材料在大气中要受空气对它的氧化作用，照射紫外线的作用，使其易于老化，耐久性降低。但是，适合于水下的密封材料，由于与空气隔绝，不易老化，可以延长使用年限。

柔性防水屋面层可用油毡或聚异丁烯橡胶薄膜做防水层。冬季需保温的地区采用开敞式蓄水隔热屋面还应在防水层下设置保温层和隔蒸汽层。在檐墙的压檐连同池壁部分，用配筋混凝土筑成斜向保护层，有利于阻挡水层结冰膨胀时产生的水平推力而防止檐墙开裂。柔性防水蓄水隔热屋面的油毡、玛蹄脂，因同空气和阳光隔绝，可以减慢氧化过程，推迟老化时间，可以增强屋顶的抗渗水能力。

② 封闭式蓄水隔热屋面

封闭式蓄水隔热屋面是上有盖板的屋面。盖板有固定式和活动式两种。

固定式盖板有利于冬季保温，做法是在平屋顶的防水层上用水泥砂浆砌筑砖或混凝土墩，然后将设有隔蒸汽层的保温盖板放置在混凝土墩上。板间留有缝隙，雨水可从缝隙流入。蓄水高度大于160mm，水中可养鱼。人工供水的水层高度可由浮球自控。当落入的雨水超过设计高度时，水经溢水管排出。此外，在女儿墙上设有溢水管供池水溢泄。

采用活动式盖板时，可在冬季白昼开启保温盖板，利用阳光照晒水池蓄热，夜间关闭盖板，借池水所蓄热量向室内供暖。夏季相反，白天关闭隔热保温盖板，减少阳光照晒，夜间开启盖板散热，也可用冷水更换池内温度升高的水，借以降低室温。

(2) 蓄水隔热屋面细部构造

蓄水隔热屋面的溢水口应距分仓墙顶面100mm，并在蓄水层表面处留置溢水口，如图10.9所示；过水孔应设在分仓墙底部，排水管应与水落管相通，如图10.10所示。

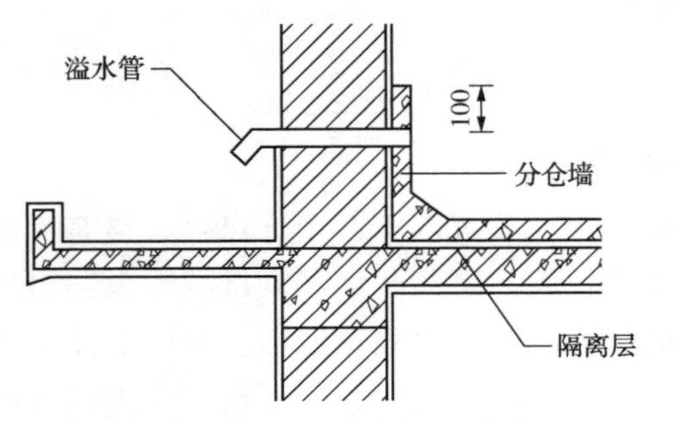

图10.9 蓄水隔热屋面溢水口(单位：mm)

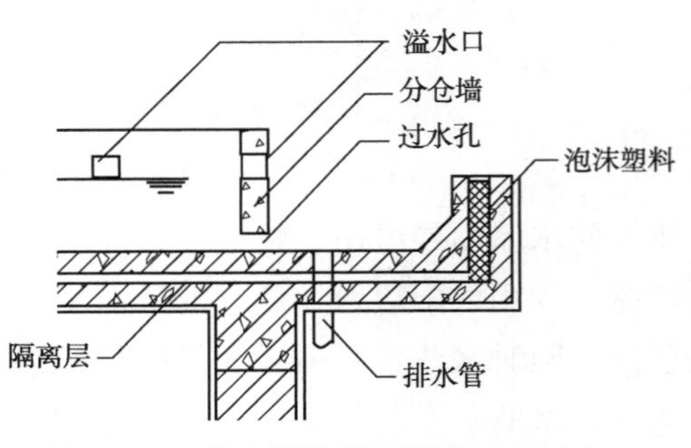

图10.10 蓄水隔热屋面排水口、过水口

分仓缝内应嵌填泡沫塑料，上部用卷材封盖，然后加扣混凝土盖板，如图 10.11 所示。

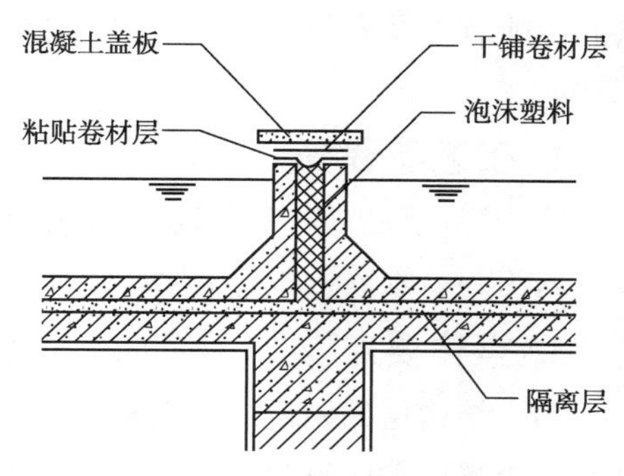

图 10.11 蓄水隔热屋面分仓缝

10.3.3 蓄水隔热屋面施工

1. 施工准备

(1) 技术准备

施工前审核图纸，编制蓄水隔热屋面施工方案，并进行技术交底。屋面防水工程必须选择通过资格审查的专业防水施工队伍，且持证上岗。

(2) 材料要求

① 所用材料的质量、技术性能必须符合设计要求和施工验收规范的规定。

② 蓄水隔热屋面的防水应选择耐腐蚀、耐水性、耐穿刺性能好的材料。

③ 蓄水隔热屋面选用刚性细石混凝土防水层时，其技术要求如下：细石混凝土强度等级不低于 C20；应选用不低于 42.5 号的普通水泥；砂采用中砂或粗砂，含泥量不大于 2%；石子粒径宜为 5~15mm，含泥量不大于 1%。

④ 其他材料：水管、外加剂、柔性防水材料等。

(3) 主要机具

蓄水隔热屋面施工主要机具如表 10.2 所示。

表 10.2 蓄水隔热屋面施工主要机具

序号	机具名称	型号	数量	单位	备注
1	混凝土搅拌机	JZC350	1	台	混凝土搅拌
2	平板振动器	ZF15	2		混凝土振动
3	运输小车		3	辆	混凝土运输
4	铁管子		3	根	混凝土抹平压实
5	铁抹子		4	个	混凝土抹平压实
6	木抹子		4	个	混凝土抹平压实
7	直尺		1	把	尺寸检查
8	坡度尺		1	把	坡度检查
9	锤子		3	把	
10	剪刀		4	把	铺卷材用
11	卷扬机		1		垂直运输
12	硬方木				
13	圆钢管				

(4) 作业条件

蓄水隔热屋面的结构层施工完毕，其混凝土的强度、密实性均符合现行规范的规定。

同时，所有涉及孔洞已预留，所设置的给水管、排水管和溢水管等在防水层施工前安装完毕。

2. 工艺流程

结构层、隔墙施工→板缝及节点密封处理→水管安装→管口密封处理→基层清理→防水层施工→蓄水养护。

3. 操作要点

(1) 结构层的质量应该高标准、严要求，混凝土的强度、密实性均应符合现行规范的规定。隔墙位置应符合设计和规范要求。

(2) 屋面结构层为装配式钢筋混凝土面板时，其板缝应以强度等级不小于 C20 细石混凝土嵌填，细石混凝土中宜掺膨胀剂。接缝必须以优质密封材料嵌封严密，经充水试验无渗漏，然后再在其上施工找平层和防水层。

(3) 屋面的所有孔洞应先预留，不得后凿。所设置的给水管、排水管、溢水管等应在防水层施工前安装好，不得在防水层施工后再在其上凿孔打洞。防水层完工后，再将排水管与水落管连接，然后加防水处理。

(4) 基层处理：防水层施工前，必须将基层表面的突起物铲除，并把尘土杂物清扫干净，基层必须干燥。

(5) 防水层施工。①蓄水隔热屋面采用刚性防水时，其施工方法详见刚性防水屋面施工工艺标准；②蓄水隔热屋面采用刚柔复合防水时，应先施工柔性防水层，再做隔离层，然后再浇筑细石混凝土刚性保护层。其柔性防水施工作业方法详见沥青卷材屋面施工工艺标准、高聚物改性沥青卷材屋面施工工艺标准、合成高分子防水卷材屋面工程施工工艺标准、涂膜防水屋面工程施工工艺标准；③浇筑防水混凝土时，每个蓄水区必须一次浇筑完毕，严禁留置施工缝，其立面与平面的防水层必须同时进行；④防水细石混凝土宜掺加膨胀剂、减水剂等外加剂，以减少混凝土的收缩；⑤应根据屋面具体情况，对蓄水隔热屋面的全部节点采取刚柔并济、多道设防的措施，做好密封防水施工；⑥分仓缝填嵌密封材料后，上面应做砂浆保护层埋置保护。

(6) 蓄水养护。①防水层完工以及节点处理后，应进行试水，确认合格后，方可开始蓄水，蓄水后不得断水再使之干涸；②蓄水隔热屋面应安装自动补水装置，屋面蓄水后，应保持蓄水层的设计厚度，严禁蓄水流失、蒸发后导致屋面干涸；③工程竣工验收后，使用单位应安排专人负责蓄水隔热屋面管理，定期检查并清扫杂物，保持屋面排水系统畅通，严防干涸。

10.4 种植屋面施工技术

10.4.1 工艺原理

种植屋面是在屋面防水层上覆土或铺设锯末、蛭石等松散材料，并种植植物，起到隔热作用的屋面。种植屋面可分为覆土种植屋面和无土种植屋面两种。覆土种植屋面是在屋顶上覆盖种植土壤，厚度200mm左右，有显著的隔热保温效果。无土种植屋面是用水渣、蛭石等代替土壤作为种植层，能够减轻屋面荷载，提高屋面隔热保温效果，降低能源消耗。

种植屋面从种植形式上又可分为简单式种植屋面和花园式种植屋面。仅以地被植物和低矮灌木进行绿化的简单式种植屋面，其绿化面积，宜占屋面总面积的80%以上；以乔木、灌木和地被植物进行绿化，并设有亭台、园路、园林小品和水池、小溪等，可供人们休闲活动的花园式种植屋面，其绿化面积，宜占屋面总面积的60%以上。种植屋顶可有效增加建筑物的隔热性能，降低能耗，同时还能改善城市环境面貌，改善城市的热岛效应，除此以外，还能保护建筑物顶部，延长屋顶建材使用寿命，是一项生态与功能并重的技术。

种植屋面适用于屋面防水等级为Ⅲ级的防水屋面。

10.4.2 基本规定与基本构造

1. 基本规定

（1）在寒冷地区应根据种植屋面的类型，确定是否设置保温层。保温层的厚度，根据屋面的热工性能要求，经计算确定。

（2）种植屋面所用材料及植物应符合环境保护要求。

（3）种植屋面根据植物及环境布局的要求，可分区布局，也可整体布置。

（4）排水层材料应根据屋面功能、建筑环境、经济条件进行选择。

（5）介质层材料应根据种植植物的要求，选择综合性能良好的材料。介质层厚度应根据不同介质和植物种类等确定。

（6）种植屋面可用于平屋面或坡屋面。种植屋面的坡度宜为3%，以利于水的排出；屋面坡度较大时，其排水层、种植介质应采取防滑措施。

（7）防水层宜采用刚柔结合的防水方案，柔性防水层应是耐腐蚀、耐霉烂、耐穿刺性能好的涂料或卷材，最佳方案应是涂膜防水层和卷材防水层复合。

（8）柔性防水层上必须设置细石混凝土保护层以抵抗种植根系的穿刺和种植工具对它的损坏。

2. 基本构造

（1）常见的种植屋面构造

种植屋面应根据地域、气候、建筑环境、建筑功能等条件，选择相适应的屋面构造形式。

种植屋面的构造层次一般包括屋面结构层、保温层、找平层、普通防水层、耐根穿刺（隔根）防水层、排（蓄）水层、种植土层以及植被层，此外还可根据需要设置隔气层、过滤层等层次，见图10.12。

（2）种植屋面细部构造

种植屋面上的种植介质四周应设挡墙，挡墙下部应设泄水孔。每个泄水孔处先设置钢丝网片，再用砂卵石完全覆盖。其构造见图 10.13。

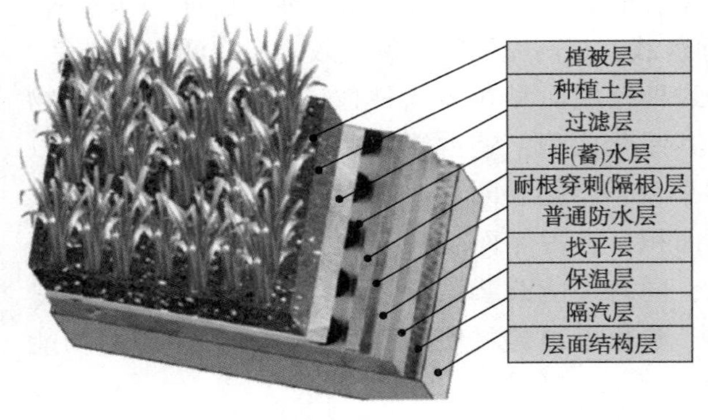

图 10.12 种植屋面基本构造

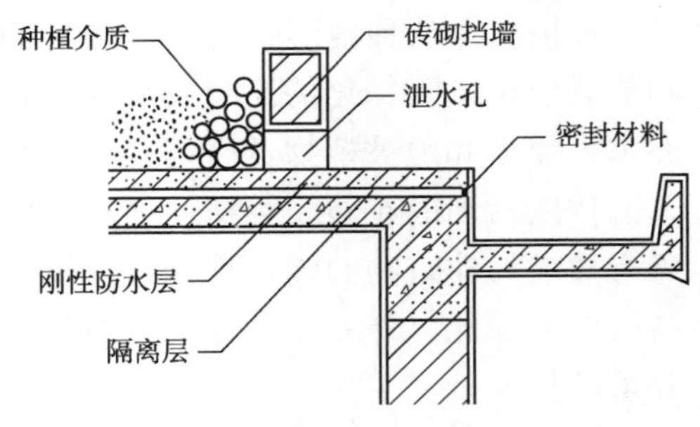

图 10.13 种植屋面泄水孔

10.4.3 种植屋面施工

1. 施工准备

(1) 技术准备

已办理好相关的隐蔽工程验收记录。

根据设计施工图和标准图集，做好人行通道、挡墙、种植区的测量放线工作。

施工前根据设计施工图和标准图集的要求，对相关的作业班组进行技术、安全交底。

(2) 材料准备

品种规格：防水层材料；

种植介质：主要有种植土、锯木屑、膨胀蛭石；

水泥：强度等级为 32.5 级以上的普通硅酸盐或矿渣硅酸盐水泥；中砂；粒径 1~3cm 卵石；烧结普通砖；密目钢丝网片。

质量要求：种植屋面的防水层要采用耐腐蚀、耐霉烂、耐穿刺性能好的材料。种植介质要符合设计要求，满足屋面种植的需要。水泥要有出厂合格证并经现场取样试验合格。砂、卵石、烧结普通砖要符合有关规范的要求。钢丝网片要满足泄水孔处拦截过水的砂卵石的需要。

(3) 机具设备

常用机具设备见表 10.3。

表 10.3 主要机具

序号	机具名称	用途	数量	单位
1	电动搅拌器	搅拌涂料	1	台
2	胶桶	混合涂料	4	个
3	橡胶刮板	刮抹涂料	10	把
4	毛刷	涂刷细部	4	把

续表

序号	机具名称	用途	数量	单位
5	钢丝刷	清理管边	2	把
6	台秤或杆秤	称量A、B料	1	台或支
7	滚动刷	刷胶	3	把
8	手持压辊	压实卷材	2	个
9	大型皮辊	压实卷材	2	个
10	钢凿	处理基面	4	根
11	铁锤	处理基面	4	把
12	扫帚	清扫基层	6	把
13	剪刀	剪胎体材料	2	把

(4) 现场准备

交通运输道路安排：工程开工前，要调查防水材料从工厂至工地的水平运输道路是否畅通，如存在问题，应及早安排其他运输路线。防水材料运至工地之后，还要考虑从工地临时仓库到施工现场的道路是否畅通，垂直运输路线是否可行，如存在障碍，应协商甲方共同解决。

工作面清理：防水工程施工之前，应将工作面上的障碍物清除干净，基面应干燥，含水率应符合施工要求，保证施工顺利进行。

材料、工具堆放场地安排：防水材料和施工工具应分开堆放，协商甲方安排远离火源的仓库，并安排专人保管。

2. 工艺流程

屋面防水层施工→保护层施工→人行通道及挡墙施工→泄水孔前放置过水砂卵石→种植区内放置种植介质→清理验收。

3. 操作要点

(1) 屋面防水层施工：根据设计图要求进行施工，具体见相关的施工工艺标准。

(2) 保护层施工：当种植屋面采用柔性防水材料时，必须在其表面设置细石混凝土保护层，以抵抗植物根系的穿刺和种植工具对它的损坏。细石混凝土保护层的具体施工如下。

① 防水层表面清理：把屋面防水层上的垃圾、杂物及灰尘清理干净。

② 分格缝留置：按设计或不大于6m或“一间一分格”进行分格，用上口宽为30mm，下口宽为20mm的木板或泡沫板作为分格板。钢筋网铺设：按设计要求配置钢筋网片。

③ 细石混凝土施工：按设计配合比拌和好细石混凝土，按先远后近，先高后低的原则逐格进行施工。按分格板高度，摊开抹平，用平板振动器十字交叉来回振实，直至混凝土表面泛浆后再用木抹子将表面抹平压实，待混凝土初凝以前，再进行第二次压浆抹光。铺设、振动、振压混凝土时必须严格保证钢筋间距及位置准确。混凝土初凝后，及时取出分格缝隔板，用铁抹子二次抹光；并及时修补分格缝缺损部分，做到平直整齐，待混凝土终凝前进行第三次压光。混凝土终凝后，必须立即进行养护，可蓄水养护或用稻草、麦草、

锯末、草袋等覆盖后浇水养护，养护不少于14d，也可涂刷混凝土养护剂。

④ 分格缝嵌油膏：分格缝嵌油膏应于混凝土浇水养护完毕后用水冲洗干净且达到干燥(含水率不大于6%)时进行，所有纵横分格缝相互贯通，清理干净，缺边损角要补好，用刷缝机或钢丝刷刷干净，用吹尘机具吹干净。灌嵌油膏部分的混凝土表面均匀涂刷冷底子油，并于当天灌嵌好油膏。

(3) 人行通道及挡墙施工：人行通道及挡墙设计一般有两种情况。

① 采用预制槽型板作为分区挡墙和走道板，如图10.14所示。

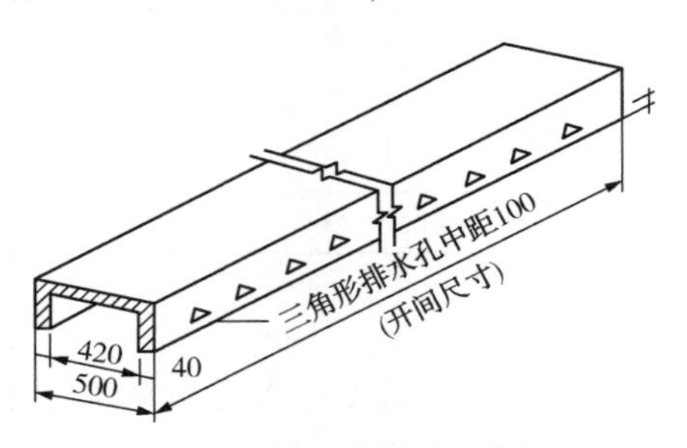

图10.14 预制槽型板构造(单位：mm)

② 采用砖砌挡墙，挡墙墙身高度要比种植介质面高100mm。距挡墙底部高100mm处按设计或标准图集留设泄水孔，如图10.15所示。

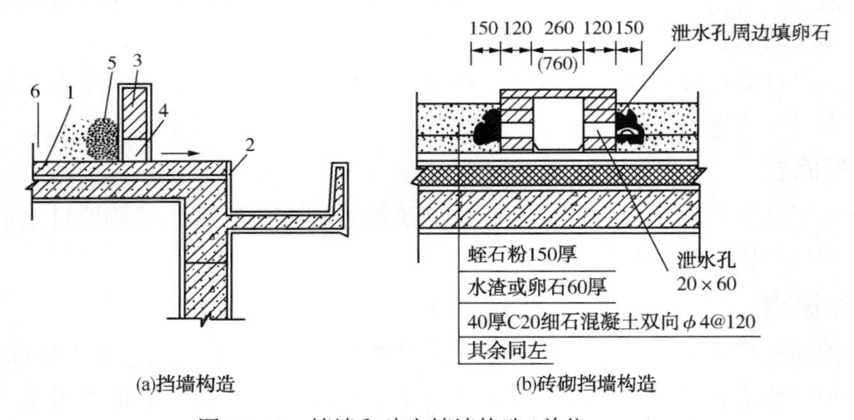

图10.15 挡墙和砖砌挡墙构造(单位：mm)

注：1—保护层；2—防水层；3—砖砌挡墙；4—泄水孔；5—卵石；6—种植介质

③ 泄水孔前放置过水砂卵石：在每个泄水孔处先设置钢丝网片，泄水孔的四周堆放过水的砂卵石，砂卵石应完全覆盖泄水孔，以免种植介质流失或堵塞泄水孔。

④ 种植区内放置种植介质：根据设计要求的厚度放置种植介质。施工时介质材料、植物等应均匀堆放，不得损坏防水层。种植介质表面要求平整且低于四周挡墙100mm。

第11章　楼地面节能工程施工

11.1　楼地面保温隔热层施工技术

11.1.1　适用范围与基本构造

楼地面保温隔热层施工技术适用于建筑工程中建筑地面工程(含室外散水、明沟、踏步、台阶和坡道等附属工程)中的填充层的施工及施工质量验收。

楼地面起到保温隔热作用的填充层的构造做法，见图11.1。

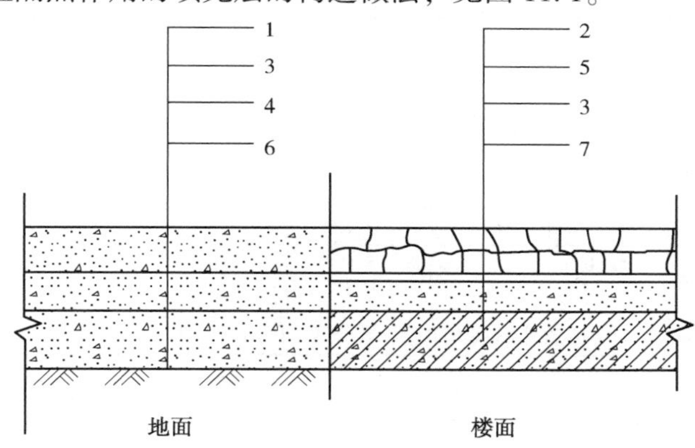

图11.1　填充层构造示意图

注：1—松散填充层；2—板块填充层；3—找平层；4—垫层；5—隔离层；6—基层(素土夯实)；7—楼层结构层

11.1.2　楼地面保温隔热层施工

1. 施工准备

(1) 技术准备

① 审查图纸，制定施工方案，进行技术交底。

② 抄平放线，统一标高、找坡。

③ 填充层的配合比应符合设计要求。

(2) 材料要求

① 填充层采用的松散、板块、整体保温板材料等，其材料的密度和导热系数、强度等级或配合比均应符合设计要求。填充层材料自重不应大于9kN/m³，其厚度应按设计要求确定。

② 松散材料可采用膨胀蛭石、膨胀珍珠岩、炉渣、水渣等铺设，其质量要求见表11.1，

其中不应含有有机杂质、石块、土块、重矿渣块和未燃尽的煤块等。

表 11.1 松散材料质量要求

项目	膨胀蛭石	膨胀珍珠岩	炉渣
粒径/mm	3~15	0.15 及<0.15 的含量不大于 8%	5~40
表观密度/(kg/m³)	<300	120	500~1000
导热系数/[W/(m·K)]	<0.14	<0.07	0.16~0.25

③ 整体保温材料可采用质量符合上述规定的膨胀蛭石、膨胀珍珠岩等松散保温材料，以水泥、沥青为胶结材料或和轻骨料混凝土等拌和铺设。沥青、水泥等应符合设计及国家有关标准的规定，水泥的强度等级应不低于 32.5 级。沥青在北方地区宜采用 30 号以上，南方地区应不低于 10 号。轻骨料应符合现行国家标准，所用材料必须有出厂质量证明文件，并符合国家有关标准的规定。

④ 板状保温材料可采用聚苯乙烯泡沫塑料板、硬质聚氨酯、膨胀蛭石制品、膨胀珍珠岩制品、泡沫玻璃、微孔混凝土等，其质量要求见表 11.2。

表 11.2 板状保温材料质量要求

项目	聚苯乙烯泡沫塑料板		硬质聚氨酯	泡沫玻璃	微孔混凝土	膨胀蛭石制品 膨胀珍珠岩制品
	挤压	模压				
表观密度/(kg/m³)	>32	15~30	>30	>150	500~700	300~800
导热系数/[W/(m·K)]	<0.03	<0.041	<0.027	<0.062	<0.22	<0.26
抗压强度/MPa	—			0.4	≥0.4	≥0.3
10%形变下压缩应力	0.15	^0.06	^0.15	—	—	—
48h 后尺寸变化率/%	<2.0	<5.0	5.0	<0.5	—	
吸水率	<1.5	<6	<3	<0.5	—	—
外观质量	板的外形基本平整，无严重凹凸不平；厚度允许偏差为 5%，且不大于 4mm					

⑤ 每 10m³填充层材料用量见表 11.3。

表 11.3 填充层材料用量(每 10m³) m³

材料	干铺珍珠岩	干铺蛭石	干铺炉渣	水泥珍珠岩	水泥蛭石	沥青珍珠岩板	水泥蛭石块
珍珠岩	10.4			12.55			
蛭石		10.4			13.06		
炉渣			11.0				
32.5 级水泥				14.59	15.10		
沥青珍珠岩板						10.20	
水泥蛭石块							10.20

(3) 主要机具

搅拌机、水准仪、抹子、木杠、靠尺、筛子、铁锹、沥青锅、沥青桶、墨斗等。

(4) 作业条件

① 施工所需各种材料已按计划进入施工现场。

② 填充层施工前，其基层质量必须符合施工规范的规定。

③ 预埋在填充层内的管线，以及管线重叠交叉集中部位的标高，应用细石混凝土事先稳固。

④ 填充层的材料采用干铺板状保温材料时，其环境温度应不低于-20℃。

⑤ 采用掺有水泥的拌和料或采用沥青胶结料铺设填充层时，其环境温度应不低于5℃。

⑥ 五级以上的风天、雨天及雪天，不宜进行填充层施工。

2. 工艺流程

(1) 松散保温材料铺设填充层的工艺流程

清理基层表面→抄平、弹线→管根、地漏局部处理及预埋件管线安装→分层铺设散状保温材料、压实→质量检查验收。

(2) 整体保温材料铺设填充层的工艺流程

清理基层表面→抄平、弹线→管根、地漏局部处理及管线安装→按配合比拌制材料→分层铺设、压实→检查验收。

(3) 板状保温材料铺设填充层的工艺流程

清理基层表面→抄平、弹线→管根、地漏局部处理及管线安装→干铺或粘贴板状保温材料→分层铺设、压实→检查验收。

3. 操作要点

(1) 松散保温材料铺设填充层的操作工艺

① 检查材料的质量，其表观密度、导热系数、粒径应符合表11.1的规定。如粒径不符合要求可进行过筛，使其符合要求。

② 清理基层表面，弹出标高线。

③ 地漏、管根局部用砂浆或细石混凝土处理好，暗敷管线安装完毕。

④ 松散材料铺设前，预埋间距800~1000mm木龙骨(防腐处理)、半砖矮隔断或抹水泥砂浆矮隔断一条，高度符合填充层的设计厚度要求，控制填充层的厚度。

⑤ 虚铺厚度宜不大于150mm，应根据其设计厚度确定需要铺设的层数，并根据试验确定每层的虚铺厚度和压实程度，分层铺设保温材料，每层均应铺平压实，压实采用压滚和木夯，填充层表面应平整。

(2) 整体保温材料铺设填充层的操作工艺

① 所用材料质量应符合设计要求，水泥、沥青等胶结材料应符合国家有关标准的规定。

② 按设计要求的配合比拌制整体保温材料。水泥、沥青、膨胀珍珠岩、膨胀蛭石应采用人工搅拌，避免颗粒破碎。水泥为胶结料时，应将水泥制成水泥浆后，边拨边搅。当以热沥青为胶结料时，沥青加热温度应不高于240℃，使用温度宜不低于190℃。膨胀珍珠岩、膨胀蛭石的预热温度宜为100~120℃，拌和时色泽一致，无沥青团为宜。

③ 铺设时应分层压实，其虚铺厚度与压实程度通过试验确定，表面应平整。

(3) 板状保温材料铺设填充层时的操作工艺

① 所用材料应符合设计要求，并应符合表11.2的规定，水泥、沥青等胶结料应符合国家有关标准的规定。

② 板状保温材料应分层错缝铺贴，每层应采用同一厚度的板块，厚度应符合设计要求。

③ 板状保温材料不应破碎、缺棱掉角，铺设时遇有缺棱掉角、破碎不齐的，应锯平拼接使用。

④ 干铺板状保温材料时，应紧靠基层表面，铺平、垫稳，分层铺设时，上下接缝应互相错开。

⑤ 用沥青粘贴板状保温材料时，边刷、边贴、边压实，务必使沥青饱满，防止板块翘曲。

⑥ 用水泥砂浆粘贴板状保温材料时，板间缝隙应用保温砂浆填实并勾缝。保温灰浆配合比一般为 1∶1∶10(水泥∶石灰膏∶同类保温材料碎粒，体积比)。

⑦ 板状保温材料应铺设牢固，表面平整。

11.2 低温热水地板辐射采暖技术

11.2.1 系统原理

地板辐射采暖系统是采用低温热水形式供热，以不高于 60℃ 的热水作为热媒。将加热管设于地板中，热水在管内循环流动，加热地板，通过地面以辐射和对流的传热方式向室内供热。该系统具有舒适、卫生、节能、不影响室内观感和不占用室内使用面积及空间，并可以分室调节温度，便于用户计量等优点。

为提高地板辐射采暖技术的热效率，不宜将热管铺设在有木搁栅的空气间层中，地板面层也不宜采用有木搁栅的木地板。合理而有效的构造做法是将热管埋设在导热系数较大的密实材料中，面层材料宜直接铺设在埋有热管的基层上。不能直接采用低温(水媒)地板辐射采暖技术在夏天通入冷水降温，必须有完善的通风除湿技术配合，并严格控制地面温度使其高于室内空气露点温度，否则会形成地面大面积结露。

常见低温热水地板辐射采暖系统构造形式，见图 11.2 和图 11.3。

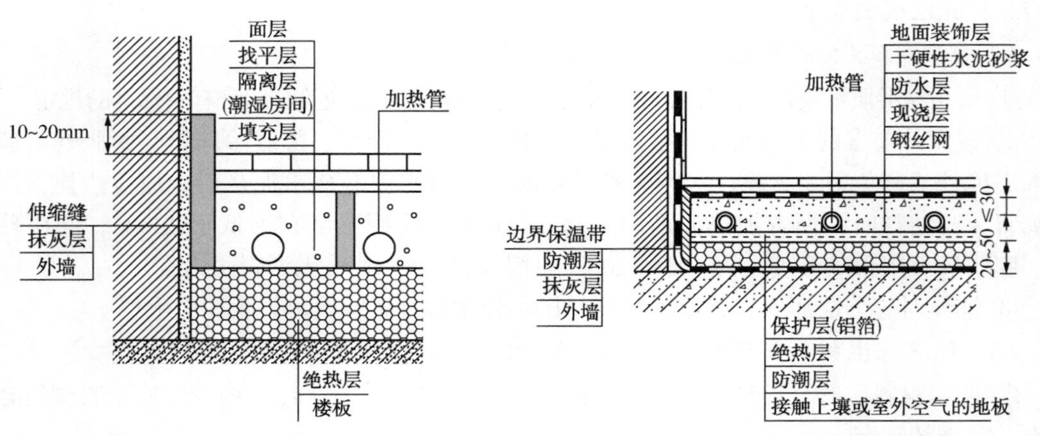

图 11.2 楼面构造示意图　　图 11.3 与土相邻的地面构造示意图

11.2.2 低温热水地板辐射采暖技术施工

1. 施工准备

(1) 技术准备

根据施工方案确定的施工方法和技术交底要求，做好施工准备工作；

核对管道坐标、标高、排列是否正确合理；按照设计图纸，画出房间部位、管道分路、管径、甩口施工草图。

(2) 材料要求

① 管材。与其他供暖系统共用同一集中热源水系统，且其他供暖系统采用钢制散热器等易腐蚀构件时，聚丁烯(PB)管、交联聚乙烯(PE-X)管和无规共聚聚丙烯(PP-R)管宜有阻氧层，以有效防止渗入氧气而加速对系统的氧化腐蚀；管材的外径、最小壁厚及允许偏差，应符合相关标准要求；管材以盘管方式供货，长度不得小于100m/盘。

铺设于地板中的加热管，应根据耐用年限要求，使用条件等级，热媒温度和工作压力，系统水层要求，材料供应条件，施工技术条件和投资费用等因素，可选择采用以下管材。

交联铝塑复合(XPAP)管：内层和外层密度为不小于0.94g/cm^{3}的交联聚乙烯，中间层为增强铝管，层间用热熔胶紧密黏合为一体的管材。

聚丁烯(PB)管：由聚丁烯-1树脂添加适量助剂，经挤出成型的热塑性管材。

交联聚乙烯(PE-X)管：以密度不小于0.94g/cm^{3}的聚乙烯或乙烯共聚物，添加适量助剂，通过化学的或物理的方法，使其线型的大分子交联成三维网状的大分子结构，由此种材料制成的管材。

无规共聚聚丙烯(PP-R)管：以丙烯和适量乙烯的无规共聚物，添加适量助剂，经挤出成型的热型性管材。

② 管件。管件与螺纹连接部分配件的本体材料，应为锻造黄铜。使用无规共聚聚丙烯(PP-R)管作为加热管时，直接接触的连接件表面应镀镍；管件的外观应完整、无缺损、无变形、无开裂；管件的物理力学性能，应符合相关标准要求；管件的螺纹应完整，如有断丝和缺丝，不得大于螺纹全丝扣数的10%。

③ 绝热板材。绝热板材宜采用聚苯乙烯泡沫塑料，其物理性能应符合下列要求：密度应不小于20kg/m^3；导热系数应不大于0.05W/(m·K)；压缩应力应不小于100kPa；吸水率应不大于4%；氧指数应不小于32(注：当采用其他绝热材料时，除密度外的其他物理性能应满足上述要求)；为增强绝热板材的整体强度，并便于安装和固定加热管，对绝热板材表面可分别做如下处理：敷有真空镀铝聚酯薄膜面层，敷有玻璃布基铝箔面层，铺设低碳钢丝网。

④ 材料的外观质量。管材和管件的颜色应一致，色泽均匀，无分解变色；管材的内外表面应光滑、清洁，不允许有分层、针孔、裂纹、气泡、起皮、痕纹和夹杂，但允许有轻微的、局部的、不使外径和壁厚超出允许偏差的划伤、凹坑、压入物和斑点等缺陷。轻微的矫直和车削痕迹、细划痕、氧化色、发暗、水迹和油迹，可不作为报废处理。

⑤ 材料检验。材料的抽样检验方法，应符合《计数抽样检验程序 第1部分：按接收质量限(AQL)检索的逐批检验抽样计划》(GB/T 2828.1—2012)的规定。

(3) 主要机具

机具：试压泵、电焊机、手电钻、热烙机等。

工具：管道安装成套工具、切割刀、钢锯、水平尺、钢卷尺、角尺、线板、线坠、铅笔、橡皮、酒精等。

(4) 作业条件

① 土建地面已施工完，各种基准线测放完毕。

② 敷设管道的防水层、防潮层、绝热层已完成，并已清理干净。

③ 施工环境温度低于5℃时不宜施工。必须冬期施工时，应采取相应的技术措施。

2. 工艺流程

施工工艺流程见图11.4。

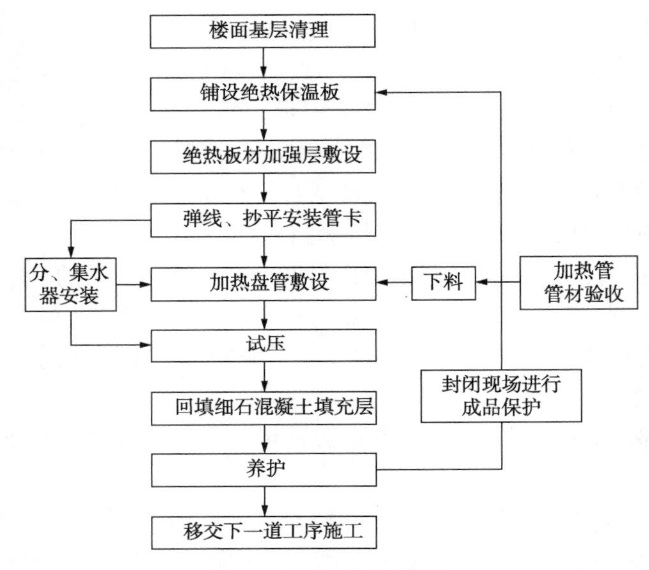

图11.4 施工工艺流程

3. 操作要点

(1) 楼面基层清理。凡采用地板辐射采暖的工程在楼地面施工时，必须严格控制表面的平整度，仔细压抹，其平整度允许误差应符合混凝土或砂浆地面要求。在保温板铺设前应清除楼地面上的垃圾、浮灰、附着物，特别是油漆、涂料、油污等有机物必须清除干净。

(2) 铺设绝热保温板。房间周围边墙、柱的交接处应设绝热板保温带，其高度要高于细石混凝土回填层；绝热板应清洁、无破损，在楼地面铺设平整、搭接严密；绝热板拼接紧凑，间隙为10mm，错缝铺设，板接缝处全部用胶带粘接，胶带宽度40mm；房间面积过大时，以6000mm×6000mm为方格留伸缩缝，缝宽10mm。伸缩缝处，用厚度10mm绝热板立放，高度与细石混凝土层平齐。如图11.5所示。

(3) 绝热板材加强层敷设(以低碳钢丝网为例)。钢丝网规格为方格不大于200mm，在采暖房间满布，拼接处应绑扎连接；钢丝网在伸缩缝处不能断开，敷设应平整，无锐刺及翘起的边角。

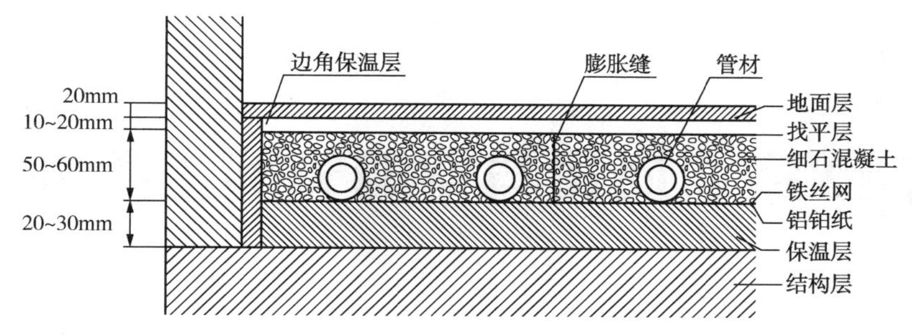

图 11.5　结构剖面图

（4）加热盘管敷设。加热盘管在钢丝网上面敷设，管长应根据工程上各回路长度酌情定尺寸，一个回路尽可能用一盘整管，应最大限度地减小材料损耗，填充层内不许有接头；按设计图纸要求，事先将管的轴线位置用墨线弹在绝热板上，抄标高、设置管卡，按管的弯曲半径不小于 10*D*(*D* 指管外径)计算管的下料长度，其尺寸偏差控制在±5%以内。必须用专用剪刀切割，管口应垂直于断面处的管轴线。严禁用电、气焊、手工锯等工具分割加热管；按测出的轴线及标高垫好管卡，用尼龙扎带将加热管绑扎在绝热板加强层钢丝网上，或者用固定管卡将加热管直接固定在敷有复合面层的绝热板上。同一通路的加热管应保持水平，确保管顶平整度为±5mm；加热管固定点的间距，弯头处间距不大于 300mm，直线段间距不大于 600mm；在过门、过伸缩缝、过沉降缝时，应加装套管，套管长度不小于 150mm。套管比盘管大两号，内填保温边角余料。

（5）分、集水器安装。分、集水器安装可在加热管敷设前安装，也可在敷设管道回填细石混凝土后与阀门、水表一起安装。安装必须平直、牢固，在细石混凝土回填前安装需做水压试验；当水平安装时，一般宜将分水器安装在上，集水器安装在下，中心距为 200mm，且集水器中心距地面不小于 300mm；当垂直安装时，分、集水器下端距地面应不小于 150mm；加热管始末端出地面至连接配件的管段，应设置在硬质套管内。加热管与分、集水器分路阀门的连接，应采用专用卡套式连接件或插接式连接件。

（6）回填细石混凝土填充层。在加热管系统试压合格后方能进行细石混凝土层回填施工。细石混凝土层施工应遵循土建工程施工规定，优化配合比设计，选出强度符合要求、施工性能良好、体积收缩稳定性好的配合比。建议强度等级应不小于 C15，卵石粒径宜不大于 12mm，并宜掺入适量防止龟裂的添加剂；浇筑细石混凝土前，必须将敷设完管道后的工作面上的杂物、灰渣清除干净(宜用小型空压机清理)。在过门、过沉降缝处、过分格缝部位宜嵌双玻璃条分格(玻璃条用 3mm 玻璃裁划，比细石混凝土面低 1~2mm)，其安装方法同水磨石嵌条；细石混凝土在盘管加压(工作压力或试验压力不小于 0.4MPa)状态下浇筑，回填层凝固后方可泄压，填充时应轻轻捣固，浇筑时不得在盘管上行走、踩踏，不得有尖锐物件损伤盘管和保温层，要防止盘管上浮，应小心下料、拍实、找平；细石混凝土接近初凝时，应在表面进行二次拍实、压抹，以防止顺管轴线出现塑性沉缩裂缝。表面压抹后应保湿养护 14d 以上。

第12章　通风与空调节能工程施工

12.1　通风与空调节能工程常用材料、设备及选用

12.1.1　通风与空调节能工程常用材料及选用

通风与空调节能工程常用的材料主要包括板材(一般可分为金属板和非金属板两大类)、垫料、胶粘剂、绝热材料和其他附属材料等。

1. 金属板的选用

(1) 普通薄钢板

普通薄钢板由碳素软钢经热轧或冷轧制成。热轧钢板表面为蓝色发光的氧化铁薄膜，性质较硬而脆，加工时易断裂；冷轧钢板表面平整光洁，性质较软，最适于通风与空调工程。冷轧钢板钢号一般为Q195、Q215、Q235。有板材和卷材，常用厚度为0.5~2mm，板材规格为750mm×1800mm、900mm×1800及1000mm×1800mm等。用于通风与空调节能工程的薄钢板应表面平整、光滑、厚度均匀，允许有紧密的氧化铁薄膜，不得有结疤、裂纹等缺陷。

(2) 镀锌薄钢板

镀锌薄钢板是用普通薄钢板表面镀锌制成，俗称“白铁皮”。常用的厚度为0.5~1.5mm，其规格尺寸与普通薄钢板相同。在工程中常用镀锌钢板卷材，其对风管的制作非常方便。表面镀锌层起防腐作用，一般不再刷油防腐。常用于潮湿环境中的通风空调系统的风管和配件。通风空调节能工程要求镀锌钢板，其表面镀锌层应均匀和有结晶花纹，无明显氧化层、麻层、粉化、起泡、锈斑、镀锌层脱落等缺陷，钢板镀锌层厚度不小于0.02mm。

(3) 塑料复合钢板

塑料复合钢板是在Q215、Q235钢板表面喷涂一层厚度为0.2~0.4mm的软质或半硬质聚氯乙烯塑料膜制成的。塑料复合钢板有单面覆层和双面覆层两种。其主要技术性能如下。

① 耐腐蚀性及耐水性能：可以耐酸、碱、油及醇类的侵蚀，耐水性能好，但对有机溶剂的耐腐蚀性差。

② 塑料复合钢板的绝缘性和耐磨性能比较好。

③ 剥离强度及深冲性能：塑料膜与钢板间的剥离强度≥0.2MPa。当冲击试验深度不小

于0.5mm时，复合层不会发生剥离现象；当冷弯180°时，复合层不分离开裂。

④ 加工性能：具有一般碳素钢板所具有的切割、弯曲、冲洗、钻孔、铆接、咬口及折边等加工性能，其加工温度以20~40℃为最好。

⑤ 使用温度：塑料复合钢板可在10~60℃温度下长期使用；短期可耐温120℃。

由于塑料复合钢板具有上述性能，所以它常用于防尘要求较高的空调系统和环境温度在-10~70℃下耐腐蚀通风系统中。通风与空调节能工程要求塑料复合钢板的表面喷涂层色泽均匀、厚度一致，且表面无起皮、分层或塑料涂层脱落等缺陷。

(4) 不锈钢板

耐大气腐蚀的镍铬钢称为不锈钢。不锈钢板按其化学成分不同分类，其品种甚多；按其金属组织不同，可分为铁素体钢(Cr_{13}型)和奥氏体钢(18-8型)。

镍铬不锈钢由于含有大量的铬、镍易于使合金钝化，在钢板的表面形成致密的Cr_2O_3(三氧化二铬)保护膜，因而在很多介质中具有很强的耐腐蚀性。不锈钢的型号较多，性能各异，其用途也各不相同，因此施工时要核实出厂合格证与设计要求的一致性。

(5) 铝及铝合金板

铝板具有良好的塑性、导电性和导热性能，并且在许多介质中有较高的稳定性。纯铝的产品有退火和冷却硬化两种。退火铝的塑性较好，强度较低；冷却硬化铝的塑性较差，而强度比较高。

为了改变纯铝的性能，在铝中加入一种或几种其他元素(如铜、镁、锰、锌等)制成铝合金及铝合金板。由于铝板或铝合金板具有良好的耐腐蚀性能且在摩擦时不易产生火花，因此常用于化工环境通风工程的防爆系统。

在通风与空调工程中，铝板应采用纯铝板或防锈铝合金板且应具有良好的塑性和导电、导热性能及耐酸腐蚀性能，其表面不得有明显的划痕、刮伤、麻点、斑迹和凹穴等缺陷。

2. 非金属板的选用

(1) 硬聚氯乙烯塑料板

硬聚氯乙烯塑料(硬PVC)由聚氯乙烯树脂加入适量的稳定剂、增塑剂、填料、着色剂及润滑剂等压制或压铸而成。它具有表面平整光滑，耐酸碱腐蚀性强，物理机械性能良好，易于二次加工成型等特点。

硬聚氯乙烯塑料板的厚度一般为2~40mm，板宽为700mm，板长为1600mm，拉伸强度为50MPa(纵横向)，弯曲强度为90MPa(纵横向)。

由于硬聚氯乙烯塑料板具有一定的强度和弹性，耐腐蚀性良好，又易于加工成型，所以应用十分广泛。在通风工程中采用硬聚氯乙烯塑料板制作风管和配件，绝大部分是用于输送含有腐蚀性气体的系统。但硬聚氯乙烯塑料板的热稳定性较差，具有一定的适用范围，一般用于温度为-10~60℃的环境中，如果温度再高，其强度反而会下降；温度过低又会变脆易断。

通风与空调节能工程要求硬聚氯乙烯塑料板表面应平整，无伤痕，不得含有气泡，厚薄均匀，无离层现象。

(2) 玻璃钢

玻璃钢分为有机玻璃钢和无机玻璃钢。

有机玻璃钢是以玻璃纤维制品(如玻璃布)为增强材料，以树脂为黏结剂，经过一定的成型工艺制作而成的一种轻质高强度的复合材料。这种材料具有较好的耐腐蚀性、耐火性和成型工艺简单等优点。有机玻璃钢的密度为1400~2200kg/m^3，抗拉强度为157~226MPa(钢为392MPa)，使用温度为90~190℃，导热性为金属的1/1000~1/100。

由于有机玻璃钢质轻、强度高、耐热性及耐腐蚀性优良、电绝缘性好及加工成型方便等特点，在纺织、印染、化工等行业，常用于排除腐蚀性气体的通风系统中。

无机玻璃钢是以玻璃纤维为增强材料，无机材料为黏结剂，经过一定的成型工艺制成的不燃材料风管。根据无机材料的凝结特征，可以分为水硬性与气硬性两种，水硬性无机玻璃钢具有较强的抗潮湿性能。

(3) 复合材料

复合材料是指由两种及两种以上性能不同材料组合成的新材料。用于风管的复合材料大都是由金属或非金属加上绝热材料所组合的。根据《通风与空调工程施工质量验收规范》(GB 50243—2016)规定，复合材料中的绝热材料必须为不燃或难燃B1级，且对人体无危害的材料。

3. 垫料的选用

法兰接口之间要加垫料，以便保持接口处的密封性。垫料应具有较好的弹性、不吸水、不透气，其厚度应为3~5mm，空气洁净系统的法兰垫料厚度不能小于5mm。

在通风与空调节能工程中常用的垫料有橡胶板(条)、石棉橡胶板、耐酸橡胶板、闭孔海绵橡胶板、软聚氯乙烯板、泡沫氯丁橡胶板和密封橡胶条等。

① 橡胶板。橡胶板具有较好的弹性，多用于密封性要求较高的除尘系统和空调系统做垫料。

② 石棉橡胶板。石棉橡胶板是用石棉纤维和橡胶材料加工而成，其厚度为3~5mm，多用于作为输送高温气体风管的垫料。

③ 耐酸橡胶板。耐酸橡胶板有较高硬度和中等硬度，并具有较强的耐酸碱性能，适用于输送含有酸碱蒸汽的风管做垫料。

④ 闭孔海绵橡胶板。闭孔海绵橡胶板是一种新型的垫料，其表面光滑，内部有细孔，弹性良好，最适用于输送易产生凝结水或含有蒸汽的空气风管中做垫料。

⑤ 软聚氯乙烯板。软聚氯乙烯板具有良好的耐腐蚀性能和弹性，它用在输送含有腐蚀性气体的风管中做垫料。

⑥ 泡沫氯丁橡胶板。泡沫氯丁橡胶板是目前国内外推广使用的新型垫料。它可以加工成扁条状，宽度为20~30mm，厚度为3~5mm，其一面带胶，用时扯去胶面上的纸条，将其粘贴于法兰上即可。使用泡沫氯丁橡胶板，操作方便，密封性好。

⑦ 密封橡胶条。密封橡胶条广泛用于空气洁净工程中。根据断面形状不同，有圆形海绵橡胶条、海绵门窗压条、海绵嵌条、包布海绵条、9字胶条、O形密封条、U形防霉条等。

4. 胶粘剂的选用

洁净空调工程中常用的胶粘剂有橡胶胶粘剂、环氧树脂胶粘剂、聚乙酸乙烯乳液等。其中，橡胶胶粘剂主要用于洁净室中高效过滤器、管道、附件等的密封。

5. 绝热材料的选用

（1）常用的绝热材料

通风与空调节能工程中常用的绝热材料有有机玻璃棉、矿渣棉、珍珠岩、蛭石、聚苯乙烯泡沫塑料、聚氨酯泡沫塑料、泡沫石棉等。

（2）绝热材料的选择

通风与空调节能工程中常用的绝热材料宜采用成型制品，应具备热导率低、吸水率低、密度小、强度高，允许使用温度高于设备或管道内热介质的最高运行温度，阻燃性好、无毒等性能。对于内绝热的材料，除了满足以上要求外还应具有灭菌性能，并且价格合理、施工方便。对于需要经常维护、操作的设备和管道附件，应采用便于拆装的成型绝热结构。绝热材料的选择，除满足以上要求外，还应符合以下各项规定。

① 技术性能要求。绝热材料的选择应当满足设计文件中所提出的关于技术参数的要求。

② 消防规范防火性能的要求。根据工程类别选择不燃或难燃材料，当工程选用的绝热材料为难燃材料时，必须对其难燃性能进行检验，合格后方可使用。

③ 为了防止电加热器引起保温材料的燃烧，电加热器前后 800mm 内风管的绝热必须使用不燃材料。

④ 为了杜绝相邻区域发生火灾而使风管或管道外的绝热材料成为传递的通道，凡穿越防火隔墙两侧 2m 范围内风管、水管道的绝热材料必须使用不燃材料。

⑤ 绝热材料选择除了要符合上述设计参数和消防规范中的防火性能要求外，还要注意影响绝热材料质量的因素。

6. 其他附属材料的选用

选择的玻璃丝布不要太稀松，经向密度和纬向密度(纱根数/cm)要满足设计要求。

保温钉、胶粘剂等附属材料均应符合防火和环保的要求，并要与绝热材料相匹配，不可产生溶蚀。

施工中所用的胶粘剂、防火涂料等材料，必须保证是在保质期内的合格产品。

12.1.2 通风与空调节能工程常用设备及选用

1. 空调机组的选用

在选用空调机组时，应注意机组的风量、风压相匹配，选择最佳状态点运行，不宜过分加大风机的风压，因为风压提高，风机的能耗显著增加。应选用漏风量及外形尺寸小的机组。国家标准规定在 700Pa 压强时的漏风量不应大于 3%。目前，很多生产厂家的产品漏风量均在 5%以上，有的甚至高达 10%。实测结果表明：漏风量 5%，风机的功率增加 16%；漏风量 10%，风机的功率增加 33%；漏风量达到 15%，风机的功率增加 50%。空气输送系数(ATF)为单位风机消耗功率所输送的显热量(kW/kW)，在选择机组时应校核和比较ATF的大小，选择ATF较大的空调机组。

2. 通风与空调设备的选用

(1) 设备与附件的质量

① 设备应有装箱清单、设备说明书、产品合格证和产品性能检测报告等随机文件。进口设备还应具有商检部门检验合格的证明文件。

② 安装过程中所使用的各类型材、垫料、五金用品等，均应有出厂合格证或有关证明文件。外观检查无严重损伤及锈蚀等缺陷。法兰连接使用的垫料应按照设计要求选用，并满足防火、防潮、耐腐蚀性能的要求。

③ 设备地脚螺栓的规格、长度和数量，以及平、斜垫铁的厚度、材质和加工精度应满足设备安装要求。

④ 设备安装所采用的减振器或减振垫的规格、材质和单位面积的承载率应符合设计和设备安装要求。

⑤ 通风机的型号、规格和数量应符合设计规定和要求，其出口方向应正确。

(2) 设备进场验收

① 应当按照装箱清单认真核对设备的型号、规格及附件的数量。

② 设备的外形应规则、平直，圆弧形表面应平整无明显偏差，结构应完整，焊缝应饱满，无缺损和孔洞。

③ 金属设备的构件表面应进行除锈和防腐处理，外表面的颜色应一致，且无明显的划伤、锈斑、伤痕、气泡和剥落现象。

④ 非金属设备的构件材质应符合使用场所的环境要求，表面保护涂层应完整。

⑤ 通风机运抵现场后应进行开箱检查，必须有装箱清单、设备说明书、产品合格证和产品性能检测报告等随机文件。

⑥ 设备的进出口应封闭良好，随机的零部门应齐全无缺损。

3. 空调制冷系统设备的选用

(1) 设备与附件的质量

① 制冷设备、制冷附属设备的型号、规格和技术参数必须符合设计要求，并具有产品合格证书、产品性能检验报告。

② 所采用的管道和焊接材料应当符合设计要求，并具有出厂合格证明或质量鉴定文件。

③ 制冷系统的各类阀门必须采用专用产品，并具有出厂合格证。

④ 无缝钢管内外表面应无明显锈蚀、裂纹、重皮及凹凸不平等缺陷。

⑤ 铜管内外壁均应光洁，无疵孔、裂缝、结疤、层裂或气泡等质量缺陷。管材不应有分层，管子端部应平整无毛刺。铜管在加工、运输、储存过程中应无划伤、压入物、碰伤等缺陷。

⑥ 管道法兰密封面应光洁，不得有毛刺及径向沟槽，带有凹凸面的法兰应能自然嵌

合，凸面的高度不得小于凹槽的深度。

⑦ 螺栓及螺母的螺纹应完整，无伤痕、毛刺、残断丝等缺陷。螺栓与螺母应配合良好，无松动或卡涩现象。

⑧ 非金属垫片，如石棉橡胶板、橡胶板等应质地柔韧，无老化变质或分层现象，表面不应有折损、皱纹等缺陷。

（2）设备进场验收

根据设备装箱清单说明书、合格证、检验记录和必要的装配图及其他技术文件，核对设备的型号、规格以及全部零件、部件、附属材料和专用工具。

检查设备主体和零部件等表面有无缺损和锈蚀等情况，以便及早发现采取相应措施。

设备中充填的保护气体应无泄漏，油封应当完好。开箱检查后，设备应采取必要的保护措施，不宜过早或任意拆除，以免设备受到损伤。

12.2 空调风系统节能工程施工技术

风管就是用于空气输送和分布的管道系统，是通风系统中不可缺少的组成部分。按连接方式不同，风管可分为无法兰风管和法兰风管两种；按截面形状不同，风管可分为圆形风管、矩形风管、扁圆风管等多种，应用中以矩形风管为主。按材质不同，风管可分为金属风管、玻璃风管、复合风管等，建筑工程中最常用的是金属风管。

12.2.1 风管制作的准备工作

1. 材料及制作机具

（1）制作风管所用的板材、型材的主要材料，应具有出厂合格证书或质量鉴定文件，其技术指标应符合国家或行业现行标准的规定。

（2）钢板风管及配件板材的厚度应符合表12.1中的规定。

表12.1 钢板风管及配件板材的厚度 mm

类别风管直径 D 或长边尺寸 b	圆形风管	矩形风管		除尘系统风管
		中低压系统	高压系统	
$D(b) \leqslant 320$	0.50	0.50	0.75	1.50
$320<D(b) \leqslant 450$	0.60	0.60	0.75	1.50
$450<D(b) \leqslant 630$	0.75	0.60	0.75	2.00
$630<D(b) \leqslant 1000$	0.75	0.75	1.00	2.00
$1000<D(b) \leqslant 1250$	1.00	1.00	1.20	2.00
$1250<D(b) \leqslant 2000$	1.20	1.00	1.20	按设计
$2000<D(b) \leqslant 4000$	按设计	1.20	按设计	按设计

注：①螺旋风管的钢板厚度可适当减小10%~15%。

②排烟系统风管钢板厚度可按高压系统。

③特殊除尘系统风管钢板厚度应符合设计要求。

④不适用于地下人防与防火隔墙的预埋管。

（3）镀锌薄钢板不得有裂纹、结疤及水印等缺陷，应有镀锌层结晶花纹。

（4）制作不锈钢板风管和配件的板材厚度应符合表 12.2 的规定。

表 12.2　不锈钢板风管和配件板材厚度　mm

圆形风管直径或矩形风管大边长	不锈钢板厚度
100~500	0.50
560~1120	0.75
1250~2000	1.00
2500~4000	1.25

（5）制作铝板风管和配件的板材厚度应符合表 12.3 的规定。

表 12.3　铝板风管和配件板材厚度　mm

圆形风管直径或矩形风管大边长	不锈钢板厚度
100~320	1.00
360~630	1.50
700~2000	2.00
2500~4000	2.50

（6）铝板材应具有良好的塑性、导电、导热性能及耐酸腐蚀性能，表面不得有划痕及磨损。

（7）制作风管和配件所用的机具有：龙门剪板机、电冲剪、手用电动剪倒角机、咬口机、压筋机、折方机、合缝机、振动式曲线剪板机、卷圆机、圆弯头咬门机、型钢切割机、角(扁)钢卷圆机、液压钳钉钳、电动拉柳枪、台钻、手电钻、冲孔机、插条法兰机、螺旋卷管机、电气焊设备、空气压缩机油漆喷枪等设备及不锈钢板尺、钢直尺、角尺量角器、划规、划针、样冲、铁锤、拍板等小型工具。

（8）排烟系统风管的钢板厚度可参照高压系统。

2. 风管制作的作业条件

（1）集中加工风管和配件应具有宽敞、明亮、洁净、地面平整、不潮湿的厂房。

（2）现场分散加工风管和配件应具有能防雨雪、大风及结构牢固的设施。

（3）作业地点要有相应加工工艺的基本机具、设施及电源和可靠的安全防护装置，并配有消防器材。

（4）风管制作应有批准的图纸、经审查的大样图、系统图，并有施工员书面的技术质量及安全交底。

12.2.2　风管及配件的制作工艺

（1）将板材展开划线。划线的基本线有直角线、垂直平分线、平行线、角平分线、直线等分、圆等分等。展开方法宜采用平行线法、放射线法和三角线法。根据图及大样风管不同的几何形状和规格、分别进行划线展开。

(2) 板材剪切必须进行下料的复核，以免有误，按划线形状用机械剪刀和手工剪刀进行剪切。

(3) 剪切时，手严禁伸入机械压板空隙中。上刀架不准放置工具等物品，调整板料时，脚不能放在踏板上。使用固定式振动剪两手要扶稳钢板，手距离刀口不得小于5cm，用力均匀适当。

(4) 板材下料后在轧口之前，必须用倒角机或剪刀进行倒角工作。

(5) 金属薄板制作的风管采用咬口连接、铆钉连接、焊接等不同方法。不同板材咬接或焊接界限必须符合有关规定。

(6) 焊接时可采用气焊、电焊或接触焊，焊缝形式应根据风管的构造和焊接方法而定。采用铆钉连接时，必须使铆钉中心线垂直于板面，铆钉头应把板材压紧，使板缝密合并且铆钉排列整齐、均匀。

(7) 咬口连接根据使用范围选择咬口形式。单咬口主要用于板材的拼接和圆形风管闭合咬口；立咬口主要用于圆形弯管或直接的管节咬口；联合角咬口主要用于矩形风管、弯管、三通管及四通管的咬接；转角咬口主要用于矩形风管，有时也用于弯管、三通管或四通管。

(8) 咬口后的板料将画好的折方线放在折方机上，置于下模的中心线。操作时使机械上刀片中心线与下模中心线重合，折成所需要的角度。

(9) 折方时应互相配合并与折方机保持一定距离，以免被翻转的钢板或配重碰伤。

(10) 制作圆风管时，将咬口两端拍成圆弧状放在卷圆机上圈圆，按风管圆径规格适当调整上、下辊间距，操作时，手不得直接推送钢板。

(11) 折方或卷圆后的钢板用合口机或手工进行合缝。操作时，用力要均匀。单、双口要确实咬合牢固，无胀裂和半咬口现象。

12.2.3 风管系统的安装工艺

1. 风管安装工艺流程

风管系统安装工艺流程如图12.1所示。

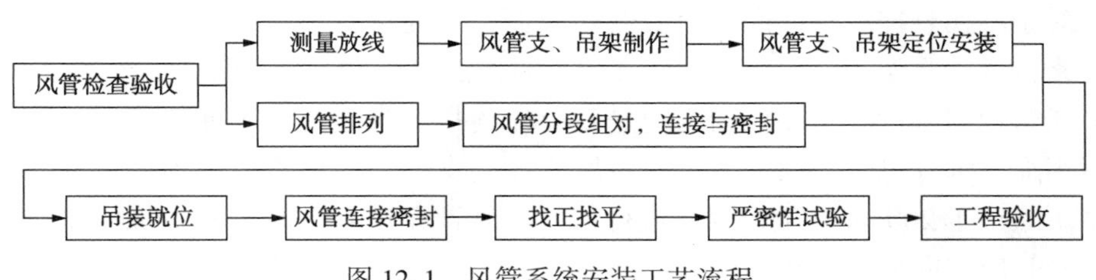

图12.1 风管系统安装工艺流程

2. 风管安装一般要求

(1) 在风管内不得敷设电线、电缆以及输送有毒、易燃、易爆的气体或液体的管道。

(2) 风管与配件可拆卸的接口，不得设置在墙和楼板内。

(3) 风管采用水平安装时，水平度允许偏差应不大于3mm/m，总偏差不大于20mm/m。

通风管采用垂直安装时，垂直度的允许偏差不大于 2mm/m，总偏差不大于 20mm/m。

(4) 输送产生凝结水或含有蒸汽的潮湿空气的通风管，应按设计要求的坡度安装。通风管底部不宜设置纵向接缝，如有接缝应进行密封处理。

(5) 安装输送含有易燃、易爆介质气体的系统和安装在易燃、易爆介质环境内的通风系统，都必须有良好的接地装置，并应尽量减少接口。输送易燃、易爆介质气体的风管，通过生活间或其他辅助生产房间必须严密，并且不得设置接口。

(6) 风管穿出屋面应设防雨罩。防雨罩应设置在建筑结构预制的井圈外侧，使雨水不能沿壁面渗漏到屋内；穿出屋面超过 1.5m 的立管宜设拉索进行固定。拉索不得固定在风管的法兰上，严禁拉在避雷针上。

(7) 钢制套管的内径尺寸，应以能穿过风管的法兰及保温层为准，其壁厚应不小于 2mm。套管应牢固地预埋在墙体和楼板(或地板)内。

3. 风管的吊装与就位

(1) 风管在安装前，应先对安装好的支架、吊架或托架做进一步检查，确定其位置是否正确，是否牢固可靠。根据施工方案中确定的吊装方法(整体吊装或单节吊装)，按照先干管后支管的安装程序进行吊装。

(2) 在吊装之前，应根据现场的具体情况，在梁、柱的节点上挂好滑车，穿上起重绳索，牢固地捆绑好风管，然后就可以开始吊装。

(3) 用绳索将风管捆绑结实。塑料风管、玻璃钢风管或复合材料风管等，如果需要整体吊装时，为防止损伤风管和便于吊装，绳索不得直接捆绑在风管上，应当用长木板托住风管底部，四周用软性材料作为垫层，待捆绑牢靠后方可起吊。

(4) 在开始起吊时，先缓慢地拉紧绳索，当风管离地 200~300mm 时应停止起吊，检查滑车受力点和所绑扎的绳索、绳扣是否牢固，风管的重心是否正确。当检查没问题后，再继续起吊到安装高度，把风管放置在支、吊架上，将风管加以稳固后，方可解开绳扣。

(5) 水平安装的风管，可以用吊架的调节螺栓或在支架上用调整垫块的方法来调整它的水平。风管安装就位后，即可以用拉线、水平尺和吊线等方法来检查风管安装是否达到横平竖直。

(6) 对于不便悬挂滑车或固定位置有所限制，不能进行整体或组合吊装时，可将风管分节用绳索拉到脚手架上，然后再抬到支架上对正法兰逐节进行安装。

(7) 风管地沟敷设时，在地沟内应进行分段连接。当地沟内不便操作时，可在沟边连接，然后用绳索绑好风管，用人力缓慢将风管放到支架上。风管甩出地面或在穿楼层时甩头的长度不应小于 200mm。敞口处应进行封堵。风管穿过基础时，应在浇灌基础前下好预埋套管，套管应牢固地固定在钢筋骨架上。

(8) 输送易燃、易爆气体或有这种环境下的风管应设置接地，并且尽量减少接口，当通过生活间或辅助间时，不得设有接口。不锈钢与碳素钢支架间垫以非金属垫片；铝板风管支架、抱箍应镀锌处理；硬聚氯乙烯风管穿墙或楼板应设套管，当长度大于 20m 时应设伸缩节；玻璃钢类风管不得有破裂、脱落及分层，安装后不得扭曲；空气净化空调系统风管安装应严格按程序进行，不得颠倒。

（9）风管、静压箱及其部件，在安装前内壁必须擦拭干净，做到无油污和浮尘，并要注意封堵临时端口；当安装在或穿过围护结构时，接缝处应密封，保持清洁和严密。

4. 柔性短管的安装

柔性短管是用来将风管与通风机、空调机、静压箱等相连的部件，防止设备产生的噪声通过风管传入房间，同时还起到伸缩和减振的作用。在柔性短管安装中，应注意以下方面。

（1）安装的柔性短管应松紧适当，不得有扭曲现象。柔性短管的长度一般在15~150mm范围内。

（2）制作柔性短管所用的材料，一般采用帆布或人造革。如果需要防潮时，帆布短管表面应当涂刷帆布漆，但不得涂刷涂料，以防止帆布失去弹性和伸缩性，起不到减振的作用。输送腐蚀性气体的柔性短管，应选用耐酸橡胶板或厚度为0.8~1mm的软聚氯乙烯塑料板制作。

（3）洁净风管的柔性短管连接。对洁净空调系统的柔性短管的连接要求做到两点，一是严密不漏；二是防止积尘。所以在安装柔性短管时一般常用人造革、涂胶帆布、软橡胶板等。柔性短管在接缝时注意严密，以免漏风，另外还要注意光面朝里，安装时不得有扭曲，以防止积尘。

5. 铝板风管的安装

（1）铝板风管法兰的连接应采用镀锌螺栓，并在法兰两侧垫以镀锌垫圈，以防止铝法兰被螺栓刺到。

（2）铝板风管的支架、抱箍应镀锌或按设计要求进行防腐处理。

（3）铝板风管采用角型法兰，应翻边连接，并用铝铆钉固定。采用的角钢法兰，其用料规格应符合相关规定，并应根据设计要求进行防腐处理。

6. 非金属风管安装

非金属风管安装与金属风管基本相同。但是由于塑料风管的机械性能和使用条件，与金属风管有所不同，因此在其安装中还应注意以下几点。

（1）由于塑料风管一般较重，加上塑料风管受温度和老化的影响，所以支架间距一般为2~3m，并且多数以吊架为主。聚氯乙烯风管的支架要求如表12.4所示。

表12.4 聚氯乙烯风管的支架要求

矩形风管的长边或圆形风管的直径/mm	承托角钢规格/mm	吊环螺栓直径/mm	支架最大间距/m
500	30×30×4	8	3.0
510~1000	40×40×5	8	3.0
1010~1500	50×50×6	10	3.0
1510~2000	50×50×6	10	2.0
2010~3000	60×60×7	10	2.0

（2）支架、吊架、托架与风管的接触面应较大，这是因为硬聚氯乙烯管质脆且易变形。

在接触面处应垫入厚度为3~5mm的塑料垫片，并使其粘贴在固定的支架上。

(3) 硬聚氯乙烯的线膨胀系数较大，因此支架抱箍不能将风管固定过紧，应当留有一定的间隙，以便于风管的伸缩。

(4) 硬聚氯乙烯塑料风管与热力管道或发热设备应有一定的距离，以防止风管受热而发生过大的变形。

(5) 硬聚氯乙烯塑料风管上所用的金属附件，如支架、螺栓和套管等，应根据防腐要求涂刷适宜的防腐材料。

(6) 风管的法兰垫料应采用3~6mm厚的耐酸橡胶板或软聚氯乙烯塑料板。螺栓可用镀锌螺栓或增强尼龙螺栓。在螺栓与法兰接触处应加垫圈增加其接触面，并防止螺孔因螺栓的拉力而受损。

(7) 排除会产生凝结水气体的水平塑料风管，应设有1%~1.5%的坡度，以便顺利排除产生的凝结水。

(8) 塑料风管穿墙或穿楼板时，应设金属套管保护。钢套管的壁厚不应小于2mm，如果套管截面大，其用料厚度也应相应增大。预埋时，钢套管外表面不应刷漆，但应除净油污和锈蚀。套管外配有肋板以便牢固地固定在墙体和楼板上。

(9) 套管和风管之间应留有5~10mm的间隙，或者以能穿过风管法兰为度，使塑料风管可以自由沿轴向移动。套管端应与墙面齐平，预埋在楼板中的套管，要高出楼面20mm。穿墙的金属套管如图12.2(a)所示。

(10) 塑料风管在穿过屋面时，应在土建施工中设置保护圈，如图12.2(b)所示，以防止雨水渗入，并防止风管受到冲击。

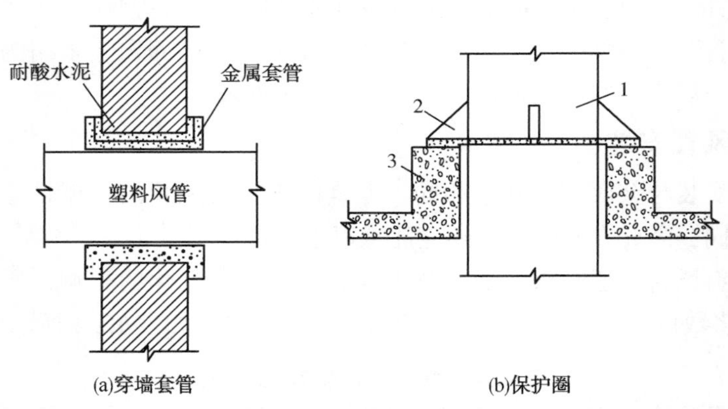

图12.2 塑料风管保护套管

注：1—塑料风管；2—塑料支撑；3—混凝土结构

(11) 在硬聚氯乙烯风管与法兰连接处，应当加焊三角支撑。

(12) 室外风管受自然环境影响严重，其壁厚宜适当增加，外表面涂刷两道铝粉漆或白油漆，减缓太阳辐射对塑料的老化。

(13) 塑料风管穿出屋面时，在1m处应加拉索，拉索的数量不得少于3根。

(14) 支管的重量不得由干管承担。在干管上要接较长的支管时，支管上必须设置支架、吊架和托架，以免干管承受支管的重量而造成破裂。

7. 风管连接的密封工艺

（1）风管连接的密封材料应满足系统功能的技术条件，对风管的材质无不良影响，并且绿色建筑节能工程施工有良好的气密性。风管法兰垫料的燃烧性能和耐热性能应符合表12.5中的规定。

表12.5 风管法兰垫料的燃烧性能和耐热性能

种类	燃烧性能	主要基材耐热性能/℃
玻璃纤维类	不燃A级	300
氯丁橡胶类	难燃B1级	100
异丁基橡胶类	难燃B1级	80
丁腈橡胶类	难燃B1级	120
聚氯乙烯	难燃B1级	100

（2）风管法兰垫料的使用。风管法兰垫料的使用应符合下列规定：①风管法兰垫料的厚度不宜太薄，一般宜为3~5mm；②输送温度低于70℃的空气，法兰垫料可采用橡胶板、闭孔海绵橡胶板、密封胶带或其他闭孔弹性材料；③防、排烟系统或输送温度高于70℃的空气或烟气，法兰垫料应采用耐热橡胶板或不燃的耐热、防火材料。

（3）密封垫料应减少拼接，其接头连接应采用梯形或榫形方式。法兰密封垫料接头形式如图12.3所示。

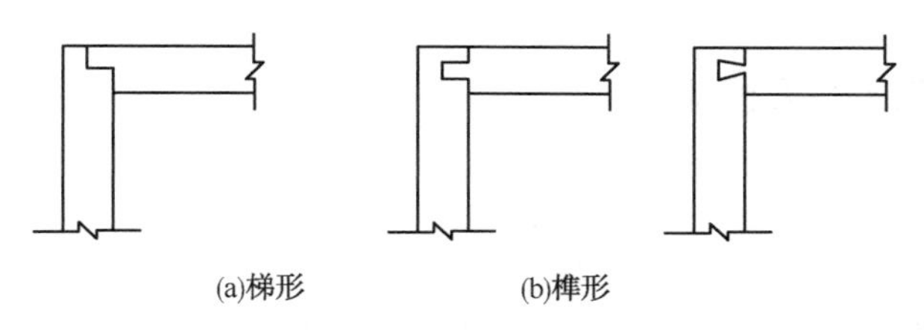

(a)梯形　　(b)榫形

图12.3 法兰密封垫料接头形式

（4）非金属风管采用PVC或铝合金插条法兰连接，应对四角和漏风缝隙进行密封处理。

8. 风管的严密性检查

（1）漏光法检测

通常采用分段检测、汇总分析的方法进行系统风管的检测，一般以阀件作为分段点。在严格安装质量管理的基础上，系统风管的严密性检测以总管和干管为主。

合格标准：根据规定要求低压系统风管每10m的漏光点不应超过2处，且每100m的平均漏光点不应超过16处；中央系统风管每10m的漏光点不应超过1处，且每100m的平均漏光点不应超过8处。

（2）漏风量测试

① 当低压风管系统用漏光法检测不合格时，可按规定的抽检率进行漏风量测试。

② 对于中压风管系统，采用漏光法检测合格后，还应对系统进行漏风量测试抽检，抽检率为20%，且不得少于1个系统。

③ 对于高压风管系统，在采用漏光法检测合格后，应全数进行漏风量测试。

④ 合格标准：矩形风管系统在相应工作压力下，单位面积单位时间内的允许漏风量[$m^3/(h \cdot m^2)$]计算分别如下。

a. 低压风管系统的允许漏风量：$Q_L \leqslant 0.1056P^{0.65}$；

b. 中压风管系统的允许漏风量：$Q_M \leqslant 0.0352P^{0.65}$；

c. 高压风管系统的允许漏风量：$Q_H \leqslant 0.0117P^{0.65}$（$P$ 为风管系统的工作压强，Pa）。

低压、中压圆形金属风管、复合材料风管以及采用非法兰形式的非金属风管的允许漏风量，为矩形风管规定值的50%。砖、混凝土风道的允许漏风量不应大于矩形低压系统风管规定值的1.5倍。排烟、除尘、低温送风系统按中压系统风管的规定，1~5级净化空调系统按高压系统风管的规定。

12.3 空调水系统节能工程施工技术

空调水系统是空调设备系统中的重要组成部分，其作用是将冷量由空调主机(冷源)输送到室内空调末端(空气处理设备)，再将空调末端吸收的热量由空调末端送到空调主机。它包括将冷冻水从空调机送到空调末端设备的冷冻水系统和空调主机的冷却水系统(仅对水冷冷水机组而言)。另外，还有将空气处理设备在制冷运行中产生的冷凝水集中有组织排放的冷凝水系统。

1. 空调水系统施工工艺流程

空调水系统施工工艺流程如图12.4所示。

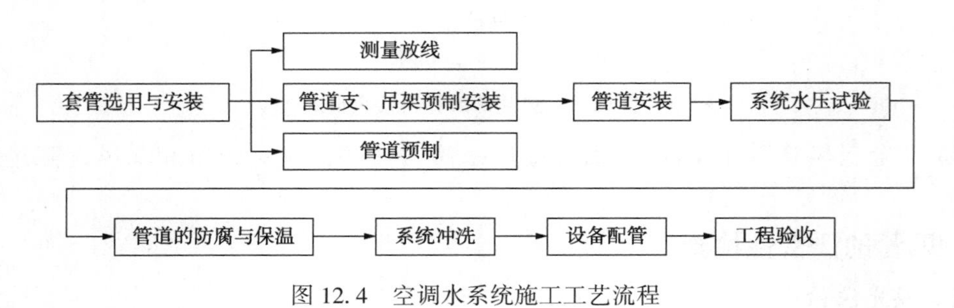

图12.4 空调水系统施工工艺流程

2. 空调水系统施工操作要点

(1) 空调工程水系统的设备与附属设备、管道、管配件及阀门的规格、型号、材质、数量及连接形式应符合设计要求。

(2) 空调工程水系统的设备水泵、冷却塔、冷水机组的安装基本流程如下：开箱检查→基础验收→整体式设备清洗、装配、安装，现场拼装冷却塔组装→配管→配电安装→空负荷试运转→工程验收。

（3）空调工程管道的安装要求如下。

① 管道隐蔽前必须经监理工程师验收并认可签证。

② 在进行管道和管件安装前，应将其内、外壁的污物和锈蚀清除干净。当管道安装间断时，应及时封闭敞开的管口。

③ 管道弯制弯管的弯曲半径，热弯时不应小于管道外径的3.5倍，冷弯时应不小于管道外径的4倍。焊接弯管不应小于管道外径的1.5倍，冲压弯管应不小于管道外径的1倍。弯管的最大外径与最小外径的差应不大于管道外径的8%，管壁减薄率应不大于15%。焊接钢管、镀锌钢管不得采用热煨弯。

④ 冷凝水排水管的坡度，应符合设计文件的要求。当设计无要求时，其坡度一般不宜小于8‰；软管连接的长度宜不大于150mm。

⑤ 管道与设备的连接，应在设备全部安装完毕后进行，与水泵、制冷机组的接管必须为柔性接口。柔性短管不得强行对口连接，与其连接的管道应设置独立支架。

⑥ 冷热水及冷却水系统应在系统冲洗、排污合格，再循环运行2h以上，且水质正常后才能与制冷机组、空调设备相贯通。冲洗是否合格可用目测的方法，以排出口的水色和透明度与入水口相比一样即可。

⑦ 空调水系统的冷热水管道与支、吊架之间应设置绝热衬垫，一般可采用承压强度能满足管道重量的不燃、难燃硬质绝热材料衬垫或经防腐处理的木衬垫，其厚度不应小于绝热层厚度，宽度应大于支、吊架支承面的宽度。衬垫的表面应平整，衬垫与绝热材料之间应填实无空隙。固定在建筑结构上的管道支、吊架，不得影响结构的安全。

⑧ 管道穿越墙体或楼板处应设置钢制套管，管道接口不得置于套管内，钢制套管应与墙体饰面或楼板底部平齐，上部应高出楼层地面20~50mm，并不得将套管作为管道的支撑。保温管道与套管四周间隙应选用不燃绝热材料填塞紧密。

（4）当空调水系统的管道采用建筑用硬聚氯乙烯（PVC-U）、聚丙烯（PP-R）、聚丁烯（PB）和交联聚乙烯（PEX）等有机材料管道时，其连接方法应符合设计和产品的技术要求。

（5）金属管道的焊接应符合下列要求：管道焊接材料的品种、规格、性能应符合设计要求；管道对接焊口的组对和坡口形式等应符合规定；对口的平直度为1/100，全长不大于10mm；管道的固定焊口应远离设备，且不宜与设备接口中心线相重合；管道对接焊缝与支、吊架的距离应大于50mm；管道的焊缝表面应清理干净，并进行外观质量检查；焊缝质量不得低于《现场设备、工业管道焊接工程施工规范》（GB 50236—2011）中第11.3.3条的规定。

（6）螺纹连接的管道，螺纹应清洁、规整，断丝或缺丝不得大于螺纹全扣数的10%；连接应牢固；接口处根部外露螺纹为2~3扣，并无外露填料；镀锌管道的镀锌层应注意保护，对局部的破损处，应进行防腐处理。

（7）用法兰连接的管道，法兰面应与管道中心线垂直，并达到同心；法兰对接应平行，其偏差应不大于其外径的1.5‰，且不得大于2mm；连接螺丝长度应一致，螺母在同侧、均匀拧紧；螺栓紧固后不应低于螺母平面；法兰的衬垫规格、品种与厚度应符合设计的要求。

（8）补偿器的补偿量和安装位置必须符合设计及产品技术文件的要求，并应根据设计计算的补偿量进行预拉伸或预压缩。设有补偿器（膨胀节）的管道应设置固定支架，其结构形式和固定位置应符合设计要求，并应在补偿器的预拉伸（或预压缩）前进行固定；导向支架的设置应符合所安装产品技术文件的要求。

(9) 空调机组回水管上的电动两通调节阀、风机盘管机组回水管上的电动两通调节阀、空调冷热水系统中的水力平衡阀、冷(热)量计量装置等自动阀门与仪表的安装应符合下列规定：规格、数量应符合设计要求；方向应正确；位置应便于操作和观察。

(10) 阀门、集气罐、自动排气装置、除污器(水过滤器)等管道件的安装应符合设计要求，并应符合下列规定。

① 阀门安装的位置、进出口方向应正确，并且应便于操作；连接应紧固，启闭应灵活；成排阀门的排列应整齐美观，在同一平面上允许偏差为3mm；安装在保温管道上的各类手动阀门，其手柄均不得向下。

② 阀门在安装前必须进行外观检查，阀门的铭牌应符合《工业阀门标志》(GB/T 12220—2015)的规定。对于工作压力大于1.0MPa及在主干管上起到切断作用的阀门，应进行强度和严密性试验，合格后方可使用。电动、气动等自动控制阀门在安装前应进行单体的调试，包括开启、关闭等动作试验。

③ 冷冻水和冷却水的除污器(水过滤器)应安装在进机组前的管道上，方向正确且便于清污；与管道连接牢固、严密，其安装位置应便于滤网的拆装和清洗。过滤器滤网的材质、规格和包扎方法应符合设计要求。

④ 闭式系统管路应在系统最高处及所有可能积聚空气的高点设置排气阀，在管路最低点应设置排水管及排水阀。

(11) 空调水系统的水泵规格、型号、技术参数应符合设计要求和产品性能指标。水泵正常连续试运行的时间不应少于2h。

(12) 水泵及附属设备的安装应符合下列要求。

① 水泵的平面位置和标高应符合设计要求，允许偏差为±10mm，安装的地脚螺栓应垂直、拧紧，且与设备底座接触紧密。

② 水泵及附属设备安装用的垫铁组位置正确、平稳、接触紧密，每组不超过3块。

③ 整体安装的水泵，纵向水平偏差应不大于0.1%，横向水平偏差不应大于0.2%；解体安装的水泵，纵、横向水平偏差均应不大于0.05%；水泵与电机采用联轴器连接时，联轴器两轴芯的允许偏差，轴向倾斜应不大于0.2%，径向位移应不大于0.05mm；小型整体安装的管道水泵不应有明显的偏差。

④ 当设备有减振要求时，水泵应配设减振设施。减振器与水泵及水泵基础连接牢固、平稳、接触紧密。当设备转速大于1200r/min时，宜用弹性材料垫块或橡胶减振器；当设备转速小于1200r/min时，宜用弹簧减振器。

(13) 水箱、集水器、分水器、储冷罐等设备的满水试验或水压试验必须符合设计要求。储冷罐内壁防腐涂层的材质、涂抹质量、涂层厚度必须符合设计或产品技术文件要求，储冷罐与底座必须进行绝热处理。

(14) 水箱、集水器、分水器、储冷罐等设备的安装，支架或底座的尺寸、位置应符合设计要求。设备与支架或底座应接触紧密，安装平整、牢固，平面位置允许偏差为±15mm，标高允许偏差为±5mm，垂直度允许偏差为1‰。膨胀水箱安装的位置及接管的连接应符合设计文件的要求。

（15）风机盘管机组及其他空调设备与管道的连接，宜采用弹性接管或软接管(金属或非金属软管)，其耐压值应大于1.5倍的工作压力。软管的连接应牢固，不应有强扭和瘪管。

（16）冷却塔的规格、型号、技术参数必须符合设计要求。对含有易燃材料冷却塔的安装，必须严格执行施工防火安全的规定。

（17）冷却塔的安装工艺，冷却塔的安装应符合下列要求。

① 基础的标高应符合设计要求，允许偏差为±20mm。冷却塔的地脚螺栓与预埋件的连接或固定应牢固，各连接部件应采用热镀锌或不锈钢螺栓，其紧固力应一致、均匀。

② 冷却塔安装应水平，单台冷却塔安装水平度和垂直度的允许偏差均为2‰。

③ 冷却塔的出水口及喷嘴的方向和位置应正确，积水盘应严密无渗漏，分水器布水均匀。带转动布水器的冷却塔，其转动部分应灵活，喷水出口按设计或产品要求，方向应一致。

④ 冷却塔风机叶片端部与塔体四周的径向间隙应均匀，对于可以调整的叶片，角度应当一致。

⑤ 多台冷却塔并联使用时，应当使并联管路的阻力平衡，确保水量分配均匀；接水盘也应接管连通，使多台冷却水位高差不大于30mm；直径100mm以上的水管与冷却塔相连时，宜采用防振的软接头，防止水管振动引起冷却塔的振动。

（18）制冷机组(包括压缩式冷水机组、吸收式冷水机组和模块式冷水机组)的安装。

① 开箱检查。依据设备清单认真核对冷水机组的名称、产地、型号、规格、技术性能参数、合格证书、设备安装使用说明书、性能检测报告和随机备件。

② 进行设备清洗。对制冷机组的汽缸、活塞、吸排气阀、曲轴箱和油路清洗干净，过滤或更换润滑油，并测量必要的同轴度和装配间隙。

③ 设备定位找中找正。活塞式制冷机组机身纵横向水平度允许偏差为0.2‰，螺杆式、离心式和模块式制冷机组机身纵横向水平度允许偏差为0.1%，溴化锂吸收式制冷机组机身纵横向水平度允许偏差为0.5%，辅助设备的立式垂直度或卧式水平度均为1%，附设冷凝器和储液器应向集油端倾斜1%～2%。

④ 对组装式制冷机组和现场充注制冷剂的机组，必须进行吹污、气密性试验、真空试验和充注制冷剂检漏试验，其技术数据必须符合产品技术文件和国家相关标准的规定。

（19）管道系统安装完毕、外观质量检查合格后，应按设计要求进行水压试验，当设计无规定时应符合下列要求。

① 冷热水、冷却水系统的试验压力，当工作压力小于等于1.0MPa时，为1.5倍的工作压力，但最低不小于0.6MPa；当工作压力大于1.0MPa时，为工作压力加0.5MPa。

② 对于大型或高层建筑垂直位差较大的冷(热)媒水、冷却水管道系统采用分区、分层试压和系统试压相结合的方法。一般建筑可采用系统试压的方法。

③ 分区、分层试压。对于相对独立的局部区域的管道进行试压。在试验压力下，稳压时间10min，压力不得下降，再将系统压力降至工作压力，在60min内压力不得下降，外观检查无渗漏为试压合格。

④ 系统试压。在各分区管道与系统主、干管全部连通后，对整个系统的管道进行系统试压。试验压力以最低点的压力为准，但最低点的压力不得超过管道与组成件的承受压力。压力试验升至试验压力后，稳压10min，压力下降不得大于0.02MPa，再将系统压力降至工

作压力，外观检查无渗漏为试压合格。

⑤ 各类耐压塑料管的强度试验压力为1.5倍工作压力，严密工作压力为1.15倍的设计工作压力。

⑥ 凝结水系统采用充水试验，应以不渗漏为合格。

12.4 通风空调设备节能工程施工技术

通风与空调设备安装包括内容很多，也是安装中的重点工作。其中主要包括风机盘管机组的安装、通风机的安装、空调机组的安装、新风空调器的安装、空气处理室及洁净室的安装、制冷机组的安装、附属设备的安装、管道系统的安装。

12.4.1 风机盘管机组的安装

我国从1972年开始研制风机盘管机组，并首先应用于北京饭店新楼的空调系统中。经过近些年的不懈努力，国产风机盘管在提高送风静压、降低噪声及输入功率、提高结构设计、多种焓差设计、发展两排风机盘管、多种水路方面，均取得了可观的进步，缩小了与国外水平的差距。

风机盘管机组的工作原理是：风机循环室内空气，使之通过供冷水或热水的盘管，被冷却或加热，以保持房间温度。其中，空气过滤器的作用是过滤室内循环空气中的灰尘，改善房间卫生条件，同时保护盘管不被灰尘堵塞，确保风量和换热效果。

风机盘管机组国内已有很多生产厂家，其种类根据安装的位置不同，可分为立式明装、立式暗装、卧式明装、卧式暗装、立柱式明装、立柱式暗装及顶棚式等。风机盘管机组由风机、电动机、盘管、空气过滤器、室温调节器等组成。为了保证风机盘管机组的正常运转，使空调房间的温度达到设计要求，与风机盘管机组配套的部件必须齐备。配套的部件有室温调节器和风机转速变换开关、电动三通或二通调节阀、水过滤器及柔性接头等。风机盘管机组的部件组成如表12.6所列。

表12.6 风机盘管机组的部件组成

类别	部件名称	具体说明
基本部件	机组箱体	机组箱体采用轻型钢骨架和薄钢板制成，其吸风和出风格栅制成固定式或可调式。围护面层可以拆卸，便于设备进行检修；明装机组箱体造型比较美观，表面油漆色调与建筑装饰比较协调
	风机	机组内装有两台风机。风机有双进风前向多叶式离心风机和活贯流式风机，其平衡性较好，是一种低噪声的风机
	电动机	采用单相电容调速低噪声电机，电机设有高、中、低3档转速，以便改变风机的风量大小
	盘管	盘管多采用钢管铝串片，夏季通以冷冻水，对空气进行冷却减湿处理；冬季通以热水，用来加热空气，为收集凝结水还设有凝水盘
	空气过滤器	空气过滤器在机组回风吸入口处，过滤器用未过滤室内的回风。空气过滤器一般为抽屉式，可在不拆开机组的情况下，进行更换或清洗

续表

类别	部件名称	具体说明
配套部件	室温调节器	室温调节器又称为恒温器，是室内空调装置用温度调节控制的，它与电动调节阀和风机盘管配套使用 室温调节器有电子式和机械式两种，是由电子感温元件或双金属感温元件检测室内温度，通过电触点控制电动调节阀的通或断，变换风机盘管的送风温度达到空调房间温度自动调节的目的
	电动调节阀	与风机盘管配套用的电动调节阀，有二通和三通调节阀，它根据冷冻水系统的具体情况来选择 当冷冻水系统设有压差旁通调节阀时，可选用二通调节阀；当冷冻水系统无压差旁通调节阀时，为保证系统在变流量的情况下仍能定水量运转，应选用三通调节阀
	水过滤器	水过滤器安装在风机盘管冷冻水或热水管道的入口处，其作用是清除管道中的机械杂质，以保护风机盘管免受堵塞
	柔性接头	柔性接头用于管道与风机盘管的连接处，以消除由于硬连接而出现的漏水现象，同时可防止在连接过程中损坏风机盘管等弊病 目前常用的柔性接头有两种形式：一种是特制的橡胶柔性接头，接头的两端各设一个活接头，一端与管道连接，另一端与风机盘管连接；另一种是退火的紫铜管，两端用扩管器扩成喇叭口形，再用锁母拧紧

风机盘管的安装方法与诱导器基本相同，在《风机盘管机组》(GB/T 19232—2019)中有具体的要求。在安装过程中还应注意如下事项。

(1) 风机盘管在就位前，应按照设计要求的形式、型号及接管方向进行复核，确认无误后才能正式安装。

(2) 对于各类暗装的风机盘管，在安装过程中应与室内装饰工作密切配合，防止在施工中损坏已装饰的墙面或顶棚。

(3) 与风机盘管连接的冷冻水或热水管，采用接上水和回水的连接位置安装(即下送上回方式)，以提高空气处理的热工性能。

(4) 凝结水管路的坡度应坡向排水管，防止反坡而造成凝结水盘内的水外溢。

12.4.2 通风机的安装

1. 通风机的开箱检查

在风机开箱检查时，首先应根据设计图纸核对名称、型号、机号、传动方式、旋转方向和风口位置。通风机符合设计要求后，应对通风机进行下列检查。

(1) 根据设备装箱单，核对叶轮、机壳和其他部位(如地脚螺栓孔中心距，进风口、排风口法兰孔径和方位及中心距、轴的中心标高等)的主要尺寸是否符合设计要求。

(2) 叶轮的旋转方向应符合设备技术文件规定。

(3) 进风口、排风口应有盖板严密遮盖，防止尘土和杂物进入。

(4) 检查通风机外露部分各加工面的防锈情况，以及转子是否发生明显的变形或严重锈蚀、碰伤等，如果有以上情况应会同有关单位研究处理。

(5) 检查通风机叶轮和进气短管的间隙，用手盘动叶轮，旋转时叶轮不应和进气短管相碰。叶轮的平衡在出厂时都经过严格校正，一般在安装时可不进行这项检查。

2. 通风机的搬运和吊装

通风机应按照设计图纸的要求，安装在混凝土基础上、通风机平台上或墙、柱的支架上。由于通风机连同电动机重量较大，所以在平台上或较高的基础上安装时，可用滑轮或倒链进行吊装。在通风机的搬运和吊装中应注意如下事项。

(1) 整体安装的风机，绳索不能捆绑在转子和机壳或轴承盖的吊环上，而应当固定在风机轴承箱的两个受力环上或电机的受力环上，以及机壳侧面的法兰网孔上。

(2) 与机壳边接触的绳索，在棱角处应垫上软物，防止绳索受力磨损切割绳索或损伤机壳表面。特别是现场组装的风机，绳索捆绑不能损伤机件表面、转子、轴颈和轴衬等处。

(3) 输送特殊介质的通风机转子和机壳内涂敷的保护层，应严加保护，不得出现损坏。

3. 离心式通风机的安装

离心式通风机底座有安装在减振装置上和直接安装在基础上两种形式。

(1) 离心式通风机本体的安装

安装的风机本体要求其叶轮旋转后，每次都不停留在原来位置上，并不得碰撞机壳。安装后的允许偏差及检验方法如表 12.7 所列。

表 12.7　通风机安装允许偏差及检验方法

序号	项目		允许偏差	检验方法
1	中心线的平面位移		10mm	经纬仪、拉线或尺量检查
2	标高		±10mm	水准仪或水平尺、直尺、拉线和尺量检查
3	皮带轮轮宽中心平面偏移		1mm	在主、从动皮带轮端面拉线和尺量检查
4	传动轴水平度		纵向 0.2‰ 横向 0.3‰	在轴或皮带轮 0°和 180°的两个位置上，用水平仪检查
5	联轴器	两轴芯径向位移	0.04mm	在联轴器互相垂直的 4 个位置上，用百分表检查
		两轴线倾斜	0.2‰	

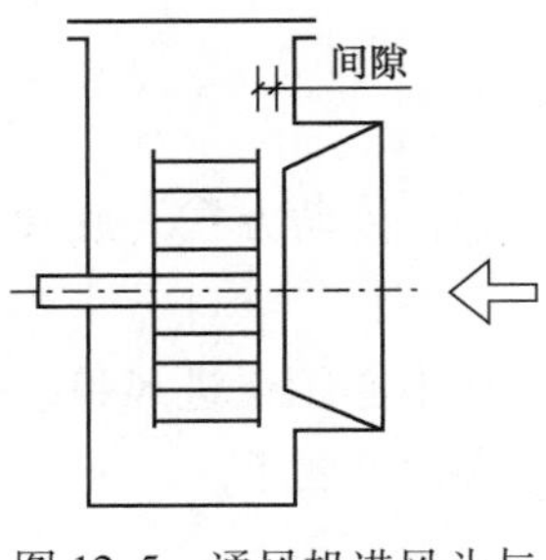

图 12.5　通风机进风斗与叶轮的轴向间隙示意图

表 12.7 中传动轴水平度为：纵向水平度用水平尺在主轴上进行测定，横向水平度用水平尺在轴承座的水平中分面上进行测定。

离心式通风机在进行装配时，机壳进风斗(即吸气短管)的中心线与叶轮中心线应在一条直线上，并且机壳进风斗与叶轮的轴向间隙如图 12.5 所示，应符合设备技术文件的规定，如无规定时可参考表 12.8 中的值。

表 12.8　进风斗与叶轮的间隙值

离心式风机机号	进风斗与叶轮间隙/mm
2~3	≤3
4~5	≤4
6~11	≤6
12 以上	≤7

(2) 离心式通风机中电动机的安装

电动机安装前首先应找正找平，并以装好的通风机为准。当用三角皮带传动时，电动机可在滑轨上进行调整，滑轨的位置应保证风机和电动机的两轴中心线相互平行，并水平固定在基础上。滑轨的方向不能装反，安装在室外的排风机应装设防雨罩。

(3) 离心式通风机三角皮带轮找正

用三角皮带轮传动的通风机，在安装电动机时，要对电动机上的皮带轮进行找正，以保证电动机和通风机的轴线相互平行，要使两个皮带轮的中心线相重合，三角皮带被拉紧。

皮带轨找正后的允许偏差，必须符合表 12.9 中的规定。三角皮带传动的通风机和电动机轴的中心线间距和皮带的规格应符合设计要求。

表 12.9　风机安装允许偏差

<table>
<tr><th>序号</th><th colspan="2">项目</th><th>允许偏差</th></tr>
<tr><td>1</td><td colspan="2">中心线的平面位移</td><td>10mm</td></tr>
<tr><td>2</td><td colspan="2">标高</td><td>±10mm</td></tr>
<tr><td>3</td><td colspan="2">皮带轮轮宽中心平面位移</td><td>1mm</td></tr>
<tr><td rowspan="2">4</td><td rowspan="2">传动轴水平度</td><td>纵向</td><td>0.2/1000</td></tr>
<tr><td>横向</td><td>0.3/1000</td></tr>
<tr><td rowspan="2">5</td><td rowspan="2">联轴器同心度</td><td>径向位移</td><td>0.05mm</td></tr>
<tr><td>轴向倾斜</td><td>0.2/1000</td></tr>
</table>

(4) 离心式通风机联轴器的安装

联轴器连接通风机与电动机时，两轴中心线应当在同一直线上，其轴向倾斜允许偏差为 0.2‰，其径向位移的允许偏差为 0.05mm。

对联轴器进行找正的目的是消除通风机主轴中心线与电动机传动轴中心线的不同心度及不平行度，否则将会引起通风机的较大振动、电动机和轴承产生过热等现象。图 12.6 中所示为联轴器在安装过程中可能出现的几种情况。

图 12.6(a)为两中心线完全重合，这是安装最理想的情况；图 12.6(b)表示两中心线不同心，有径向位移，但两轴的中心线是平行的；图 12.6(c)表示两中心线不平行，有轴向倾斜(角位移)；图 12.6(d)表示两中心线既有径向位移，又有轴向倾斜。在实际安装过程中，要达到两中心线完全重合是非常困难的，只要达到表 12.9 中要求的允许偏差，就认为安装是合格的。

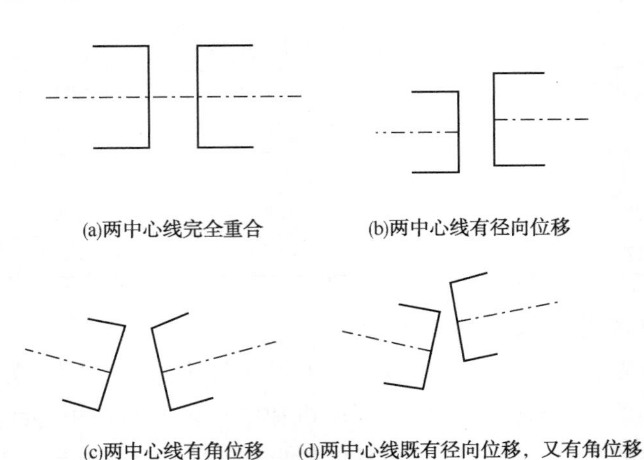

图 12. 6　联轴器在安装过程中可能出现的几种情况

（5）离心式通风机的进出口接管

离心式通风机进口和出口处的动压较大，试验证明动压值越大，局部的阻力也就越大，因此，进出口接管的做法对通风机效率的影响非常明显。在进行离心式通风机的进出口接管时，应注意以下几个方面。

① 通风机出口应顺通风机叶片转向接出弯管。在现场条件允许的情况下，还应保证通风机出口至弯管的距离 A 最好为风机出口长边的 1. 5~2. 5 倍。但在实际工程中往往由于现场条件的限制，不能按规定去做，应采取相应的其他措施。

② 通风机进口接管口在实际工程中，常因各种具体情况或现场条件的限制，有时采取一种不良的接口，从而造成涡流区，增加了压力损失。可在弯管内增设导风叶片以改善涡流区。

③ 离心式通风机的进风口或进风管路直接通往大气时，应当加装保护网或采取其他安全措施。

④ 离心式通风机的进风管、出风管等应有单独的支撑，并与基础或其他建筑结构连接牢固；风管与风机连接时，法兰面不得硬拉，机壳不应承受其他机体的重量，以防止机壳被压而发生变形。

4. 轴流式通风机的安装

轴流式通风机工作时，动力机驱动叶轮在圆筒形机壳内旋转，气体从集流器进入，通过叶轮获得能量，提高压力和速度，然后沿轴向排出。轴流通风机的布置形式有立式、卧式和倾斜式 3 种。轴流式通风机具有结构简单、低噪声、安装简便、防腐性能良好、静压及效率高、运转平稳、机械振动小等特点。不仅广泛应用于酸洗工段、化验室、地下室、发电厂、电镀、氧化厂等含有腐蚀性气体的场所，也可以用于一般工矿企业、仓库、办公楼、住所等场所的通风换气。

轴流式通风机分为叶轮与电机直联式和叶轮与电机用皮带传动两大类。叶轮与电机直联式主要用于局部排气或小的排气系统中，较多的是安装在风管中、墙洞内、窗户上或支架上。叶轮与电机用皮带传动的轴流式通风机，一般直径都比较大，在工业车间（如纺织等）应用比较普遍，风量比较大，噪声比较低。轴流式通风机在安装过程中应注意以下几个方面。

（1）轴流式通风机在墙体上安装。在墙体上安装轴流式通风机时，支架的位置和标高应符合设计图纸的要求。支架应用水平尺进行找平，支架的螺栓孔要与通风机底座的螺孔一致，底座下应垫 3~5mm 厚的橡胶圈，以避免通风机与支架刚性接触。

（2）轴流式通风机在墙洞或风管内安装。墙体的厚度应不小于 240mm。在土建工程施工时，应及时配合预留孔洞，并预埋好挡板的固定件和轴流通风机支座的预埋件。

（3）轴流式通风机在钢窗上安装。在需要安装轴流式通风机的钢窗上，首先用厚度为 2mm 的钢板封闭窗口，在安装钢板前打好与通风机框架上相同的螺孔，并开好与通风机直径相同的洞。洞内安装通风机，洞外装铝质活动百叶格。通风机关闭时，叶片向下挡住室外气流进入室内；通风机开启时，叶片被通风机吹起，排出气流。当对通风机有遮光要求时，在洞内可安装带有遮光百叶的排风口。

（4）大型轴流式通风机组装间隙允许误差。大型轴流式通风机组装叶轮与机壳的间隙应均匀分布，并符合设计文件中的要求。叶轮与主体风筒对应两侧间隙的允许误差如表 12.10所示。

表 12.10　叶轮与主体风筒对应两侧间隙的允许误差　　mm

叶轮直径	对应两侧间隙最大允许误差≤
≤600	0.5
600~1200	1.0
1200~2000	1.5
200~3000	2.0
3000~5000	2.5
5000~8000	5.0
≥8000	6.5

12.4.3　空调机组的安装

1. 组合式空调机组安装

组合式空调机组是由各种空气处理功能段组装而成的空气处理设备，这种空调机组主要适用于阻力大于 100Pa 的空调系统。机组空气处理功能段主要包括空气混合、均流、过滤、冷却、一次和二次加热、去湿、加湿、送风机、回风机、喷水、消声、热回收等单元体。

按照结构形式不同分类，组合式空调机组可分为卧式、立式和吊顶式；按照用途特征不同分类，组合式空调机组可分为通用机组、新风机组、净化机组和专用机组(如屋顶机组、地铁用机组和计算机房专用机组等)；另外，还可以按照规格分类，机组的基本规格可用额定风量表示。

组合式空调机组是由制冷压缩冷凝机组和空调器两部分组成。组合式空调机组与整体式空调机组基本相同，其区别是将制冷压缩冷凝机由箱体内移出，安装在空调器的附近。电加热器安装在送风管道内，一般分为三组或四组进行手动或自动调节。电气装置和自动调节元件安装在单独的控制箱内。组合式空调机组的组成如图 12.7 所示。

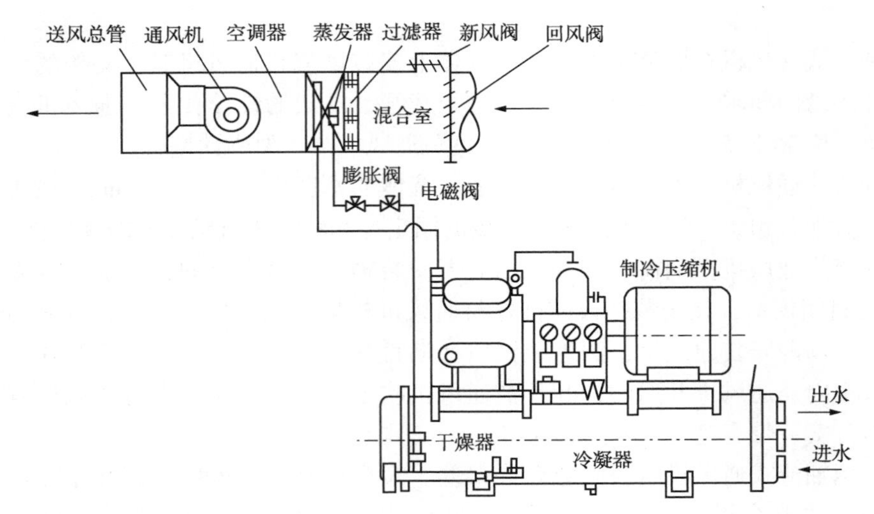

图 12.7　组合式空调机组的组成

组合式空调机组的安装，主要包括压缩冷凝机组、空气调节器、风管内电加热器、配电箱及控制仪表等的安装，另外还要对机组漏风量进行测试。《组合式空调机组》(GB/T 14294—2008)中，对组合式空调机组的安装有明确的规定，应当严格执行。对各功能段的组装，也应符合设计规定的顺序和要求。

(1) 压缩冷凝机组安装

压缩冷凝机组应安装在混凝土基础上，混凝土基础的强度、表面平整度、安装位置、标高、预留孔洞及预埋件等均应符合设计要求。在进行设备吊装时，应注意用衬垫将设备垫好，不要将设备磨损和变形；在进行绑扎时，主要承力点应高于设备重心，防止在起吊时产生倾斜；还应防止机组底座产生扭曲和变形。吊索的转折处与设备接触部位，应使用软质材料进行衬垫，避免设备、管路、仪表、附件等受损和损坏表面油漆。

设备就位后，应进行找平找正。机身纵向和横向的水平度偏差应不大于 0.2‰，测量部位应在立轴外露部分或其他基准面上；对于公共底座的压缩冷凝机组，可在主机结构选择适当的位置作为基准面。

压缩冷凝机组与空气调节器管路的连接：压缩机吸入管可用紫铜管或无缝钢管，与空气调节器引出端的法兰连接。如果采用焊接时，不得有裂缝、砂眼等渗漏现象。压缩冷凝机组的出液管可用紫铜管，与空气调节器上的蒸发膨胀阀连接，连接前应将紫铜管螺母卸掉后，用扩管器制成喇叭形的接口，管内应确保干燥洁净，不得有任何漏气现象。

(2) 空气调节器的安装

组合式空调机组的空气调节器的安装，与整体式空调机组基本相同，可以参照整体式空调机组的方法进行安装。

(3) 风管电加热器安装

当采用一台空调器控制两个恒温车间时，一般除主风管安装电加热器外，还需要在控制恒温房间的支管上安装电加热器，这种电加热器称为微调加热器或收敛加热器，它是受恒温房间的干球温度控制的。干球温度是指暴露于空气中而又不受太阳直接照射的干球温度表上所读取的数值。

电加热器安装后，在其前后 800mm 范围内的风管隔热层应采用石棉板、岩棉等不燃材料，防止系统在运转时出现不正常情况，而致使隔热层过热引起燃烧。

(4) 机组漏风量的测试

对现场组装的空调机组应进行漏风量测试，其漏风量的标准如下。

① 当空调机组的静压为 700Pa 时，漏风率应不大于 1%。

② 用于空气净化系统的机组，静压应为 1000Pa，当室内洁净度小于 1000 级时，漏风率应不大于 2%。

③ 当室内洁净度大于或等于 1000 级时，漏风率应不大于 1%。

2. 整体式空调机组安装

整体式空调机组是将制冷压缩冷凝机组、蒸发器、通风机、加热器、加湿器、空气过滤器及自动调节和电气控制装置等，全部组装在一个箱体内。这类空调机组的制冷量范围一般为 6978~116300W，目前国内生产整体式空调的数量不断增加。

整体式空调机组采用直接蒸发式表面冷却器和电极加热器。电极加热器安装在箱体内或送风管内。制冷量的调节是根据空调房间的温度和湿度变化，控制制冷压缩机的运行缸数，或者用电磁阀控制蒸发制冷剂的流入量来实现的。空气加热除采用电加热或蒸汽、热水加热器外，有的空调机组还具有调节换向阀，使制冷系统转变为热泵运转，达到空气加热的目的。

(1) 整体式空调机组分类

整体式空调机组按其用途不同，可分为恒温恒湿空调机组(即 H 型)和一般空调机组(即 L 型)。其中，H 型又可分为一般空调机组和机房专用空调机组。机房专用空调机组用于电子计算机机房、程控电话机房等场合。整体式空调机组按冷凝器冷却介质不同，可分为水冷型和风冷型。整体式空调机组的结构组成如图 12.8 所示。

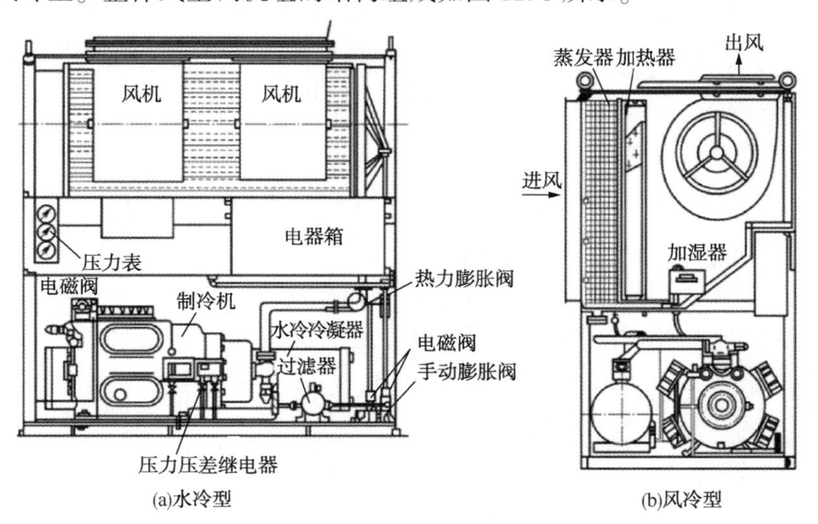

图 12.8 整体式空调机组的结构组成

(2) 整体式空调机组安装准备

整体式空调机组安装前，应认真熟悉施工图纸、设备说明书及有关的技术文件。根据设备装箱单会同建设单位，对制冷设备零件、部件、附属材料及专用工具的规格、数量进行检查，并做好记录。当制冷设备充有保护性气体时，应检查压力表示值，确定有无泄漏情况。

(3) 整体式空调机组安装步骤

① 整体式空调机组安装时，可直接安放在混凝土的基座上，也可根据要求在基座上垫上橡胶板，以减少机组运转时的振动。

② 整体式空调机组安装的坐标位置应正确，并对机组进行仔细的找平找正。

③ 要按照设计或设备说明书要求的流程，对水冷式机组冷凝器的冷却水管进行连接。

④ 机组的电气装置及自动调节仪表的接线，应当参照电气、自控平面敷设电管、穿线，并参照设备技术文件进行接线。

3. 分体式空调机组安装

分体式空调机组就是把空调器分成室内机组和室外机组两部分，把噪声比较大的轴流风扇、压缩机及冷凝器等安装在室外机组内。把蒸发器、毛细管、控制电器和风机等室内不可缺少部分安装在室内机组中。

(1) 分体式空调机组特点和分类

分体式空调机组具有外形美观、式样很多、占地面积小、产生噪声低、使用灵活、安装检修方便等优点。分体式空调机组由室内机、室外机以及连接管道和电缆线组成。根据室内机的种类不同，可分为挂墙式、吊顶式、吸顶式、落地式、柜式等，在民用建筑工程中最常用的是挂墙式分体空调机组。挂墙式分体空调机组的基本结构如图 12.9 所示，其制冷循环原理如图 12.10 所示。

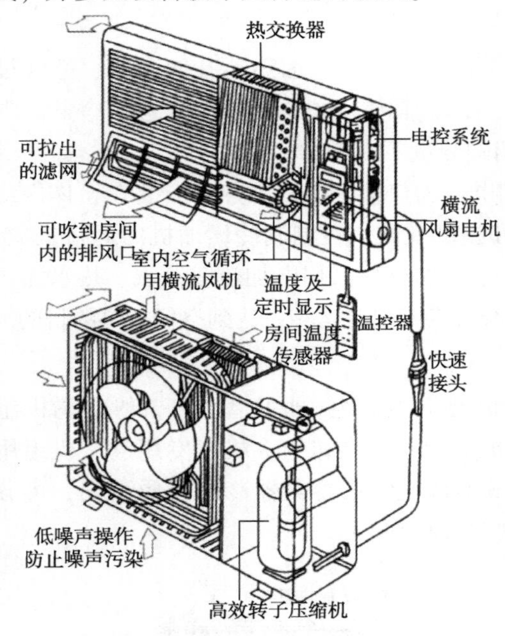

图 12.9 挂墙式分体空调机组的基本结构

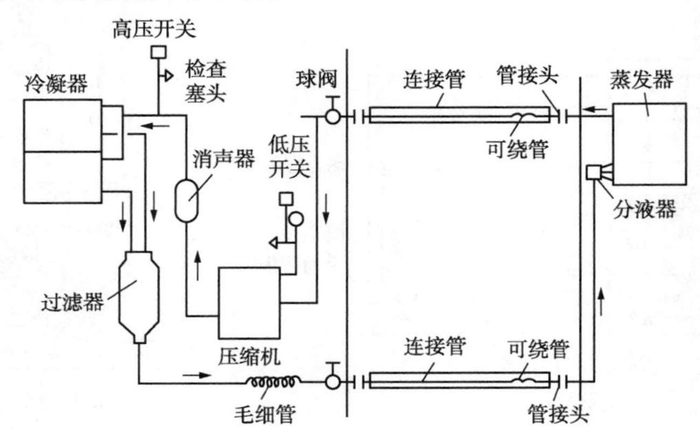

图 12.10 挂墙式分体空调机组制冷循环原理

(2) 分体式空调器的安装流程

分体式空调器的安装流程如图 12.11 所示。

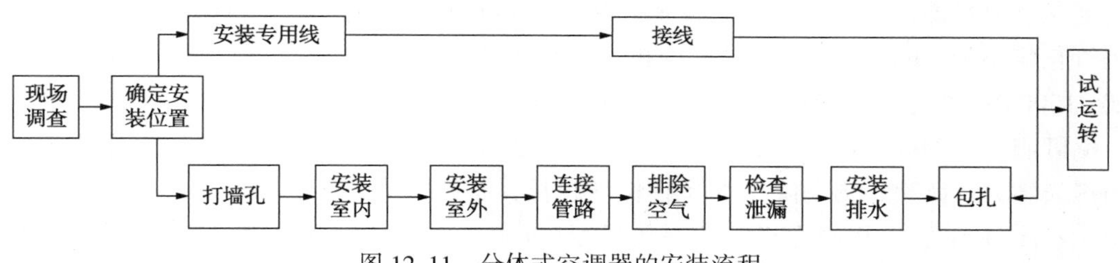

图 12.11 分体式空调器的安装流程

(3) 分体式空调器的安装要求

分体式空调器的类型比较多，它们的结构不相同，安装方法也不尽相同，其一般安装要求主要包括以下方面。

① 室内外机组的安装位置要选择适当，必要时安装人员要与用户一起勘查现场，选择最适宜的位置。室内外机组均要安装在无日光照射、远离热源的地方。

② 要保证室内外机组的周围具有足够的空间，以保证气流通畅和便于检修。

③ 室内机组既要考虑安装方便又要兼顾美化环境，还要使气流合理，保证通风良好。

④ 在不影响以上各项要求的基础上，安装位置要选在管路短、高差小，且易于操作检修的地方。

⑤ 室外机组位置不在地面或楼顶平面而需要悬挂在墙壁上时，应制作牢固可靠的支架。

⑥ 室外机组的出风口不应对准强风吹送的方向，也不应在前面有障碍物造成气流短路。

⑦ 在正式安装时，安装中所用的标准备件、工具、材料，应准备齐全，符合要求。

⑧ 现场安装操作应按技术要求进行，动作要准确、迅速，管的连接要保证接头清洁和密封良好，电气线路要保证连接无误。安装完毕要多次进行检漏和线路复查，确认无误后方可通电试运转。

⑨ 制冷剂管路超过原机管路长度时，应按需要加设延长管，并按规定补充制冷剂。

⑩ 管路连接完毕后一定要将系统内的空气排净。

(4) 分体式空调器安装施工要点

① 空调器安装位置选择

空调器的位置应选择在使室内外机组尽量靠近便于安装、操作和维修的部位，室内机组位置选择应使气流组织合理，并考虑到装饰效果；室外机组要避免太阳直射，排风要通畅，机组的正面不要面向强风。

② 空调器的配管安装

当采用机组原配管时，打开连接管两端护盖后，应立即与机组连接，不应搁置过长时间；非原配管应尽量采用专供空调用管，否则应将自配的紫铜管作退火、酸洗和氮气吹污处理，连接时应先排除管中的空气。

连接室内外机组的制冷剂管的长度要在规定的范围之内，配管长度与室内外机组的安装高差（即两机组底面间的高度差）和机组名义制冷量有关。

名义制冷量即铭牌上的冷量。名义制冷量在4000W以下的机组，机组高差应小于15m，单程管长应小于20m；4000～8000W的机组，机组高差应小于20m，单程管长应小于30m；8000～15000W的机组，机组高差应小于30m，单程管长应小于40m。

铭牌制冷量的确定以单程长度为5m的连接管作为基准，当单程水平管长超过5m时，阻力损失增大，制冷能力下降，水平管长度越长，制冷能力下降越多。若室内机组高于室外机组不超过5m，单程制冷剂管的等效长度（即直管实际长度和其他管等效长度总和）为10m、15m、20m和25m时，实际制冷能力分别为名义制冷量的0.965倍、0.950倍、0.930倍和0.910倍。

为了避免制冷量的下降，单程制冷管长度超过5m时，应根据机组的制冷量大小和连接管的延长程度，适当补充制冷剂，究竟补充多少制冷剂，应参考厂家产品说明。

当室外机高于室内机时，低压气管由下往上每10m应设置一个存油弯，以利压缩机回油；而液管在上部则应设液杯。

连接管应尽量减少弯曲，必须进行弯曲时，弯曲的角度应不小于90°。通常采用*DN*10和*DN*16的高低压管路，最多弯曲10次，曲率半径应在40mm以上；采用*DN*12和*DN*20的高低压管路，最多弯曲15次，曲率半径应在60mm以上。在加工弯管时，应注意不要压扁和损伤管道。

在安装时，排水管应置于制冷剂管的下方；排水管的高度应低于接水盘的放水口，沿水流方向应设有不小于1%的坡度；接水盘下端的排水弯头和短接管应采用钢管，并设置保温。雨天进行室外连管时，应注意防止雨水进入管中。

连接管过墙时应加设保护套管；墙洞要稍微向户外倾斜；安装完毕后，应用油灰将管与墙洞间的缝隙封闭。管道加工过程中密切注意不要压坏铜管，气体管路和液体管路不可接反。

③ 空调器的配电要求

a. 空调器要采用专线供电方式，并装置专用开关及保险熔断器；配电导线的选择和安装，应严格按照产品样本的说明和要求及电气接线图进行；特别要注意区分电源线和控制线，绝对不能将它们接错；电源线一般采用橡套线或电缆线，控制线一般用2mm^{2}的三芯线。

b. 电源的接线端子不能出现松脱，一定要确保紧固牢靠。不可将电源的电线接至控制线路上，否则会造成空调器故障。当把电源的电闸合上的一瞬间会把控制基板击穿，造成控制系统失效。

c. 当有两台以上的空调机组排放在一起时，每台机组与另一台机组间的配线不能接错。否则，空调器不能正常运转。

d. 房间空调机的旋转式压缩机不会电源反相，如果出现电源反相，由于有防止反相保护器，压缩机不会启动运转。当发现压缩机不能启动运转且是由反相引起时，将电源接线板上的两根接线对调一下即可。但应当特别注意：在没有进行电源相序调整之前，绝对不允许强行启动压缩机，不可按动室外机组上的启动继电器按钮，否则压缩机会被烧毁。

e. 当有多台室外机时，机组之间的位置应留有余地，以保证气流畅通不发生气流短路和干扰。

④ 安装中的其他要求

a. 充填制冷剂的要求。在充填氟利昂-22(二氟一氯甲烷)时，要将制冷剂钢瓶直立充入气体，不可将制冷剂钢瓶倒置(若充入液体会发生液击的危险)。

b. 切勿用氧气瓶进行抽真空，否则会发生爆炸。绝对不允许用氧气代替氮气进行充压试验，否则将会带来非常严重的后果。

c. 制冷管的保温与包扎、机组原配制冷剂管，在通常情况下都已用保温套管做好保温层。当自做保温层时，宜采用合适的保温套管，并应注意以下 2 个方面：一是高低压管要各自单独保温，然后才可与导线、放水管一起包扎；二是管子与压缩机、管子与管子之间的接头部分，一定要有较厚保温毡(垫)加以包裹，然后外面再用胶带包扎。

d. 室内外机组安装应保持水平，不得出现倾斜。室外机的支架要保证强度，安装要稳固牢靠。

12.4.4 新风空调器的安装

新风系统是空调的三大空气循环系统之一，新风系统的主要作用就是实现房间空气和室外空气之间的流通、换气，还可净化空气。新风系统就是通过新风系统管道向室外排出室内的浑浊空气形成室内外空气压力差，完成室内外的空气交换，清新室内的空气。

新风空调器适用于各种采用新风系统的场合，也可用于风机盘管的新风系统。新风空调器不带冷热装置。使用时，室外空气经过滤器、冷热交换器冷却或加热后送入空调房间。

新风的风机盘管空调系统的组成如图 12.12 所示。

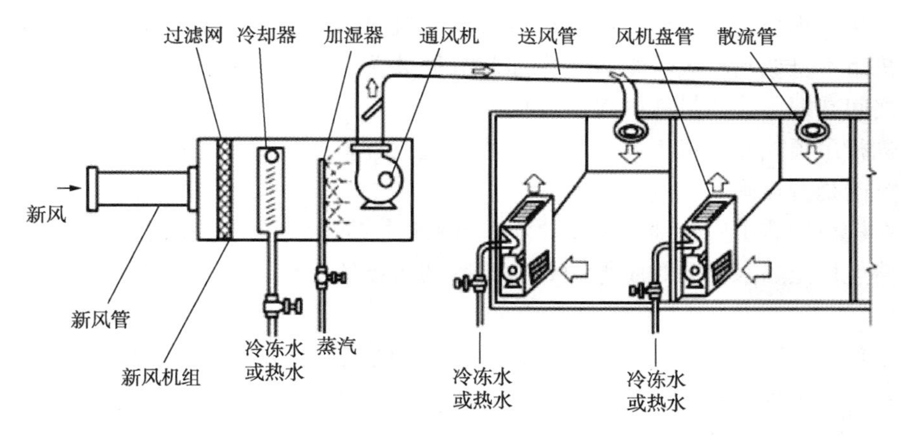

图 12.12 新风的风机盘管空调系统的组成

1. 新风机组空调器的组成与规格

新风空调器与普通空调器相比，结构比较简单，主要由空气过滤器、冷热交换器和风机等组成。常用的新风机组空调器有卧式、立式和吊顶式 3 种，在民用建筑工程中常用的是吊顶式新风机组。

吊顶式新风机组的高度尺寸较小，风机为低噪声风机，一般 $4000m^3/h$ 以上的机组有两个或两个以上的风机。为了吊装的方便，其底部框架的两根槽钢较长，有 4 个吊装孔，其孔径根据机组重量和吊杆直径确定。

由于吊顶式新风机组空调器吊装于屋顶上，从承重安全方面考虑，在一般情况下机组的风量不宜超过 $8000m^3/h$。如果建筑物承重强度较大且有保证时，也可以吊装较大风量机组，有的可达到 $20000m^3/h$，但在安装时必须具有可靠的保证措施。

2. 吊顶式新风机组的安装

(1) 在吊顶式新风机组安装前，应首先学习生产厂家所提供的产品样本及安装说明书，详细了解其结构特点和安装要点。

(2) 由于吊顶式新风机组安装于楼板上，所以应确认楼板混凝土的强度等级是否合格，承重能力是否满足安装新风机组的要求。

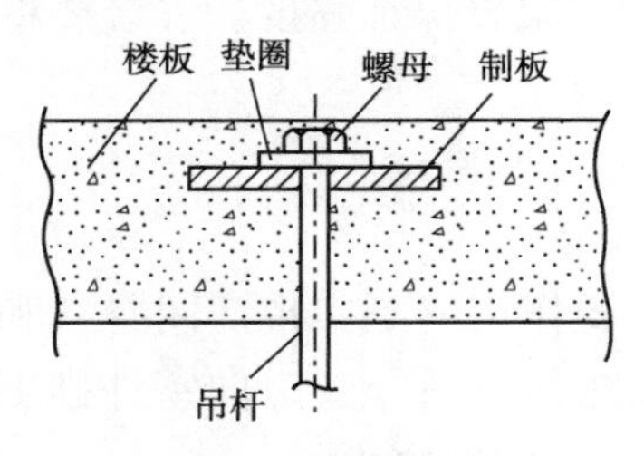

图 12.13　大风量机组吊杆顶部连接示意图

(3) 确定吊装方案。在一般情况下，如果机组风量和重量均不过大，而机组的振动又较小时，吊杆顶部可采用膨胀螺栓与屋顶连接，吊杆底部采用螺扣加装橡胶减振垫与吊装孔连接的方法。如果是大风量吊装式新风机组，由于其重量较大，安装应采用可靠的保证措施。大风量机组吊杆顶部连接如图 12.13 所示。

(4) 吊顶式新风机组安装之前，应合理选择吊杆的直径大小，以确保吊挂的安全。

(5) 合理考虑新风机组运行时的振动，必要时应采取适当的减振措施。在一般情况下，新风机组空调器内部的送风机与箱体底架之间已加装了减振装置。如果是小规格的机组，可直接将吊杆与机组吊装孔采用螺扣加垫圈连接；如果进行试运转机组本身振动较大，则应考虑加装减振装置，或在吊装孔下部粘贴橡胶垫，使吊杆与机组之间减振，或在吊杆中间加装减振弹簧。

(6) 进行吊顶式新风机组安装时，应特别注意机组的进出风方向、进出水方向和过滤嘴的抽出方向是否正确，以避免出现失误。

(7) 在机组安装中应特别注意保护好进出水管、冷凝水管的连接螺纹，缠好密封材料，防止在管路连接处漏水，同时应保护好机组凝结水盘的保温材料，不要使凝结水盘有任何裸露情况。

(8) 吊顶式新风机组安装完毕后，应进行必要的调节，以保持机组的水平。

(9) 在连接吊顶式新风机组的冷凝水管时，其坡度必须符合设计要求，以便使冷凝水顺利地排出。

(10) 吊顶式新风机组安装完毕后，应检查送风机运转的平衡性和风机运转方向，同时冷热交换器应无渗漏。

(11) 吊顶式新风机组的送风口与送风管道连接时，应采用帆布软管连接形式。

(12) 吊顶式新风机组安装完毕进行通水试压时，应通过冷热交换器上部的放气阀将空气排除干净，以保证系统压力和水系统的通畅。

3. 风机盘管空调器的安装

风机盘管空调器主要由风机和换热盘管组成，另外还有凝结水盘、控制器、过滤器、外壳、出风格栅、吸声材料和保温材料等。

风机盘管空调器的形式很多，常见的有明装立式、明装卧式、暗装立式、暗装卧式、卡式和立柜式等。国内风机盘管空调器执行的规格系列不尽相同，但大体上可分为两种规格系列：第一种为 2mm、3mm、4mm、6mm、8mm、10mm、12mm；第二种为 2.5mm、3.5mm、5.0mm、6.3mm、7.1mm、8.0mm、10.0mm、12.5mm、14.0mm、20.0mm。

为确保风机盘管空调器的安装质量符合设计要求，在安装过程中应注意如下几个方面。

（1）在安装明装立式机组时，要求通电的一侧要稍高于通水的一侧，这样可以利于凝结水的排出。

（2）在安装各种卧式机组时，应当使机组的冷凝水管保持一定的坡度，以利于凝结水的排出。

（3）机组进出水管应加设保温层，以免夏季使用时产生凝结水。进出水管的螺纹应有一定锥度，螺纹连接处应采取密封措施，密封材料可选用聚四氟乙烯生料带。进出水管与外接管路连接时必须对准，最好是采用挠性接管（软接头）或铜管进行连接，由于进出水管及连接件均是薄壁管的铜焊件，在连接时切忌用力过猛，以免造成盘管弯曲而漏水。

（4）在安装操作的过程中，机组凝结水盘的排水软盘不得压扁和折弯，以保证凝结水排出通畅。

（5）在安装操作的过程中，应保护好换热器的翅片和弯头，不得倒塌和碰漏。

（6）在安装各类卧式机组时，应合理选择好适宜的吊杆和膨胀螺栓。

（7）卧式明装机组安装进出水管时，可在地面上先将进出水管接出机外，待吊装后再与管道相连接；也可在吊装后将面板和凝结水盘取下，再进行连接，并及时将水管保温，防止产生冷凝水。

（8）立式明装机组安装进出水管时，可将机组的风口面板拆下进行安装，并及时将水管保温，防止冷凝水的产生。

（9）机组的回水管备有手动放气阀，运行前需要先将放气阀打开，待盘管及管路内的空气排干净后再关闭放气阀。

（10）机组的壳体上应备有接地螺栓，供安装时与保护接地系统进行连接。

（11）机组电源的额定电压为200(1±10%)V，线路连接按生产厂家所提供的“电气连接线路图”连接，要求连接导线颜色与接线标牌完全一致。

（12）由于各生产厂家所生产的风机盘管空调器的进送风口尺寸不尽相同，所以制作回风格栅和送风口时应注意不要出现差错。

（13）带温度控制器机组的控制面板上有冬夏季转换开关，夏季使用时要置于夏季按钮处，冬季使用时要置于冬季按钮处。

（14）在机组整个安装的过程中，不得损坏机组的保温材料，如出现脱落应重新粘牢，同时与送风、回风管及风口的连接处应连接严密。

12.4.5 空气处理室及洁净室的安装

1. 空气处理机组的安装

空气处理室是一种用于调节室内空气温湿度和洁净度的设备。主要包括满足热湿处理要求的空气加热器、空气冷却器、空气加湿器，净化空气用的空气过滤器，调节新风、回风用的混风箱以及降低通风机噪声用的消声器。空气处理机组均设有通风机。根据全年空气调节的要求，机组可配置与冷热源相连接的自动调节系统。在进行空气处理机组安装时应符合以下要求。

(1) 在正式进行安装前要进行认真核对，空气处理机组的型号、规格、方向和技术参数应符合设计要求。

(2) 安装现场组装的组合式空调处理机组必须进行漏风量检验，漏风量必须符合现行国家有关标准的规定。

(3) 机组各功能段的组装应符合设计规定的顺序和要求，各功能段之间的连接应严密，整体应平直。

(4) 机组与供回水管的连接应当正确，机组下部冷凝水排放管的水封高度应当符合设计要求。

(5) 机组内空气过滤器(网)和空气交换器翅片应清洁、完好。

(6) 机组应清扫干净，机组箱体内不允许有杂物、垃圾和积尘。

2. 消声器的安装

消声器是阻止声音传播而允许气流通过的一种器件，是消除空气动力性噪声的重要措施。消声器是安装在空气动力设备(如鼓风机、空压机)的气流通道上或进、排气系统中降低噪声的装置。消声器能够阻挡声波的传播，允许气流通过，是控制噪声的有效工具。在进行消声器安装时应符合以下要求。

(1) 消声器、消声弯管应单独设置支吊架，不得由风管来支撑，其支吊架的设置应位置正确、牢固可靠。

(2) 消声器支吊架的横托板穿吊杆的螺孔距离，应当比消声器宽40~50mm。为了便于调节标高，可在吊杆的端部套50~80mm的丝扣，以便进行找平、找正，加双螺母固定。

(3) 消声器的安装方向必须正确，不允许把方向接反，与风管或管件的法兰连接应保证严密、牢固。

(4) 当通风、空调系统有恒温和恒湿要求时，消声设备的外壳应进行保温处理。

(5) 消声器等安装就位后，可用拉线或吊线尺量的方法进行检查，对于位置不正、扭曲、接口不齐等不符合要求的部位进行修整。

3. 除尘器的安装

把粉尘等杂物从空气中分离出来的设备叫除尘器或除尘设备。除尘器的性能用可处理的气体量、气体通过除尘器时的阻力损失和除尘效率来表达。在进行除尘器安装时应符合以下要求。

（1）除尘器设备整体安装吊装时，应将其直接放置在基础上，用垫铁找平、找正，垫铁一般应放在地脚螺栓的内侧，斜垫铁必须成对使用。

（2）除尘设备的进口和出口方向应符合设计要求；安装连接各部位法兰时，密封填料应加在螺栓的内侧，以保证其密封方便。人孔盖及检查门应压紧不得漏气。

（3）除尘器的排尘装置、卸料装置、排泥装置的安装必须严密，并便于以后操作和维修。各种阀门必须开启灵活、关闭严密。传动机构必须转动自如，动作稳定可靠。

（4）除尘器的活动或转动部件的动作应灵活、可靠，并应符合设计要求。

4. 洁净层流罩的安装

洁净层流罩是一种可提供局部洁净环境的空气净化单元，可灵活地安装在需要高洁净度的工艺点上方，洁净层流罩可以单个使用，也可多个组合成带状洁净区域。它主要由箱体、风机、初效空气过滤器、阻尼层、灯具等组成，外壳进行喷塑处理。该产品既可悬挂又可地面支撑，结构紧凑，使用方便。在进行洁净层流罩安装时应符合以下要求。

（1）洁净层流罩安装高度和位置应符合设计要求，应设立单独的吊杆，并且有防止晃动的固定措施，以保持洁净层流罩的稳固。

（2）安装在洁净室的洁净层流罩，与顶板相连的四周必须设有密封及隔振措施，以保证洁净室的严密性。

（3）洁净层流罩安装的水平度允许偏差为1‰，高度的允许偏差为±1mm。

5. 装配式洁净室的安装

洁净室是指将一定空间范围内的空气中的微粒子、有害空气、细菌等污染物排除，并将室内的温度、洁净度、室内压力、气流速度与气流分布、噪声振动及照明、静电控制在某一需求范围内，而所给予特别设计的房间。亦即不论外在的空气条件如何变化，其室内均能具有维持原先所设定要求的洁净度、温湿度及压力等性能的特性。在进行装配式洁净室安装时应符合以下要求。

（1）地面铺设。垂直单向流的洁净室地面，宜采用格栅铝合金活动地板；而水平单向流和乱流的洁净室地面，宜采用塑料贴面活动地板或现场铺设塑料地板。塑料地面一般应选用抗静电的聚氯乙烯卷材。

（2）板壁安装。在板壁安装之前，应严格在地面弹线并校准尺寸，安装中如出现较大误差，应对板件单体进行调整或更换，防止累积误差出现不能闭合的现象。按照划出的底马槽线将贴密封条的底马槽装好，应注意使马槽接缝与板壁接缝错开。

板壁应先从转角处开始安装，板壁两边企口处各贴一层厚度为2mm的闭孔海绵橡胶板，第一块L形板壁的两边各装一个底卡子且均应放入马槽，之后每安装一个底卡子均应与相邻板壁企口吻合。当相邻两块板壁的高度一致、垂直平行时，便可装顶卡子将相邻两块板壁锁牢。

板壁安装好后，将顶马槽和屋角处进行预装，预装要注意保持平直，不使接缝与板壁的接缝错开。板壁组装结束后，应对其垂直度进行检查，检查宜用2m托板和直尺，不垂直度应小于或等于0.2%，否则应进行调整。

(3) 顶板安装。在部件L形板与骨架、L形板与顶马槽、十字形板与骨架等连接处均应设密封条，以保证顶板的密封性。

12.4.6 制冷机组的安装

制冷机组包括压缩机、蒸发器、冷凝器、节流装置和控制系统，它们是制冷机组的五大组成部分。制冷机组分为多种型号，在空调系统中主要有活塞式制冷机组、离心式制冷机组、吸收式制冷机组、螺杆式制冷机组和冷却塔等。

1. 活塞式制冷机组的安装

冷水机组中以活塞式压缩机为主机的称为活塞式制冷机组。活塞式制冷机组的压缩机、蒸发器、冷凝器和节流机构等设备，都组装在一起，安装在一个机座上，其连接管路已在制造厂完成了装配，因此用户只需在现场连接电气线路及外接水管(包括冷却水管路和冷冻水管路)，并进行必要的管道保温，即可投入运转。在活塞式制冷机组的安装中应注意以下方面。

(1) 采用整体安装的活塞式制冷机，其机身的纵向和横向水平度允许偏差为0.2‰。

(2) 用油封的活塞式制冷机，如在技术文件规定的期限内外观完整、机体无损伤和锈蚀等现象，可以仅拆卸缸盖、活塞、汽缸内壁、吸排气阀、曲轴箱等并清洗干净，油系统一定要畅通；同时要检查紧固件是否牢固，并更换曲轴箱的润滑油。如在技术文件规定期限外，或机体有损伤和锈蚀等现象时，必须进行全面检查，并按设备技术文件的规定拆洗装配。

(3) 充入保护气体的机组在技术文件规定的期限内，外观完整和氮封压力无变化的情况下，可不进行内部清洗，仅做外表擦洗；如需要清洗时，严禁混入水汽。

(4) 制冷机的辅助设备，在单体安装前必须进行吹污处理，并保持内壁的清洁，安装位置应正确，各管口必须畅通。

(5) 活塞式压缩机中的储液器及洗涤式油氨分离器的进液口，均应低于冷凝器的出液口。

(6) 直接膨胀式冷却器，表面应保持清洁、完整，安装时空气与制冷剂应呈逆向流动。冷凝器四周的缝隙应堵严，冷凝水排出应畅通。

(7) 卧式及组合式冷凝器、储液器在室外露天布置时，应当设有遮阳与防冻措施。

2. 离心式制冷机组的安装

离心式制冷机的构造和工作原理与离心式鼓风机极为相似。它的工作原理与活塞式压缩机有根本的区别，它不是利用汽缸容积减小的方式来提高气体的压力，而是依靠动能的变化来提高气体压力。离心式压缩机具有带叶片的工作轮，当工作轮转动时，叶片就带动气体运动或者使气体得到动能，然后使部分动能转化为压力能从而提高气体的压力。这种压缩机由于它工作时不断地将制冷剂蒸汽吸入，又不断地沿半径方向被甩出去，所以称这种形式的压缩机为离心式压缩机。

以离心式制冷压缩机为主机的冷水机组，称为离心式制冷机组。目前使用有单级压缩离心式制冷机组和两级压缩离心式制冷机组。在离心式制冷机组的安装中应注意以下方面。

（1）离心式制冷机组安装前，首先检查机组的内压应符合设备技术文件规定的压力。

（2）离心式制冷机组应在与压缩机底面平行的其他平面上找正找平，其纵向和横向不水平度均不应大于0.1‰。

（3）离心式制冷压缩机应在主轴上找正纵向水平，其不水平度不应超过0.03%；在机壳中分面上找平横向水平，其不水平度均不应大于0.1‰。

（4）安装离心式制冷压缩机的基础底板应平整，底座安装应设置隔振器，所有隔振器的压缩量应均匀一致。

3. 吸收式制冷机组的安装

液体蒸发法是常见的一种机械制冷方式，利用低沸点的液体吸收环境介质的热量而蒸发，达到使环境介质降温的目的，这种低沸点的液体称为“制冷剂”；在吸收式制冷方式中，除了制取冷量的制冷剂外，还有吸收、解吸制冷剂的“吸收剂”，二者组成工质对。在发生器中工质对被加热介质加热，解析出制冷剂蒸汽。制冷剂蒸汽在冷凝器中被冷却凝结成液体，然后降压进入蒸发器吸热蒸发，产生制冷效应。蒸发产生的制冷剂蒸汽进入吸收器，被来自发生的工质吸收，再由溶液泵加压送入发生器，如此循环不息制取冷量。

目前常见的吸收式制冷有氨水吸收式与溴化锂水溶液吸收式两种，应用最广泛的是以水为制冷剂、溴化锂溶液为吸收剂，以制取5℃以上冷水为目的的溴化锂吸收式冷水机组。在溴化锂吸收式制冷机组的安装中应注意以下方面。

（1）溴化锂吸收式制冷系统安装后，应对设备内部进行认真清洗。在清洗时，将清洁的水加入设备内，开动发生器泵、吸收器泵和蒸发器泵，反复循环多次，并观察水的颜色直至设备内部清洁为止。

（2）在进行热交换器安装时，应使装有放液阀的一端比另一端低约20~30mm，以保证排放溶液时顺利排尽。

（3）溴化锂吸收式制冷系统中的蒸汽管和冷介质水管应进行隔热保温处理，保温层厚度和材料应符合设计要求。

4. 螺杆式制冷机组的安装

螺杆压缩机的心脏部件是螺杆转子，转子型线的先进性又决定着整机的性能优劣，对加工精度和表面热处理的要求都很高。螺杆式制冷压缩机都是采用喷油润滑的方式进行的，按压缩机与电动机连接的方式不同，分为开启式、半封闭式和全封闭式3种。

以各种形式的螺杆式压缩机为主机的冷水机组，称为螺杆式冷水机组。它是由螺杆式制冷压缩机、冷凝器、蒸发器、节流装置、油泵、电气控制箱以及其他控制元件等组成的组装式制冷系统。螺杆式冷水机组具有结构紧凑、运转平稳、操作简便、冷量无级调节、体积小、重量轻及占地面积小等优点。在螺杆式制冷机组的安装中应注意以下方面。

（1）螺杆式制冷压缩机在进行安装时，应对其基础进行仔细找平，其纵向和横向的不水平度应小于或等于1‰。

（2）螺杆式制冷压缩机在接管前，应先清洗吸气和排气管道；对管道应根据实际情况进行必要的支撑。连接时应注意不要使机组变形，否则影响电机和螺杆式制冷压缩机的对中。

5. 冷却塔的安装

冷却塔是集空气动力学、热力学、流体学、化学、生物化学、材料学、静态和动态结构力学、加工技术等多种学科为一体的综合产物。冷却塔是一个典型的散热装置，是一种利用水的蒸发吸热原理来散去制冷空调中产生的废热以保证系统运行的装置。在空调系统冷却塔的安装中应注意以下方面。

(1) 空调系统冷却塔的安装应平稳，地脚螺栓的固定应牢固。

(2) 空调系统冷却塔的出水管口及喷嘴的方向和位置应正确，布水应均匀。

(3) 有转动布水器的冷却塔，其转动部分必须灵活，喷水出口宜向下与水平呈30°夹角，且方向一致，不应垂直向下。

(4) 玻璃钢冷却塔和用塑料制品作填料的冷却塔，安装时应严格执行《建筑设计防火规范(2018年版)》(GB 50016—2014)中的有关规定。

12.4.7 附属设备的安装

通风与空调系统附属设备的安装，主要包括冷凝器的安装和蒸发器的安装。

1. 冷凝器的安装

冷凝器是指冷却经制冷压缩机压缩后的高温制冷剂蒸汽并使之液化的热交换器。一般制冷机的制冷原理为压缩机把压力较低的蒸汽压缩成压力较高的蒸汽，使蒸汽的体积减小，压力升高。压缩机吸入从蒸发器出来的较低压力的工质蒸汽，使之压力升高后送入冷凝器，在冷凝器中冷凝成压力较高的液体，经节流阀节流后，成为压力较低的液体，送入蒸发器，在蒸发器中吸热蒸发而成为压力较低的蒸汽，再送入蒸发器的入口，从而完成制冷循环。在进行冷凝器安装时应注意以下方面。

(1) 在冷凝器就位前，应检查设备基础的平面位置、标高、表面平整度、预埋地脚螺栓孔的尺寸是否符合设备和设计要求，并填写“基础验收记录”。

(2) 垂直安装的铅垂度允许偏差应小于或等于1‰。但梯子和平台应水平安装，无集油器的不水平度应小于或等于1‰；集油器在一端的应以1‰的坡度坡向集油器；集油器在中间时，与水平安装的要求相同。

(3) 冷凝器在安装前应进行严密性试验，试验合格后才能安装。

(4) 在冷凝器安装前，基础孔中的杂物应清理干净，在基础上放好纵、横中心线，但应检查冷凝器与储液器基础的相对标高要符合工艺流程的要求。

(5) 在进行吊装时，不允许将索具绑扎在连接管上，而应绑扎在壳体上；按已放好的中心线进行找平找正。

(6) 设备如果在两台以上，应统一同时放好纵、横中心线，以确保排列整齐、标高一致。

2. 蒸发器的安装

蒸发器是制冷四大件中很重要的一个部件，空调蒸发器的作用是利用液态低温制冷剂在低压下易蒸发转变为蒸气并吸收被冷却介质的热量，达到制冷目的。空调蒸发器常用的有卧式蒸发器和立式蒸发器。

（1）立式蒸发器

立式蒸发器是制冷剂在管内蒸发，整个蒸发器管组沉浸在盛满载冷剂蒸发设备的箱体内，为了保证载冷剂在箱内以一定速度循环，箱内焊有纵向隔板和装有螺旋搅拌器。在立式蒸发器安装中应注意以下方面。

① 在安装前应对水箱进行渗漏试验，盛满水保持8~12h，以不出现渗漏为合格。

② 安装时先将水箱吊装到预先做好的上部垫有绝热层的基础上，然后再将蒸发器管组放入箱内。蒸发器管组应垂直，并略倾斜于放油端，各管组的间距应相等。

③ 基础绝缘层中应放置与保温材料厚度相同、宽200mm经防腐处理的木梁。

④ 保温材料与基础间应做防水层。蒸发器管组组装后，并在气密性试验合格后，即可对水箱进行保温。

（2）卧式蒸发器

卧式蒸发器按供液方式可分为壳管式蒸发器和干式蒸发器两种。卧式蒸发器结构紧凑，液体与传热表面接触好，传热系数高。但是它需要充入大量制冷剂，液柱对蒸发温度将会有一定的影响。在卧式蒸发器安装中应注意以下方面。

卧式蒸发器安装在已浇筑好且干燥后的混凝土基础或钢制支架上，在底脚与支架间垫50~100mm厚的经防腐处理的木块，并保持水平。待制冷系统压力试验及气密性试验合格后，再进行保温。

12.4.8 管道系统的安装

通风与空调管道系统的安装，主要包括制冷管道安装、阀门的安装和仪表的安装。

1. 制冷管道安装

（1）制冷系统管道的坡度及坡向应符合设计要求，如设计无明确规定应满足表12.11中的要求。

表12.11 制冷系统管道的坡度及坡向

管道名称	坡向	坡度/%
分油器至冷凝器和连接的排气管水平管段	坡向冷凝器	30~50
冷凝器至储液器的出液管的水平管段	坡向储液器	30~50
液体分配站至蒸发器（排管）的供液管水平管段	坡向蒸发器	10~30
蒸发器（排管）至气体分配站的回气管水平管段	坡向蒸发器	10~30
氟利昂压缩机吸气水平管排气管	坡向压缩机	40~50
	坡向油分离器	10~20
氨压缩机吸气水平管排气管	坡向低压桶坡向氨油分离器	≥30
凝结水管的水平管	坡向排水器	≥50

（2）制冷系统的液体管安装不应有局部向上凸起的弯曲现象，以避免形成气囊。气体

管不应有局部向下凹的弯曲现象，以避免形成液囊。

（3）从液体干管引出支管，应从干管底部或侧面接出；从气体干管引出支管，应从干管上部或侧面接出。

（4）管道呈三通连接时，应将支管按制冷剂流向弯成弧形再进行焊接。当支管与干管直径相同且管道内径小于50mm时，则需在干管的连接部位换上大一号管径的管段，再按以上规定进行焊接。

（5）不同管径的管子直线焊接时，应采用同心异径管。

（6）紫铜管连接宜采用承插口或套管式焊接，承口的扩口深度应大于或等于管径，扩口方向应迎介质流向。

（7）紫铜管切口表面应平齐，不得有毛刺、凹凸等质量缺陷。切口平面允许的倾斜偏差为管子直径的1%。

（8）紫铜管煨弯可用热弯或冷弯，椭圆率应不大于8%。

2. 阀门的安装

（1）阀门的安装位置、方向、高度应符合设计要求，不得出现反装。

（2）安装带手柄的手动截止阀，手柄不得向下。电磁阀、调节阀、热力膨胀阀、升降式止回阀等，阀头均应向上竖直安装。

（3）热力膨胀阀的感温包应装于蒸发器末端的回气管上，应接触良好、绑扎紧密，并用隔热材料密封包扎，其厚度与保温层相同。

（4）安全阀在安装前，应检查铅封情况和出厂合格证书，不得随意进行拆启。

（5）安全阀与设备间如果设置关断阀门，在运转中必须处于全开位置，并予铅封。

3. 仪表的安装

通风与空调管道系统的所有测量仪表，应按设计要求均采用专用产品，压力测量仪表应用标准压力表进行校正，温度测量仪表应采用标准温度计校正并做好记录。所有仪表应安装在光线良好、便于观察、不妨碍操作检修的地方。压力继电器和温度继电器应安装在不受振动的地方。

第 13 章　建筑配电与照明节能工程施工

13.1　低压配电系统电缆与电线的选择

低压配电系统电缆与电线的选择，是建筑配电与照明工程中的一项重要内容。电缆与电线选择是否适宜，不仅关系到能否满足工程的实际需要和节能，而且还关系到工程造价和使用中的安全。因此，在低压配电系统电缆与电线的选择中，应按照有关规定进行。

13.1.1　电缆与电线型号的选择

低压配电系统常用电缆与电线型号，是用来反映导线的导体材料和绝缘方式的，导体材料主要有铝和铜两种。

（1）常用的电线型号、名称及用途如表 13.1 和表 13.2 所示。

表 13.1　橡皮绝缘线的型号、名称及用途

型号	名称	用途
BLXF(BXF)	铝(铜)芯氯丁橡皮线	固定敷设，尤其适用于户外
BLX(BX)	铝(铜)橡皮线	固定敷设

表 13.2　聚氯乙烯绝缘线的型号、名称及用途

型号	名称	用途
BV BLV BVV BLVV	铜芯聚氯乙烯绝缘电线 铝芯聚氯乙烯绝缘电线 铜芯聚氯乙烯绝缘、聚氯乙烯护套电线 铝芯聚氯乙烯绝缘、聚氯乙烯护套电线	用于交流 500V 及以下或直流 1000V 及以下的电器设备及电气线路暗敷，护套线可直接埋地
BVR	铜芯聚氯乙烯软电线	同 BV 型，安装要求柔软时用

（2）常用聚氯乙烯绝缘、聚氯乙烯护套控制电缆的型号、名称及用途，如表 13.3 所示。

表 13.3　聚氯乙烯绝缘、聚氯乙烯护套控制电缆的型号、名称及用途

型号	名称	用途
KVV	铜芯聚氯乙烯绝缘、聚氯乙烯护套控制电缆	可敷设在室内、电缆沟、管道等固定场合
KVV_{22}	铜芯聚氯乙烯绝缘、聚氯乙烯护套钢带铠装控制电缆	可敷设在室内、电缆沟、管道、直埋等固定场合，可承受较大机械外力

（3）根据周围的环境选择导线的型号和敷设方式，如表13.4所示。

表13.4 导线的型号和敷设方式

环境特征	线路敷设方式	常用导线、电缆型号
正常干燥环境	(1)绝缘丝、瓷珠、瓷夹板或铝皮卡子明配线； (2)绝缘线、裸线、瓷瓶明配线； (3)绝缘线穿管明敷或暗敷； (4)电缆明敷或放在沟中	BBLX、BLXF、BLV、BLVV、BLX、BBX、BXF、BV、BVV、BX BBLX、BLXF、BLV、BLX、LJ、BBX、BXF、BV、BX BBLX、BLXF、BLV、BLX、BBX、BXF、BV、BX、ZLL、ZL、VLV ZLQ
潮湿或特殊潮湿环境	(1)绝缘线、瓷瓶明配线(敷设高度大于3.5m)； (2)绝缘线穿塑料管，厚壁钢管明敷和暗敷； (3)电缆明敷设	BBLX、BLX、BBX、BV、BLXF、BLV、BXF ZLL、VLV、YJV、XLV
多尘埃环境 (包括火灾及爆炸危险尘埃)	(1)绝缘线、瓷珠、瓷瓶明配线； (2)绝缘线穿塑料管，厚壁钢管明敷和暗敷； (3)电缆明敷设或放在沟中	BBKX、BLXF、BLV、BLVV BLX、BBX、BXF、BV、BVV、BX ZLL、ZL、VLV、YIV、XLV、ZLQ
腐蚀性环境	(1)绝缘线、瓷珠、瓷瓶明配线； (2)绝缘线穿塑料管，厚壁钢管明敷和暗敷； (3)电缆明敷设	BLV、BLVV、BV、BVV BBLX、BLXF、BLV、BV、BLX、BBX、BXF BX VLV、YIV、ZLL
有火灾危险的环境	(1)绝缘线、瓷瓶明配线； (2)绝缘线穿钢管明敷和暗敷； (3)电缆明敷或放在沟中	BBLX、BLV、BLX、BBX、BV、BX BBLX、BLV、BLX、BBX、BV、BX ZLL、ZLQ、VLV、YJV、XLV
有爆炸危险的环境	(1)绝缘线穿钢管明敷和暗敷； (2)电缆明敷设	BBX、BV、BBLX、BLV、BLX ZL、ZQ、VV

13.1.2 导线与电缆截面的选择

导线和电缆选择是建筑配电与照明供电网路设计的一个重要组成部分，因为它们是构成供电网路的主要元件，电能必须依靠导线与电缆来输送分配。在选择导线和电缆的型号及截面时，既要保证建筑配电与照明的安全，又要充分利用导线和电缆的负载能力。

由于导线和电缆所用的有色金属（铝、铜等）都是国家经济建设需用量很大的物质，因此，正确选择导线和电缆的型号及截面，对于安全用电、建筑节能和节约有色金属，均具有重要的意义。导线和电缆的选择内容包括两方面：一是确定其结构、型号、使用环境和敷设方式等；二是选择导线和电缆的截面。

工程实践证明，建筑配电与照明导线和电缆的选择，必须满足下列几个要求：①在额定电流下，导线和电缆的温升不得超过允许值；②在额定电流下，导线和电缆上的电压损失不得超过允许值；③导线的截面不应小于最小允许截面，对于电缆不必检验机械强度；④导线和电缆还应满足工作电压的要求。

13.1.3 导线连接的基本方法

导线连接是电工作业的一项基本工序，也是一项十分重要的工序。导线连接的质量直接关系到整个线路能否安全可靠地长期运行。对导线连接的基本要求是：连接牢固可靠、接头电阻小、机械强度高、耐腐蚀耐氧化、电气绝缘性能好。

1. 单芯铜导线的直接连接

（1）绞接法。单芯铜导线的绞接法适用于 $4mm^2$ 及以下的单芯线。将两线互相交叉，用双手同时把两芯线互绞 2 圈后，再扳直与连接线成 90°，将一个线芯在另一个线芯上缠绕 5 圈，剪掉余头即可。单芯铜导线的直线绞接法示意图如图 13.1 所示。

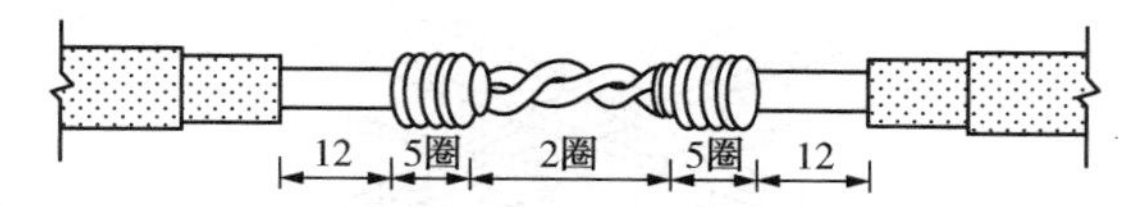

图 13.1 单芯铜导线的绞接法示意图（单位：mm）

（2）缠卷法。缠卷法有加辅助线和不加辅助线两种，适用于 $6mm^2$ 及以上的单芯线的直接连接。将两线相互合并，加一根同径芯线作辅助线后，用绑线在合并部位从中间向两端缠绕，其缠绕长度为导线直径的 10 倍，然后将两线芯端头折回，在此向外再缠绕 5 圈，与辅助线捻绞 2 圈，再将余线剪掉即可。

2. 单芯铜导线的分支连接

（1）绞接法。绞接法适用于 $4mm^2$ 及以下的单芯线连接。用分支线路的导线向干线上交叉，先打好一个圈节，然后再缠绕 5 圈，剪掉余线即可。单芯铜导线的分支绞接法示意图如图 13.2 所示。

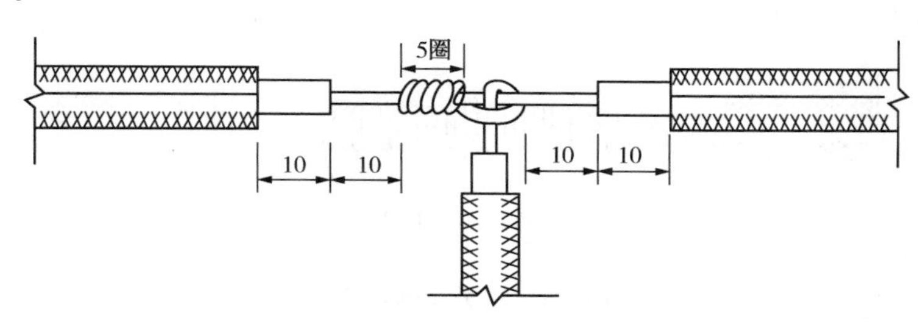

图 13.2 单芯铜导线的分支绞接法示意图（单位：mm）

（2）缠卷法。缠卷法适用于 $6mm^2$ 及以上的单芯线的分支连接。将分支线折成 90°紧靠干线，其缠绕长度为导线直径的 10 倍，单边缠绕 5 圈后剪断余下线头即可。单芯铜导线的分支缠卷法示意图如图 13.3 所示。

3. 多芯铜导线的直接连接

多芯铜导线的直接连接共有三种方法：单卷法、缠卷法和复卷法。不管采用哪种方法，首先均需用细砂布将线芯表面的氧化膜清除，再将两线芯的结合处的中心线剪掉一段，将外侧线芯做成伞状分开，相互交叉成一体，并将已张开的线端合成一体。交叉方法做法示意图如图 13.4 所示。

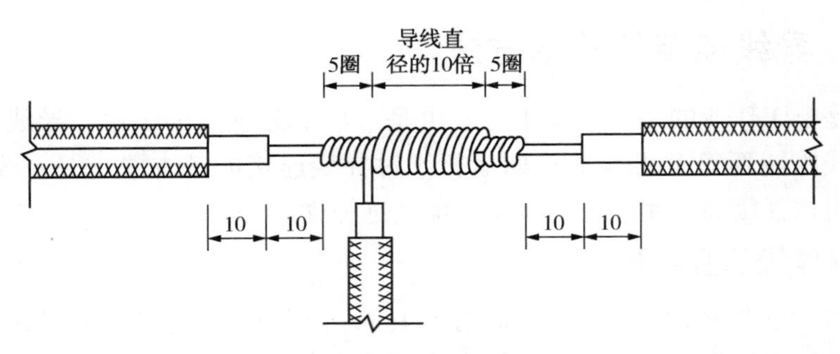

图 13.3　单芯铜导线的分支缠卷法示意图(单位：mm)

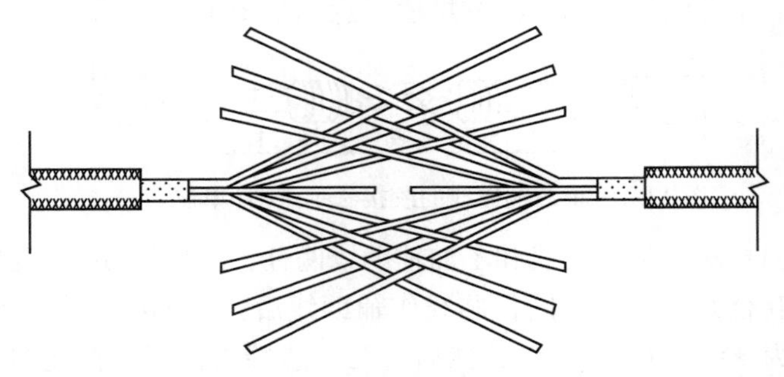

图 13.4　交叉方法做法示意图

(1) 单卷法。取任意两根相邻的芯线，在结合处中央交叉，用其中的一根线芯作为绑线，在另一侧的导线上缠绕 5~7 圈后，再用另一根芯线与绑线相绞后，把原来的绑线压在下面继续按照上述方法缠绕，缠绕长度为导线直径的 5 倍，最后缠卷的线端与一条线捻绞 2 圈后剪断。另一侧的导线依次进行，注意应把线芯相绞处排列在一条直线上。多芯铜导线单卷法直线连接示意图如图 13.5 所示。

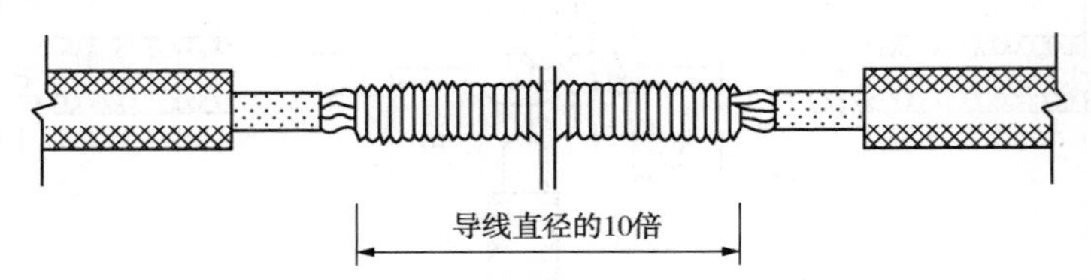

图 13.5　多芯铜导线单卷法直线连接示意图

(2) 缠卷法。使用一根绑线时，用绑线中间在导线连接中部开始向两端缠绕，其缠绕长度为导线直径的 10 倍，余线与其中一根连接线芯线捻绞 2 圈，将余线剪掉即可。

(3) 复卷法。适用于多芯软导线的连接。把合拢的导线一端用短绑线做临时绑扎，将另一端线芯全部紧密缠绕 3 圈，多余线端按阶梯形剪掉，另一侧也按此方法处理。

4. 多芯铜导线分支连接

(1) 缠卷法。将分支线折成 90°紧靠干线，在绑扎端部相应长度处弯成半圆形，将绑线短端弯成与半圆形成 90°角，并与连接线紧靠，用较长的一端缠绕，其长度应为导线结合处直径的 5 倍，再将绑线两端捻绞 2 圈，剪掉余线即可。多芯铜导线分支缠绕法连接示意图如图 13.6 所示。

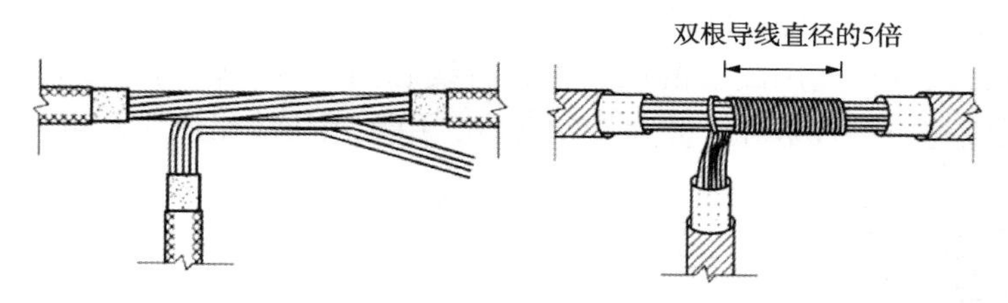

图 13.6　多芯铜导线分支缠绕法连接示意图

（2）单卷法。将分支线破开，根部折成 90°紧靠干线，用分支线中的一根在干线上缠绕 3~5 圈后剪断，再用另一根继续缠绕 3~5 圈后剪断，按照此法宜至连接到双根导线直径的 5 倍时为止，应保证各剪断处在同一直线上。多芯铜导线分支单卷法连接示意图如图 13.7 所示。

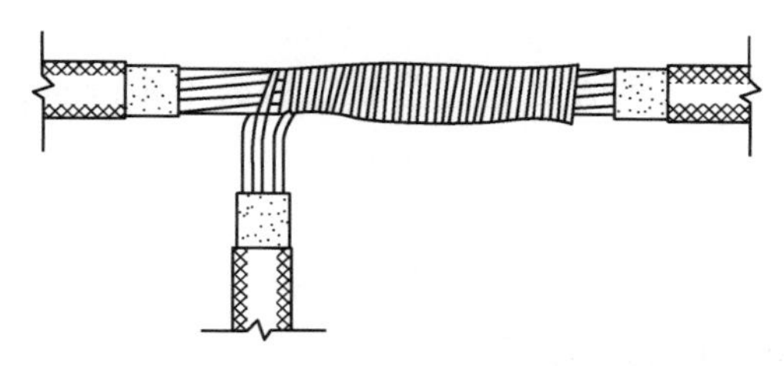

图 13.7　多芯铜导线分支单卷法连接示意图

（3）复卷法。将分支线端分成两半后，与干线连接处中央相交叉，将分支线向干线两侧分别紧密缠绕后，余线按阶梯形剪断，长度为导线直径的 10 倍。多芯铜导线分支复卷法连接示意图如图 13.8 所示。

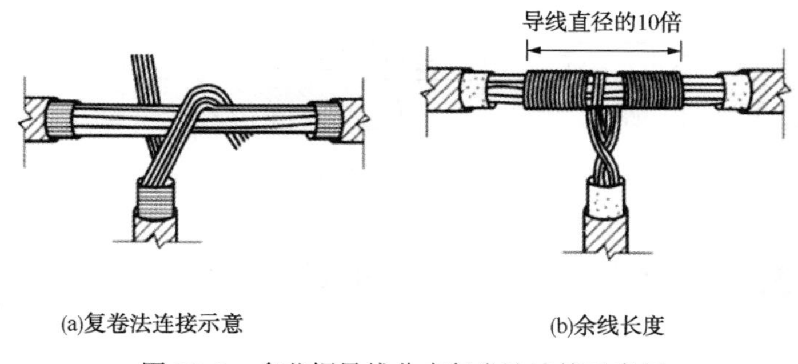

图 13.8　多芯铜导线分支复卷法连接示意图

5. 铜导线并接

（1）单芯线并接。将连接线端并齐合拢，在距离绝缘层约 15mm 处用其中一根线芯在其连接端缠绕 5~7 圈后剪断，把余线头折回压在缠绕线上。接线盒内接头做法示意图如图 13.9 所示。

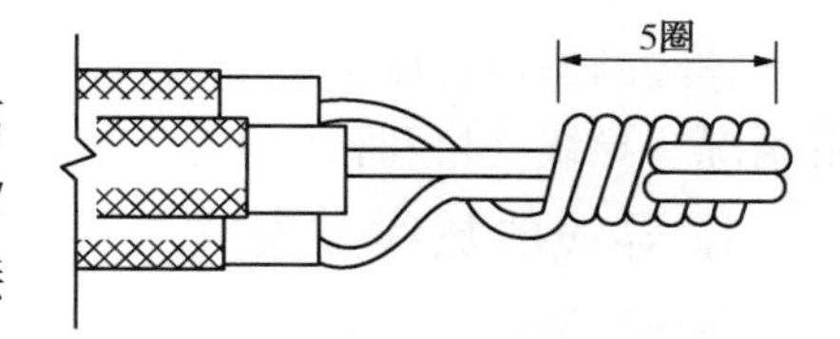

图 13.9　接线盒内接头做法示意图

（2）多芯线并接。将绞线破开顺直并合拢，另用绑线同多芯导线分支连接缠绕法弯制绑线，在合拢线上缠卷，其长度为双根导线直径的 5 倍。

(3) 使用压线帽连接。将导线的绝缘层剥去 8～10mm(按压线帽的型号决定)，清除线芯表面的氧化物，按规格选用配套的压线帽，将线芯插入压线帽的压接管内，线芯插到底后，导线绝缘层应和压接管平齐，并包在帽壳内，用专用压接钳压实即可。

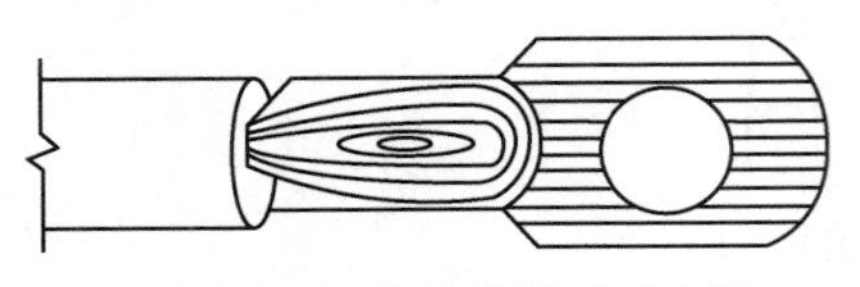

图 13.10　压接接线端子示意图

6. 压接接线端子

多股导线可采用与导线同材质且规格相应的接线端子，削去导线的绝缘层，将线芯紧密地绞在一起，将线芯插入，用压接钳压紧。导线外露部分应小于 1～2mm。压接接线端子示意图如图 13.10 所示。

7. 导线与平压式接线柱连接

(1) 单芯线连接。用改锥进行压接时，导线要顺着螺钉旋进方向在螺钉上紧绕一圈后再紧固，不允许反圈压接，盘圈开口宜不大于 2mm。

(2) 多股铜芯软线连接。一种方法是先将软线做成单眼圈状，涮锡后再用上述方法连接；另一种方法是将软线拧紧涮锡后插入接线鼻子(开口和不开口两种)，用专用压线钳压接后用螺栓紧固。

需注意的是：以上两种方法压接后外露线芯的长度宜不超过 1～2mm。

8. 导线与针孔式接线桩连接(压接)

把要连接的导线线芯插入线桩头针孔内，导线裸露出针孔大于导线直径 1 倍时需要折回头插入压接。接线柱压接做法示意图如图 13.11 所示。

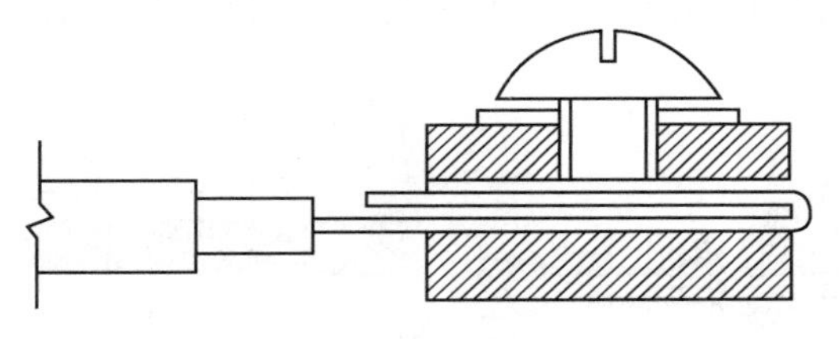

图 13.11　接线柱压接做法示意图

13.2　建筑配电与照明系统的安装工艺

13.2.1　配电系统架空线路导线架设

导线的架设工序主要包括放线、架线、紧线和绑扎。架设前应认真检查施工准备工作的情况、导线规格和长度等。

1. 导线的放线与架线

在导线架设放线前，应勘察沿线情况，清除放线途中可能损伤导线的障碍物，或采取其他可靠防护措施。对于跨越公路、铁路、一般通信线路和不能停电的电力线路，应在放线前搭好牢固的跨越架，跨越架的宽度应当稍微大于电杆横担的长度，以防止放线时导线掉落，影响导线架设的速度。

导线放线有拖放法和展放法两种：拖放法是将线盘架设在放线架上拖放导线；展放法是将线盘架设在汽车上，行驶中展放导线。放线一般从始端开始，通常以一个耐张段为一个单元进行。可以采取先放线，即把所有导线全部放完，再一根根地将导线架在电杆横担上；也可以采取边放线边架线。放线时应使导线从线盘上方引出，在放线的过程中，线盘处要设专人看守，保持放线速度均匀，同时检查导线的质量，发现问题及时处理。放线示意图如图 13. 12 所示。

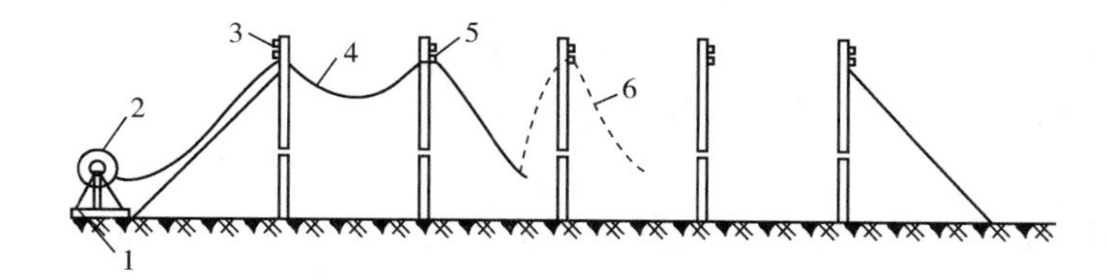

图 13. 12　导线放线示意图

注：1—放线架；2—线轴；3—横担；4—导线；5—放线滑轮；6—牵引绳

当导线沿着线路展放在电杆旁的地面上以后，可由施工人员登上电杆将导线用绳子提到电杆的横担上。在架线中，导线吊上电杆后，应放在事先装好的开口木质滑轮内，防止导线在横担上拖拉磨损，钢导线也可以使用钢滑轮。

2. 导线的修补与连接

(1) 导线的修补

导线一旦出现损伤时，一定要及时进行修补，否则会影响电气性能，甚至出现安全事故。导线修补一般可分为以下几种情况。

① 导线在同一处损伤，有下列情况之一时可以不做修补：单股损伤的深度小于直径的 1/2，但应将损伤处的棱角与毛刺用 0 号砂纸磨光；钢芯铝绞线、钢芯铝合金绞线损伤截面面积小于导电部分截面面积的 5%，且强度损失小于 4%；单金属绞线损伤截面面积小于导电部分截面面积的 4%。

② 当导线在同一处损伤存在表 13. 5 中的情况时应按规定进行修补，修补应符合表中的标准。

表 13. 5　导线损伤修补处理标准

导线类别	损伤情况	处理方法
铝绞线	导线在同一处损伤程度已经超过规定，但因损伤导致的强度损失尚未超过总拉断力的 5%	用缠绕或修补预绞丝修理
铝合金绞线	导线在同一处损伤程度已经超过规定，因损伤导致的强度损失超过总拉断力的 5%，但尚未超过 17%	用修补管修补
钢芯铝绞线	导线在同一处损伤程度已经超过规定，因损伤导致的强度损失尚未超过总拉断力的 5%，且截面面积损伤不超过导电部分总截面积的 7%	用缠绕或修补预绞丝修理
钢芯铝合金绞线	导线在同一处损伤导致的强度损失超过总拉断力的 5%，但尚未超过 17%，且截面面积损伤不超过导电部分总截面面积的 25%	用修补管修补

受损导线采用缠绕处理应符合以下规定：受损伤处线股应处理平整；选用与导线同种金属的单股线作为缠绕材料，且其直径不应小于2mm；缠绕中心应位于损伤最严重处，缠绕应紧密，受损部分应全部覆盖，其长度不应小于100mm。

受损导线采用预绞丝修补应符合以下规定：损伤处线股应处理平整；修补预绞丝长度不应小于3个节距；修补预绞丝中心应位于损伤最严重处，且应与导线紧密接触，损伤部分应全部覆盖。

受损导线采用修补管修补应符合以下规定：损伤处的铝或铝合金股丝应当先恢复其原始绞制的状态；修补管应当位于损伤最严重处，需要修补导线的范围距离管端部不得小于20mm。

③ 导线在同一处的损伤有下列情况之一时应将导线损伤部分全部割去，重新用直线接续管连接：强度损伤或损伤截面面积超过修补管修补的规定；连续损伤其强度截面面积虽未超过可以用修补管修补的规定，但损伤长度已超过修补管能修补的范围；钢芯铝绞线的钢芯断一股；导线出现灯笼的直径超过1.5倍导线直径而且无法修复；金钩、破股已形成无法修复的永久变形。

（2）导线的连接

① 由于导线的连接质量如何直接影响到导线的机械强度和电气性能，所以架设的导线在连接时应当符合以下规定：在任何情况下，每一档距内的每条导线，只能设置一个接头；导线接头位置与针式绝缘子固定处的净距离应不小于500mm；与耐张线夹之间的距离应不小于15m。

② 架空线路在跨越公路、铁路、河流、电力及通信线路时，导线以及避雷线上不能有接头。

③ 不同金属、不同规格、不同绞制方向的导线，严禁在档距内进行连接，只能在电杆上跳线时连接。

④ 导线接头处的力学性能，应不低于原导线强度的90%，电阻不应超过同长度导线电阻的1.2倍。

⑤ 导线的连接方法有钳压接法、缠绕法和爆炸压接法。如果接头在跳线处，可以使用线夹连接；接头在其他位置，通常采用钳压接法连接。

⑥ 压接铝绞线时，压接顺序从导线断头开始，按交错顺序向另一端进行；铜绞线与铝绞线压接方法相类似；压接钢芯铝绞线时，压接顺序从中间开始，分别向两端进行。压接240mm^{2}钢芯铝绞线时，可用两只接续管串联进行，两管间距应不小于15mm。

3. 导线紧线、弧垂测量与导线固定

导线的紧线工作一般与弧垂测量和导线固定同时进行。展放导线时，导线的展放长度比档距长度略有所增加，平地一般应当增加2%，山地一般应当增加3%，架设完毕后应当立即将导线收紧。

（1）导线紧线

在做好耐张杆、转角杆和终端杆的拉线后，就可以开始分段紧线。先将导线的一端在

绝缘子上固定好，然后在导线的另一端用紧线器紧线。在杆的受力侧应装设正式和临时的拉线，用钢丝绳或具有足够强度的钢线拴在横担的两端，以防横担偏斜。待紧完导线并且固定好后，拆除临时拉线。

紧线时耐张段的操作端，直接或通过滑轮来牵引导线，导线收紧后，再用紧线器夹住导线。紧线的方法一般有两种：一种是将导线逐根均匀收紧的单线法；另一种是三根或两根导线同时收紧。

（2）弧垂测量

导线弧垂是指一个档距内导线下垂形成的自然弛度，也称为导线的弛度。弧垂是表示导线所受拉力的量，弧垂越小则拉力越大，反之拉力越小。导线紧固后，弛度误差应不超过设计弛度的±5%，同一档距内各条导线的弛度应当一致，水平排列的导线，高低差应不大于50mm。

测量弧垂时，用两个规格相同的弧垂尺（弛度尺），把横尺定位在规定的弧垂数值上，两个操作者都把弧垂尺勾在靠近绝缘子的同一根导线上，导线下垂最低点与对方横尺定位点应处于同一直线上。弧垂测量应从相邻电杆横担上某一侧的一根导线开始，接着测另一侧对应的导线，然后交叉测量第三根和第四根导线，以保证电杆横担受力均匀，不会因导线紧线而出现扭斜。

（3）导线固定

导线在绝缘子上通常采用绑扎方法固定。导线固定应牢固、可靠，并且应符合下列规定。

① 导线在蝶式绝缘子上固定时，LJ-50、LGJ-50 及 50mm^{2}以下导线的绑扎长度应大于等于 150mm，LJ-70 应大于等于 200mm。

② 导线在针式绝缘子上固定时，对于直线杆导线应安装在针式绝缘子或直立式瓷横担的顶槽内。

③ 水平式瓷横担的导线应安装在端部的边槽上。

④ 对于转角杆，导线应安装在转角外侧针式绝缘子的边槽内。

⑤ 绑扎铝绞线或钢芯铝绞线时，应先在线上包缠两层铝包带，包缠长度应露出绑扎处两端各 15mm，绑扎方式应当符合设计要求。

13.2.2 照明灯具的安装

1. 灯具安装的一般要求

照明灯具的安装方式应当按照设计图样的要求而定。当设计无规定时，一般要求如下。

（1）照明灯具的各种金属构件均应当进行防腐处理，未进行防腐处理的灯架，必须涂一道樟丹油、刷两道涂料。

（2）灯泡容量在 100W 以下时，可以采用胶质灯口；灯泡容量在 100W 及以上和防潮封闭型灯具，应采用瓷质灯口。

（3）根据使用情况及灯罩型号不同，灯座可采用卡口或螺口。采用螺口灯时，线路的相线应接螺口灯的中心弹簧片，零线接于螺口部分。采用吊线螺口灯时，应在灯头盒和灯头处分别将相线做出明显标记，以便于区分。

（4）当采用瓷质或塑料等自在器吊线灯时，一律采用卡口灯。

（5）软线吊灯的软线两端需挽好保险扣，吊链灯的软线应编叉在链环内。

（6）灯具内部配线应采用不小于0.4mm^{2}的导线。灯具的软线两端在接入灯口前，均应压扁并焊锡，使软线接线端与接线螺钉接触良好。

（7）室外灯具引入线路时应做防水弯，以免水流入灯具内；灯具内可能积水的，应设置泄水眼。

（8）在危险性较大的场所，灯具的安装高度低于2.4m，电源电压在36V以上的灯具金属外壳，必须做好接地、接零保护。

（9）照明灯具的接地或接零保护，必须有灯具专用接地螺钉，并要加垫圈和弹簧垫圈压紧。

（10）当吊灯灯具的质量超过3kg时应预埋吊钩或螺栓；软线吊灯的质量不得超过1kg，超过的应加设吊链。固定灯具的螺钉或螺栓不得少于2个。

（11）当采用梯形木砖固定壁灯时，木砖应进行防腐处理，并随墙体砌筑而砌入，同时禁止用木楔代替木砖。

（12）吸顶灯具采用木制底台时，应在底台与灯具之间铺垫石棉板或石棉布；在木制荧光灯架上装设镇流器时，应垫以瓷夹板隔热；木质吊顶内的暗装灯具及发热附件，均应在其周围用石棉板或石棉布做好防火隔热处理。

（13）轻钢龙骨吊顶内部装灯具时，原则上不能使轻钢龙骨荷重，凡灯具的质量在3kg以下的可以在主龙骨上安装；灯具的质量在3kg以上的必须预先制作铁件进行固定。

（14）所用的各式灯具和附件等产品，其规格、质量均必须符合现行标准的要求。

（15）不同安装场所及用途，灯具配线最小截面面积应符合表13.6中的规定。采用钢管作为灯具的吊杆时，钢管的内径一般不小于10mm。

表13.6　灯具配线最小允许截面面积

<table>
<tr><th colspan="2" rowspan="2">安装场所及用途</th><th colspan="3">线芯最小截面面积/mm²</th></tr>
<tr><th>铜芯软线</th><th>铜芯导线</th><th>铝芯导浅</th></tr>
<tr><td rowspan="3">照明用灯头线</td><td>民用建筑室内</td><td>0.4</td><td>0.5</td><td>1.5</td></tr>
<tr><td>工业建筑室内</td><td>0.5</td><td>0.8</td><td rowspan="2">2.5</td></tr>
<tr><td>室外</td><td>1.0</td><td>1.0</td></tr>
<tr><td rowspan="2">移动式用电设备</td><td>生活用设备</td><td>0.2</td><td rowspan="2"></td><td rowspan="2"></td></tr>
<tr><td>生产用设备</td><td>1.0</td></tr>
</table>

（16）每个照明回路的灯和插座总数宜不超过25个，且应有15A及以下的熔丝保护。

（17）固定花灯的吊钩，其圆钢直径不应小于灯具吊挂销钉的直径，且不得小于6mm。

（18）安装在人员密集等重要场所的大型灯具的玻璃罩，应当有防止其碎裂后向下溅落的防护措施。

2. 白炽灯的施工工艺

白炽灯的安装方法常用于吊灯(包括吊线灯、吊杆灯、吊链灯等)、壁灯、吸顶灯等普通灯具，也可以安装成多种花灯组。常见白炽灯的安装如图 13.13 所示。

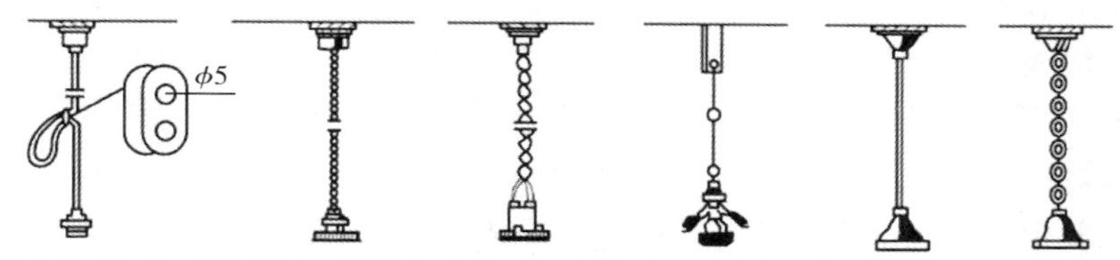

(a)自在器式吊线灯(b)固定式吊线灯(c)防潮防水式吊线灯 (d)人字形吊线灯 (e)吊杆灯 (f)吊链灯

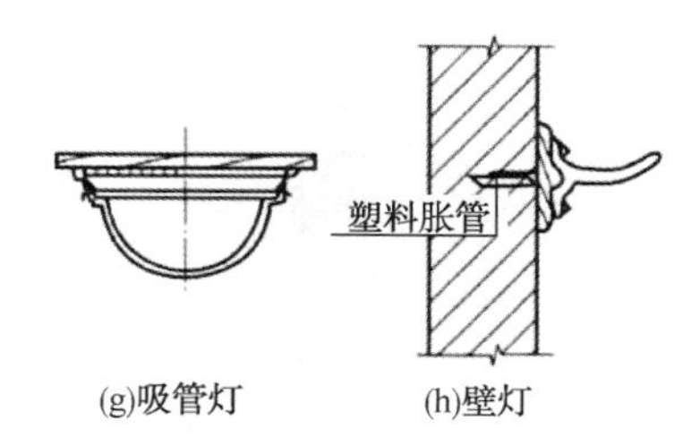

(g)吸管灯 (h)壁灯

图 13.13 各种白炽灯安装示意图(单位：mm)

(1) 绝缘台的安装

在进行灯具安装时，有的可以直接固定在建筑物结构上，有的则需要安装在绝缘台上。绝缘台按材质可分为木台和塑料台，按形状可分为方形、圆形等多种几何形状。在实际工程中应用较多的是圆形塑料绝缘台。

绝缘台的大小形状与灯具应相配，一般情况下绝缘台外圈尺寸，应比灯具的法兰或吊线盒、平灯座的直径大 40mm，其厚度不应小于 20mm。塑料绝缘台应具有良好的抗老化性、足够的强度，受力后无翘曲变形。如果采用木质绝缘台，应完整无翘曲变形，油漆完整；用于室外或潮湿环境的木台，与建筑物接触面上应刷防腐漆。

绝缘台在建筑物表面安装固定方法，根据建筑结构形式和照明敷设方式不同而不同。在安装木质绝缘台之前，应先用电钻钻好穿线孔，塑料绝缘台不需钻孔可直接固定灯具。

绝缘台固定时应采用螺丝或螺栓，不得使用圆钉固定。固定直径 100mm 及以上绝缘台的螺钉不能少于 2 根；直径在 75mm 及以下绝缘台时可以用 1 根螺钉或螺栓固定。绝缘台安装完毕后，应紧贴建筑物表面无缝隙，并且要安装牢固。塑料绝缘台与塑料接线盒、吊线盒配套使用。

如果绝缘台安装在木梁或木结构楼板上，可以用木螺钉直接进行固定。在普通砖砌体上安装灯具绝缘台，也可采用预埋梯形木砖的方法固定，以免影响安装的牢固性和可靠性。

(2) 软线吊灯的安装

软线吊灯由吊线盒、软线和吊式灯座及绝缘台组成。绝缘台规格大小按吊线盒或灯具法兰选取。吊线盒应固定在绝缘台中心，用不少于两个螺钉固定。软线吊灯的质量限于 1kg 以下，当质量大于 1kg 时应采用吊链式或吊管式固定。

吊灯用的软线长度一般不超过 2m，两端剥露线芯，把线芯拧紧后挂锡。软吊线带自在器的灯具，在吊线展开后，距离地面高度应不小于 0.8m，并套塑料软管，采用安全灯头。软线吊灯一般采用胶质或塑料吊线盒，在潮湿处应采用瓷质吊线盒。除敞开式灯具外，其他各类灯具灯泡容量在 100W 及以上者也应采用瓷质灯头。

软线加工好后就可进行灯具组装，将吊线盒底与绝缘台固定牢固，电线套上保护用塑料管从绝缘台出线孔穿出，再将木台固定好。由于吊线盒接线螺钉不能承受灯具质量，软线在吊线盒内应打保险结，使结扣位于吊线盒和灯座的出线孔处，如图 13.14 所示。然后将软线一端与灯座接线柱头连接，另一端与吊线盒的邻近隔脊的两个接线柱相连接，紧固好灯座螺口以及中心触点的固定螺钉，拧好灯座盖，准备到现场安装。

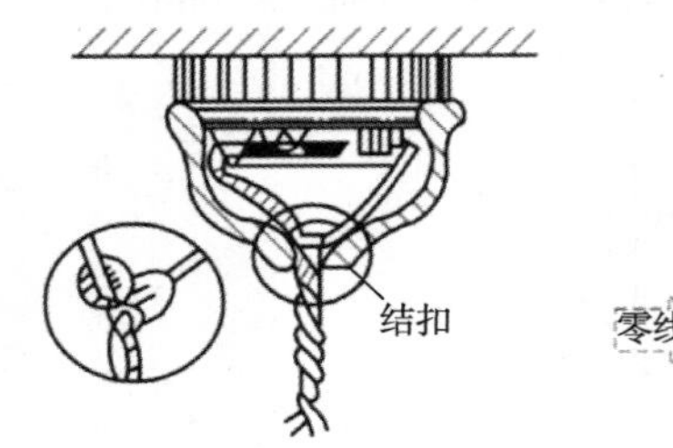

(a)吊线盒内电线打结方法

(b)灯座内电线打结方法

(c)打结步骤示意图

图 13.14　电线在吊灯两头打结的方法

在暗配管路灯位盒上安装软线吊灯时，把灯位盒内导线由绝缘台穿线孔穿入吊线盒内，分别与底座穿线孔附近的接线柱相连接，把相线接在与灯座中心触点相连的接线柱上，零线接在与灯座螺口触点相连的接线柱上。导线接好后，用木螺钉把绝缘台连同灯具固定在灯位盒的缩口盖上。明敷设线路上安装软线吊灯，在灯具组装时除了不需要把吊线盒底与绝缘台固定以外，其他工序与暗配管路灯位盒上安装软线吊灯均相同。

当灯具的质量大于 1kg 时，应采用吊链式或吊管式安装。吊链灯具由上法兰、下法兰、软线和吊式灯座灯罩或灯伞及绝缘台组成。灯具采用吊链式时，灯线宜与吊链编叉在一起，并不使电线受力；采用吊管式时，当采用钢管作灯具吊杆，其钢管内径一般不小于 10mm，钢管壁厚度不应小于 1.5mm。当吊灯灯具的质量超过 3kg 时，则应预埋吊钩或螺栓固定，

花灯吊钩圆钢直径不应小于灯具挂销直径，且不应小于 6mm，大型花灯的固定及悬吊装置，应按灯具质量的 2 倍进行负荷试验。

(3) 壁灯的安装

室内壁灯的安装高度一般应不低于 2.4m，住宅壁灯灯具的安装高度一般应不低于 2.2m，床头灯宜不低于 1.5m。壁灯可以安装在墙上或柱子上，当安装在墙上时，一般应在砌墙时应预埋木砖，也可以采用膨胀螺栓或预埋金属构件；当安装在柱子上时，一般在柱子上预埋金属构件或抱箍将金属构件固定在柱子上，然后再将壁灯固定在金属构件上。安装壁灯如果需要设置绝缘台时，应根据壁灯底座的外形选择或制作合适的绝缘台。

安装绝缘台时应将灯具的线由绝缘台出线孔引出，在灯位盒内与电源线相连接，将接头处理好后塞入灯位盒内，把绝缘台对正后将其固定，绝缘台应紧贴建筑物的表面，不得出现歪斜。然后将灯具底座用木螺钉直接固定在绝缘台上。

如果灯具底座固定形式是钥匙孔式，则应事先在绝缘台适当位置拧好木螺钉，螺钉头部伸出绝缘台长度要适当，以防灯具松动。当灯具底座是插板式固定，则应将底板先固定在绝缘台上，再将灯具底座与底板插接牢固。

(4) 吊式大型花灯的安装

花灯要根据设计要求和灯具说明书清点各个部件数量后进行组装，花灯内的接线一般采用单路或双路瓷接头连接。花灯均应固定在预埋的吊钩上，制作吊钩圆钢直径不应小于吊挂销钉的直径，且不得小于6mm。吊式大型花灯安装示意图如图13.15所示。

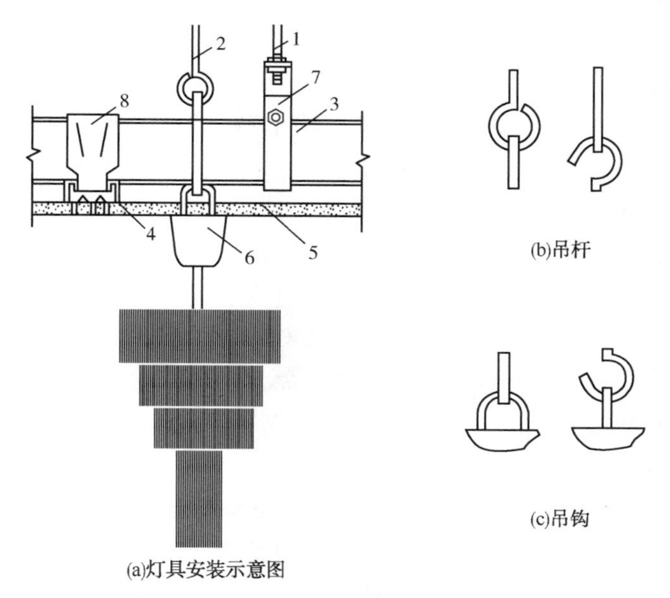

图13.15　吊式大型花灯安装示意图

注：1—吊杆；2—灯具吊钩；3—大龙骨；4—中龙骨；5—纸面石膏板；6—灯具；7—大龙骨垂直吊挂件；8—中龙骨垂直吊挂件

对于吊式大型花灯的固定点和悬吊装置，应确保吊钩能承受超过1.25倍灯具质量并做过载试验，达到安全使用的目的。

将现场内成品灯或半成品灯吊起，将灯具的吊件或吊链与预埋的吊钩连接好，连接好导线并做好绝缘处理，理顺后向上推起灯具上法兰，并将导线接头扣在其内部，使上法兰紧贴顶棚或绝缘台表面，上紧固定螺栓，安装好灯泡、装饰件等。

安装在重要场所的大型灯具，应按设计要求采取防止玻璃罩破碎向下溅落的措施，一般可采用透明尼龙丝保护网，网孔大小根据实际情况确定。

(5) 吸顶灯的安装

普通白炽灯吸顶灯是直接安装在室内顶棚上的一种固定式灯具，形状多种多样，灯罩可用乳白色玻璃、喷砂玻璃、彩色玻璃等制成各种形式的封闭体。较小的吸顶灯一般常用绝缘台组合安装，即先在现场安装绝缘台，再把灯具与绝缘台安装为一体。较大的吸顶灯一般要先进行组装，然后再到现场进行安装。

当采用嵌入式吸顶灯时，小型嵌入式灯具一般安装在吊顶的顶板上；大型嵌入式灯具安装时，则采用在混凝土梁、板中伸出支撑铁架、铁件的连接方法。

装有白炽灯灯泡的吸顶灯具，灯泡不应紧贴灯罩，当灯泡与绝缘台间距小于 5mm 时，灯泡与绝缘台间应采取隔热措施。

组合式吸顶花灯的安装，应特别注意灯具与屋顶安装面连接的可靠性，连接处必须能够承受相当于灯具 4 倍重的悬挂而不变形。

3. 气体放电灯施工工艺

气体放电灯主要包括荧光灯、高压汞灯、高压钠灯和碘钨灯。气体放电灯施工工艺主要围绕这 4 类灯的安装进行阐述。

（1）荧光灯的安装

荧光灯具的附件有镇流器和辉光启动器，不同规格的镇流器与灯管不能混用，相同功率灯管与镇流器配套使用，才能达到理想的效果。

荧光灯一般采用吸顶式、吊链式、吊管式、嵌入式等安装方法。采用吸顶式安装时，镇流器不能放在荧光灯的架子上，否则散热比较困难。安装时荧光灯架子与天花板之间要留 15mm 的空隙，以便于通风。当采用钢管或吊链安装时，镇流器可放在灯架上。环形荧光吸顶灯一般是成套的，直接拧到平灯座上，可按照白炽灯安装方法进行。

组装式吊链荧光灯包括铁皮灯架。辉光启动器、镇流器、灯管管脚、辉光启动器座等，其安装方法与白炽灯相同。

（2）高压汞灯的安装

高压汞灯具有光效高、寿命长、省电等特点，主要用于街道、广场、车站、工厂车间、工地、运动场等的照明。高压汞灯有两个玻壳，内玻壳是一个石英管，内外管间充有惰性气体，内管中装有少量的汞。管的两端有两个用钍钨丝制成的主电极，电源接通后，引燃电极与附近电极间放电，使管内温度升高，水银逐渐蒸发形成弧光放电，则会发出强光。同时汞蒸气电离后发出紫外线，激发管内壁涂的荧光物质。

引燃电极上串有一个大电阻，当电极间导电后，引燃电极与邻近电极之间就停止放电。

电路中镇流器用于限制灯泡电流。自镇流高压汞灯比普通高压汞灯少一个镇流器，代之以自镇流灯丝。

高压汞灯可以在任意位置使用，但在水平点燃时，不仅会严重影响光通量，而且还容易自灭。高压汞灯线路的电压应尽量保持稳定，当电压降低 5%时灯泡可能会自行熄灭。因此，必要时还应考虑设置调压装置。另外，高压汞灯工作时外玻壳的温度很高，必须配备散热好的灯具。

（3）高压钠灯的安装

高压钠灯也是一种气体放电光源，主要由灯丝、启动器、双金属片热继电器、放电管、玻璃外壳等组成。灯丝用钨丝绕成螺旋形，发热时发射电子；放电管是用耐高温半透明材料制成，里面充有氙气、汞和钠；双金属片热继电器的作用，在未加热前相当于常闭触点，当灯刚接入电源后形成电流通路，热继电器在电流作用下升温，双金属片断开，在断开瞬间感应出一个高电压，与电源电压一起加在放电管的两端，使氙气电离放电，温度继续升高使得汞和钠相继变成蒸气状态，并放电而放射出强光。

高压钠灯的启动器和镇流器供钠灯启动和镇流用。高压钠灯的主要特点是光效高、寿命长、紫外线辐射少。光线透过雾和蒸汽的能力强，但光源显色指数低。主要适用于道路、码头、广场等大面积的照明。

(4) 碘钨灯的安装

碘钨灯是一种由电流加热灯丝至白炽状态而发光的灯具，其工作温度越高则光效也越高。

碘钨灯的安装非常简单，不需要任何附件，只要将电源线直接接到碘钨灯的瓷座上即可。碘钨灯抗振性能较差，不宜用作移动式光源，也不宜在振动较大的场合使用。在安装时必须保持水平位置，一般倾角不得大于4°，否则会严重影响灯管的寿命。

碘钨灯正常工作时，管壁的温度约为600℃，所以安装时不能与易燃物接近，并且一定要加设灯罩。在使用前应用酒精擦去灯管外壁的油污，否则会在高温下形成污点而降低亮度。当碘钨灯的功率在1000W以上时，则应使用胶盖瓷底刀开关进行控制。

4. 其他照明灯具的安装

(1) 霓虹灯的安装

霓虹灯是一种艺术性和装饰性都很强的灯光，既可以在夜空中显示多种字形，也可以显示各种图案和彩色画面，广泛用于建筑物装饰、广告和宣传。霓虹灯安装分为霓虹灯管安装和变压器安装两部分。

① 霓虹灯安装注意事项

a. 容量规定。通常单位建筑物霓虹灯的总容量小于4kW时，可以采用单相供电；总容量超过4kW时，则应采用三相供电，并保持三相电压平衡。霓虹灯和照明用电共享一个回路时，如果两者的总容量达到4kW时要分支，同时霓虹灯应单设开关控制。霓虹灯电路总容量每1kW应设一分支回路。

b. 变压器规定。变压器选用要根据设计要求而定，安装位置应安全可靠，以免触电。

c. 控制器规定。霓虹灯控制器严禁受潮，并尽量安装在室内，高压控制器应有隔离和其他防护措施。

d. 安装位置规定。霓虹灯应安装在明显且在日常生活中不易被人触碰到的地方；如果安装在建筑物高处或人行道的上方，需要有可靠的防风、防玻璃管破碎伤人的防护措施；安装时还要考虑维修和更换等因素。

② 霓虹灯灯管的安装

在安装霓虹灯灯管时，一般用角铁做成框架，框架要美观牢固，室外安装时还要经得起风吹雨淋。灯管要用玻璃、瓷制或塑料制的绝缘件固定，固定后的灯管与建筑物、构筑物表面的最小距离不得小于20mm。有的支持件可以将灯管支架卡入，有些使用直径0.5mm的裸细铜丝扎紧。安装灯管时不可用力过猛，以避免出现破碎，最后用螺钉将灯管支持件固定在木板或塑料板上。

室内或橱窗里的小型霓虹灯灯管安装时，在框架上拉紧已经套上透明玻璃管的镀锌斜丝，组成间距为200~300mm的网孔，然后用直径0.5mm的裸细铜丝或弦线把霓虹灯灯管绑紧在玻璃管网格上即可。

③ 霓虹灯变压器安装

霓虹灯变压器是一种漏磁很大的单相干式变压器，为了不影响其他设备正常工作，必须放在金属箱子内，箱子两侧应开百叶窗孔通风散热。

霓虹灯变压器应安装在角钢支架上，框架角钢的规格应当在35mm×35mm×4mm以上。安装的位置应隐蔽且方便检修，一般宜架设在牌匾、广告牌等的后面或旁侧的墙面上，尽量紧靠灯管安装，以减短高压接线的长度。但应特别注意不要安装在易燃品的周围，也不宜安装在容易被非检修人员接触到的地方。

支架采用埋入固定时，埋入深度不得少于120mm；若采用胀管螺栓固定，螺栓规格不得小于M10mm。安装在室外的明装变压器，高度不宜小于3m，小于3m时应采取保护措施。霓虹灯变压器距离阳台、架空线路等的距离不宜小于1m。变压器要用螺栓牢固紧固在支架上，或用扁钢抱箍进行固定。霓虹灯变压器的铁心、金属外壳、输出端以及保护箱等均应可靠接地或接零。

④ 霓虹灯的连接方法

霓虹灯管和变压器安装好后，便可进行高压线的连接。霓虹灯专用变压器二次绕组和灯管间的连接线，应采用额定电压不低于15kV的高压尼龙绝缘线。霓虹灯专用变压器二次绕组与建筑物、构筑物表面的距离不应小于20mm。

高压导线支持点之间的距离，水平敷设时为0.50m，垂直敷设时为0.75m。高压导线在穿越建筑物时，应穿双层玻璃管加强绝缘，玻璃管两端需露出建筑物两侧，长度为50~80mm。

霓虹灯控制箱内一般装设有电源开关、定时开关和控制接触器。控制箱一般装设在邻近霓虹灯的房间内。为防止检修霓虹灯时触及高压，在霓虹灯与控制箱之间应加装电源控制开关和熔断器。在检修霓虹灯管时，先断开控制箱开关，再断开现场控制开关，以防止误合闸使霓虹灯管带电。

霓虹灯在通电后，灯管会产生高频噪声电波，干扰霓虹灯周围的电气设备，为了避免这种情况，应在低压回路加装电容器滤除干扰。

（2）节日彩灯的安装

① 节日彩灯安装要点

a. 垂直彩灯悬挂挑臂采用的槽钢应不小于10号，端部吊挂钢索用的开口吊钩螺栓的直径不小于10mm，槽钢上的螺栓固定应两侧有螺母，且防松装置齐全、螺栓紧固。

b. 悬挂钢丝绳的直径不得小于4.5mm，底把圆钢的直径不小于16mm，地锚采用架空外线用的拉线盘，埋设深度应大于1.5m。

c. 建筑物顶部的彩灯应采用有防雨性能的专用灯具，灯罩应拧紧上牢；垂直彩灯采用防水吊线灯头，下端灯头距地面高度应大于3m。

d. 彩灯的配线管道应按明配管要求敷设，且具有防雨功能。管路与管路间、管路与灯头盒间采用螺纹连接，金属导电及彩灯构架、钢索等均应接地可靠。

② 节日彩灯安装工艺

固定安装的彩灯装置，宜采用定型彩灯灯具，灯具底座有溢水孔，雨水可以自然排出。灯的安装间距一般为600mm，每个灯泡的功率宜不超过15W，节日彩灯每一单相回路宜不超过100个。

在安装彩灯时，应采用钢管敷设，严禁使用非金属管作为敷设支架。连接彩灯的管路安装时，首先按照尺寸要求将厚壁镀锌钢管切割成段，端头按要求套丝并缠上油麻丝，将电线管拧紧在彩灯灯具底座的丝孔上，将彩灯管路一段段连好后，按照画出的安装位置就位，用镀锌金属管卡及膨胀螺栓将其固定，固定位置是距灯位边缘100mm处，每段钢管设一卡固定即可。管路之间(即灯具两旁)应用不小于6mm的镀锌圆钢进行跨接连接。

在彩灯的安装部位，当土建施工完毕后顺线路敷设方向拉直线进行彩灯定位。根据灯具的位置及间距要求，沿线路打孔预埋塑料胀管，然后把组装好的灯具底座和连接钢管一起放到安装位置，用膨胀螺栓将灯座固定。

彩灯穿管导线应使用橡胶铜芯导线。彩灯装置的钢管应与避雷带进行连接，并应在建筑物上部将彩灯线路线芯与接地管路之间接上避雷器或放电间隙，借以控制放电部位，减少线路的损失。

(3) 景观照明的安装

景观照明通常采用泛光灯，可在建筑物自身或相邻建筑物上设置灯具，或者是两者相结合布置，也可以将灯距设置在地面的绿化带中。景观照明的安装方式如图13.16所示。

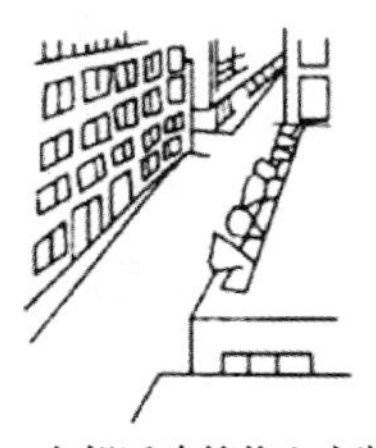
(a)在邻近建筑物上安装

(b)在靠近建筑物的地面上安装

(c)在建筑物自身上安装

(d)在街道上设置投光灯柱

图13.16 景观照明的安装方式

在离开建筑物的地面上安装泛光灯时，为了能够得到较为均匀的亮度，灯与建筑物的距离D应不小于建筑物高度H的1/10。在建筑物自身上安装泛光灯时，投光灯凸出建筑物的长度应控制在0.7~1.0m范围内。

在安装景观照明时，应使整个建筑物、构筑物受照面的上半部平均亮度为下半部的2~4倍，并且尽量不要从顶层向下投光照明。

(4) 航空障碍标志灯安装

① 航空障碍标志灯安装要点

a. 航空障碍标志灯的水平距离和垂直距离均宜不大于45m。

b. 航空障碍标志灯应装设在建筑物、构筑物的最高部位。当制高点平面面积较大或者是建筑群时，还应在其外侧转角处的顶端分别装设。

c. 在烟囱顶上设置航空障碍标志灯时，宜将其装设在低于烟囱口1.5~3.0m的部位并呈三角形水平排列。

d. 航空障碍标志灯宜采用自动通断其电源的控制装置，并有更换光源的措施。

e. 在距离地面60m以上装设航空障碍标志灯时，应采用恒定光强的红色低光强障碍灯，其有效光强应大于1600cd。距地面150m以上应为白色的高光强障碍标志灯，其有效光强随背景亮度而定。

f. 航空障碍标志灯电源应按主体建筑中最高负荷等级要求供电。

②航空障碍标志灯安装工艺

航空障碍标志灯开闭一般可使用露天安放的光电自动控制器进行控制，它以室外自然环境照度为参考量，来控制光电组件的动作，用以开、闭航空障碍标志灯；也可以通过建筑物的管理电脑，通过时间程序来控制其开闭。为了有可靠的供电电源，两路电源的切换最好在航空障碍标志灯控制监测处进行。

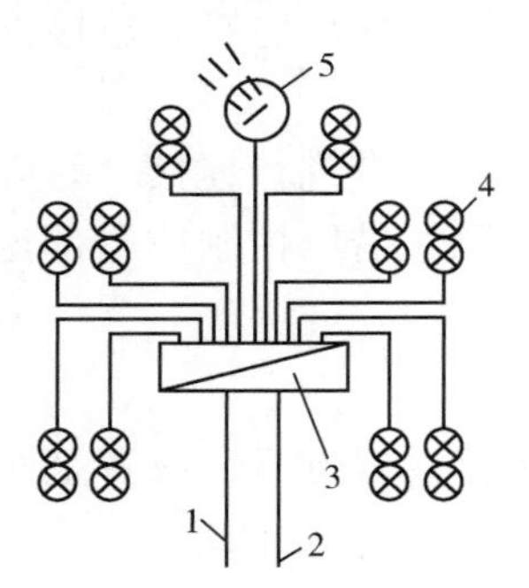

图 13. 17　障碍标志灯照明系统

注：1—市电；2—应急电源；3—电源切换器；4—障碍标志灯；5—光电控制器

图13. 17为障碍标志灯照明系统图，采取双电源供电，电源可以自动切换，每处装设两只灯，由光电控制器或管理电脑控制开闭。

(5) 应急灯的安装

应急灯是应急照明用的灯具的总称。应急灯的种类很多，常见的有手提应急灯、消防应急灯、节能应急灯、供应应急灯、水下应急灯、可充电应急灯、太阳能应急灯、多功能应急灯等。应急照明是现代大型建筑物中保障人身安全、减少财产损失的安全设施。应急照明包括备用照明、疏散照明和安全照明。为了便于确认，公共场所的应急照明灯和疏散标志灯应有明显的标志。

备用照明是除安全理由外，当正常照明出现故障，而工作和活动还需要继续进行时设置的应急照明。备用照明通常全部或部分利用正常照明灯具，只是启用备用电源。

疏散照明要求沿着走道提供足够的照度，能看清所有的障碍物，清晰无误地指明疏散路线，迅速找到应急的出口，并应容易地找到沿疏散线路设置的消防报警按钮、消防设备和配电箱。疏散照明应设在安全出口的顶部、疏散走道及转角处距地面1m以下的墙面上，当交叉口处墙面下侧安装难以明确表示疏散方向时，也可以将疏散标志灯安装在顶部。疏散走道上的标志灯应有指示疏散方向的箭头标志，疏散走道上标志灯的间距，一般建筑工程宜不大于20m，人防工程宜不大于10m。楼梯间内疏散标志灯宜安装在休息平台上方的墙角处，并应用箭头及数字清楚地标注上、下层的楼层号。

安全照明是在正常照明出现故障时，为操作人员或其他人员脱离危险而设置的应急照明，这种场合一般也需要设置疏散照明。安全出口标志灯宜安装在疏散门口的上方，在首层的疏散楼梯应安装在楼梯口里侧上方。安全出口标志灯具的安装高度应不低于2m。

疏散走道上的安全出口标志灯可以明装，而在厅室内宜采取暗装。安全出口标志灯应有图形和文字符号。在有无障碍设计要求时应同时设有音响指示信号。

可调光型安全出口指示灯，一般宜用于影剧院的观众厅。正常情况下使用时可降低其亮度，当出现火灾事故时应能自动接通至全亮状态。

国内使用的应急照明系统以自带电源独立控制型为主，正常电源接自普通照明供电回路中，平时对应急灯蓄电池充电，当正常电源切断时备用电源(蓄电池)自动供电。这种形式的应急灯每个灯具内部都有变压、稳压、充电、逆变、蓄电池等大量的电子元器件，应急灯在使用、检修、故障时电池均需充放电。

13.2.3 配电设备的安装

配电设备是在电力系统中对高压配电柜、发电机、变压器、电力线路、断路器、低压开关柜、配电箱(盘)、开关箱、控制箱等设备的统称，其中建筑工程中最常用的是配电箱(盘)，配电箱(盘)的安装应符合下列要求。

(1) 配电箱(盘)应安装在安全、干燥、容易操作的场所。在进行配电箱(盘)安装时，其底口距地面高度一般为1.5m，明装时底口距地面为1.2m；明装电度表板底口距地面不得小于1.8m。在同一建筑物内，同类盘的高度应一致，允许偏差为10mm。

(2) 安装配电箱(盘)所需的木砖及铁件等均应当预埋。挂式配电箱(盘)应采用金属膨胀螺栓进行固定。

(3) 铁制配电箱(盘)均应先刷1遍防锈漆，然后再刷2遍灰油漆。预埋的各种铁件均应刷防锈漆，并做好明显可靠的接地。导线引出面板时，面板线孔应光滑无毛刺，金属面板应装设绝缘保护套。

(4) 配电箱(盘)带有器具的铁制盘面和装有器具的门及电器的金属外壳均应有明显可靠的PE保护地线(PE线为黄绿相间的双色线，也可采用编织软裸铜线)，但PE保护地线不允许利用箱体或盒体串接。

(5) 配电箱(盘)配线应排列整齐，并绑扎成束，在活动部位应加以固定。盘面引出及引进的导线应留有适当余度，以便于检修。

(6) 导线剥削处不应伤线芯或线芯过长，导线压头应牢固可靠，多股导线不应盘圈压接，应加装压线端子(有压线孔者除外)。如必须穿孔用顶丝压接时，多股线应涮锡后再压接，不得减少导线的股数。

(7) 配电箱(盘)的盘面上安装的各种刀闸和自动开关等，当处于断路状态时，刀片可动部分均不应带电(特殊情况除外)。

(8) 垂直装设的刀闸及熔断器等电器上端接电源，下端接负荷。横装则左侧(面对盘面)接电源，右侧接负荷。

(9) 配电箱(盘)上的电源指示灯，其电源应接至总开关的外侧，并应装单独熔断器(电源侧)。盘面闸具位置应与支路相对应，其下面应装设卡片框，标明路别及容量。

(10) TN-S低压配电系统中的中性线N应在箱体或盘面上，引入接地干线处做好重复接地；照明电箱(板)内的交流、直流或不同电压等级的电源，应具有明显的标志；照明配电箱(板)不应采用可燃材料制作，在干燥无尘场所采用的木制配电箱(板)应进行阻燃处理；照明配电箱(板)内，应分别设置中性线N和保护地线(PE线)汇流排，中性线N和保护地线应在汇流排上连接，不得采用绞接，并应有编号；磁插式熔断器底座中心明露丝孔应填充绝缘物，以防止对地放电；磁插保险不得裸露金属螺丝，应填满火漆；照明配电箱(板)内装设的螺旋熔断器，其电源线应接在中间触点的端子，负荷线应接在螺纹的端子上。

（11）当 PE 线所用材质与相线相同时，应按照热稳定要求选择截面，其最小截面应不小于表 13.7 中的规定。

表 13.7　PE 线最小截面　　mm^2

相线线芯截面 S	PE 线最小截面
$S<16$	S
$16 \leqslant S \leqslant 35$	16
$S>35$	$S/2$

注：用此表若得出非标准截面，应选用与之最接近的标准截面导体，但不得小于，裸铜线 $4mm^2$，裸铝线 $6mm^2$，绝缘铜线索 $1.5mm^2$，绝缘铝线索 $2.5mm^2$。

PE 保护地线若不是供电电缆或电缆外保护层的组成部分时，按照机械强度要求，其截面不应小于下列数值：有机械性保护时为 $2.5mm^2$，无机械性保护时为 $4mm^2$。

（12）配电箱（盘）上的母线，其相线应涂上颜色标出，A 相应涂黄色，B 相应涂绿色，C 相应涂红色，中性线 N 相应涂淡蓝色，保护地线（PE 线）应涂黄绿相间双色。

（13）配电箱（盘）上电具、仪表应牢固、平正、整洁、间距均匀、铜端子无松动、启闭灵活、零部件齐全。电具、仪表排列间距要求应符合表 13.8 中的规定。

表 13.8　电具、仪表排列间距要求

间距	最小尺寸/mm		
仪表侧面之间或侧面与盘边	60 以上		
仪表顶面或出线孔与盘边	50 以上		
间具侧面之间或侧面与盘边	30 以上		
上下出线孔之间	40 以上（隔有卡片框）；20 以上（未隔卡片框）		
插入式熔断器顶面或底面与出线孔	插入式熔断器规格/A	10~15	20 以上
		20~30	30 以上
		60	50 以上
仪表、胶盖闸顶面或底面与出线孔	导线截面/mm^2	10 及以下	80
		16~25	100

（14）照明配电箱（板）应安装牢固、平正，其垂直偏差应不大于 3mm；在安装时，照明配电箱（板）四周应无空隙，其面板四周边缘应紧贴墙面，箱体与建筑物、构筑物的接触部分应涂防腐漆。

（15）固定面板的机螺丝，应采用镀锌圆帽孔螺丝，其间距不得大于 250mm，并应均匀地对称于四角。

（16）配电箱（盘）的面板较大时应有加强衬铁，当宽度超过 500mm 时，配电箱门应做成双开门。

（17）立式盘背面距建筑物应不小于 800mm；基础型钢安装前应调直后再埋设固定，其水平误差每米应不大于 1mm，全长的总误差不大于 5mm；盘面底口距地面应不小于 500mm；铁架明装配电盘距离建筑物应做到便于维修。

（18）立式盘应设在专用房间内或加装栅栏，铁栅栏应做接地。立式盘安装的弹线定位应注意如下事项：根据设计要求找出配电箱(盘)的位置，并按照配电箱(盘)的外形尺寸进行弹线定位。弹线定位的目的是对有预埋木砖或铁件的情况，可以更准确地找出预埋件，或者可以找出金属胀管螺栓的位置。

(19)明装配电箱(盘)。当采用明装配电箱(盘)时，一般可采用以下方式进行。①铁架固定配电箱(盘)。将角钢调直，量好尺寸，画好锯口线，锯断煨弯，钻孔位，焊接。进行煨弯时用方尺找正，再用电(气)焊，将对口缝焊牢，并将埋入端做成燕尾，然后再涂刷除锈漆。再按照标高用水泥砂浆将铁架燕尾端埋注牢固，埋入时要注意铁架的平直程度和孔间距离，应用线坠和水平尺测量准确后再稳注铁架。待水泥砂浆凝固后方可进行配电箱(盘)的安装。②用金属膨胀螺栓固定配电箱(盘)，采用金属膨胀螺栓可在混凝土墙或砖墙上固定配电箱(盘)。

(20) 配电箱(盘)的加工。配电箱(盘)的盘面可采用厚塑料板、包铁皮的木板或钢板。以采用钢板做盘面为例，将钢板按尺寸用方尺量好，画出切割线后进行切割，切割后用扁锉将棱角锉平。

(21) 配电箱(盘)的盘面组装配线。①实物排列。将配电箱的盘面板放平，再将全部电具、仪表置于板上，进行实物排列；对照设计图及电具、仪表的规格和数量，选择最佳位置使之符合间距的要求，并保证操作维修方便及外形美观。②加工。电具和仪表位置确定后，用方尺进行找正，画出水平线，分均孔距；然后撤去电具和仪表，进行钻孔(孔径应与绝缘嘴吻合)；钻孔后除锈，刷防锈漆及灰油漆。③固定电具。涂刷的油漆干燥后装上绝缘嘴，并将全部电具、仪表摆平、找正，用螺丝固定牢固。④进行电盘配线。根据电具、仪表的规格、容量和位置，选好导线的截面和长度，加以剪断进行组配。盘后导线应排列整齐、绑扎成束。压头时，将导线留出适当余量，削出线芯，逐个压牢。对于多股线需用压线端子。如为立式盘，开孔后应首先固定盘面板，然后再进行配线。

(22) 配电箱(盘)的固定。在混凝土墙或砖墙上固定明装配电箱(盘)时，可采用暗配管及暗分线盒和明配管两种方式。如有分线盒，先将盒内杂物清理干净，然后将导线理顺，分清支路和相序，按照支路绑扎成束。待配电箱(盘)找准位置后，将导线端头引至箱内或盘上，逐个剥削导线端头，再逐个压接在器具上，同时将PE保护地线压在明显的地方，并将配电箱(盘)调整平直后进行固定。在电具、仪表较多的盘面板安装完毕后，应先用仪表校对有无差错，调整无误后试送电，将卡片框内的卡片填写好部位并编号。

在木结构或轻钢龙骨护板墙上固定配电箱(盘)时，应采用加固措施。如配管在护板墙内暗敷设，并设有暗接线盒时，要求盒口与墙面平齐，在木制护板墙处做防火处理，可涂防火漆或加防火衬里进行防护。除以上要求外，有关固定方法同前面所述。

(23) 暗装配电箱(盘)的固定。根据预留孔洞尺寸先将箱体找好标高及水平尺寸，并将箱体固定好，然后用水泥砂浆填实周边并抹平齐，待水泥砂浆凝固后再安装盘面和贴脸。如箱底与外墙平齐，应在外墙固定金属网后再进行墙面抹灰，不得在箱底上抹灰。安装盘面要平整，周边间隙应均匀对称，贴脸平正、不歪斜，螺丝应垂直受力均匀。

(24) 进行绝缘摇测。配电箱(盘)全部电器安装完毕后，用500V兆欧表对线路进行绝缘摇测。摇测项目包括相线与相线之间、相线与中性线之间、相线与保护地线之间、中性线与保护地线之间。两个人进行摇测，同时做好记录，作为技术资料存档。

参 考 文 献

[1] 中国建筑能耗与碳排放研究报告(2023 年)[J]. 建筑，2024(2)：46-59.

[2] 陈哲超. 谈绿色低碳建筑——住宅节能设计问题[J]. 居舍，2022(26)：83-86.

[3] 董莹，刘军，董恒瑞，等. 建筑碳排放分析与减碳路径研究[J]. 重庆建筑，2023，22(1)：5-8.

[4] 胡前亮，陈庶豪. 建筑业“碳达峰、碳中和”的有效路径探究[J]. 智能建筑与智慧城市，2023(6)：94-96.

[5] 扈恩华，李松良，张蓓. 建筑节能技术[M]. 北京：北京理工大学出版社，2018.

[6] 黄玉才，刘小蒙. 基于“双碳”背景下的建筑节能施工技术探讨[J]. 城市建设理论研究(电子版)，2024(4)：138-140.

[7] 蒋毅，吴文雯，于新光. “双碳”目标下建筑给排水设计思考[J]. 给水排水，2022，58(S2)：333-339.

[8] 黎灿炜，王子煊，宋璇. 基于“双碳”视角对我国建筑降能减排的研究[J]. 工程建设与设计，2022(11)：261-263.

[9] 李德英. 建筑节能技术(第 2 版)[M]. 北京：机械工业出版社，2021.

[10] 李功明. 低碳概念下的建筑设计方法研讨[J]. 工程建设与设计，2023(4)：16-18.

[11] 李继业，蔺菊玲，李明雷. 绿色建筑节能工程施工[M]. 北京：化学工业出版社，2018.

[12] 李莉. 低碳建筑设计理念在建筑规划设计中的运用研究[J]. 工程建设与设计，2023(2)：19-21.

[13] 刘经强，刘乾宇，刘岗. 绿色建筑节能工程设计[M]. 北京：化学工业出版社，2018.

[14] 刘路，武思萍，耿飒. “双碳”背景下建筑行业应对策略及发展路径[J]. 中华环境，2024(1)：37-39.

[15] 刘晓勤. 民用建筑节能技术应用[M]. 上海：同济大学出版社，2014.

[16] 陆总兵. 建筑领域碳中和绿色技术创新战略研究[C]//中国管理科学研究院商学院，中国技术市场协会，中国高科技产业化研究会，中国国际科学技术合作协会，发现杂志社. 第二十届中国科学家论坛论文集，2022：6.

[17] 吕晴，丛明滋，崔盛涛. 低碳建筑中的地源热泵暖通空调系统设计与运行策略[J]. 居舍，2023(17)：102-105.

[18] 潘奕璇. 寒冷地区超低能耗住宅建筑节能设计研究[D]. 青岛理工大学，2022.

[19] 秦旭. 建筑照明系统节能新技术研究[D]. 苏州科技大学，2020.

[20] 史晓燕，王鹏. 建筑节能技术(第 2 版)[M]. 北京：北京理工大学出版社，2020.

[21] 宋晓刚，翟淑凡，王媛媛. “双碳”目标下建筑工程全生命周期低碳发展对策研究[J]. 建筑经济，2023，44(3)：11-17.

[22] 孙邦丽. 小城镇建筑节能设计指南[M]. 天津：天津大学出版社，2014.

[23] 索晓蒙，王超峰. 绿色节能理念下建筑施工技术探讨[J]. 陶瓷，2024(1)：177-179.

[24] 王爱风. 基于可持续发展的绿色建筑设计与节能技术研究[M]. 成都：电子科技大学出版社，2020.

[25] 王波，陈家任，廖方伟，等. 智能建造背景下建筑业绿色低碳转型的路径与政策[J]. 科技导报，2023，41(5)：60-68.

[26] 王磊，张洪波. 建筑节能技术[M]. 南京：南京大学出版社，2017.

[27] 王瑞. 建筑节能设计[M]. 武汉：华中科技大学出版社，2015.

[28] 韦玮. “双碳”目标下绿色建筑雨水系统碳排放核算与减排路径研究[J]. 低碳世界，2023，13(11)：91-93.

[29] 吴泽洲，黄浩全，陈湘生，等. “双碳”目标下建筑业低碳转型对策研究[J]. 中国工程科学，2023，

25(5)：202-209.

[30] 阳栋，李晃，李水生，等．建筑业减碳途径及实施策略[J]．科技导报，2022，40(11)：105-110.

[31] 张青岗．绿色节能施工技术在建筑施工中的应用分析[C]//《施工技术(中英文)》杂志社，亚太建设科技信息研究院有限公司．2023年全国工程建设行业施工技术交流会论文集(中册)．《施工技术(中英文)》编辑部，2023：3.

[32] 张伟．基于低碳节能理念的房屋建筑设计研究[J]．工程建设与设计，2023(21)：21-23.

[33] 张文超．在“双碳”背景下的暖通空调节能技术精细化设计浅析[J]．科技与创新，2022(13)：178-181.

[34] 张逸飞，李安桉，韩笑，等．基于“双碳”目标的既有建筑外围护结构改造策略研究[J]．绿色建筑，2023，15(5)：16-19.

[35] 赵云伟，吴华鑫，薛仁宗．基于“双碳”目标背景的建筑业智慧与绿色建造发展方向研究[C]//中国土木工程学会总工程师工作委员会．中国土木工程学会总工程师工作委员会第二届总工论坛会议论文集．《施工技术(中英文)》编辑部，2022：5.

[36] 中华人民共和国住房和城乡建设部．建筑节能与可再生能源利用通用规范：GB 55015—2021[S]．北京：中国建筑工业出版社，2022.

[37] 中华人民共和国住房和城乡建设部．建筑照明设计标准：GB 50034—2013[S]．北京：中国建筑工业出版社，2014.

[38] 中华人民共和国住房和城乡建设部．民用建筑热工设计规范：GB 50176—2016[S]．北京：中国建筑工业出版社，2017.

[39] 中华人民共和国住房和城乡建设部．严寒和寒冷地区居住建筑节能设计标准：JGJ 26—2018[S]．北京：中国建筑工业出版社，2019.

[40] 朱英．建筑节能设计研究[J]．江苏建材，2024(1)：71-73.

[41] 住房和城乡建设部科技与产业化发展中心．外墙外保温工程技术标准：JGJ 144—2019[S]．北京：中国建筑工业出版社，2019.

[42] 卓创钢铁．钢结构建筑助力碳达峰 板材或为最终受益者[EB/OL]．2021-03-31[2024-04-22]．https://finance.sina.com.cn/money/future/roll/2021-03-31/doc-ikmyaawa2821451.shtml.

[43] 孙朴诚．工业建筑绿色节能减碳措施分析[J]．中国建筑装饰装修，2023(2)：86-88.

[44] 王玥．工业建筑节能设计优化的探讨[J]．四川水泥，2022(3)：136-138.

[45] 室内与建成环境期刊．【论文精选】工业建筑节能 = 民用建筑节能？——工业建筑节能设计的思考[EB/OL]．2019-08-15[2024-04-22]．https://mp.weixin.qq.com/s/mQbgSZ4BQTfaq0KRt1Ydbw.

[46] 李兴葆．低碳背景下建筑照明设计要点研究[J]．光源与照明，2022(7)：22-24.

后　记

现阶段，我国建筑业正处于高速发展时期，建筑工程数量持续增多，建设规模不断扩大。与此同时，建筑能耗总量与碳排放总量也呈现逐年稳步增加的态势，并由此引发能源供应紧张、生态环境恶化等问题。从能耗增长角度来看，新建建筑总体能耗保持稳定增速，“十三五”期间建筑能耗平均增速达到3.6%。从碳排放角度来看，碳排放总量同样处于稳步增加态势，“十一五”与“十二五”期间的碳排放量平均增速分别为7.4%与7%，虽然各项低碳减排技术、措施的落实取得一定成效，但“十三五”期间的碳排放量平均增速仍达到3.1%。对此，建筑工程实施绿色低碳发展是“十四五”期间建筑业发展的重点任务。

双碳目标的提出对于中国建筑业的创新发展既是挑战，也是机遇。作为我国能源消耗和二氧化碳排放的主要领域之一，建筑行业应建立起贯穿建筑生命周期的全局观，科学规划各个环节的能耗与排放。具体来说，要积极寻求一条低碳发展之路，优化建筑设计与施工技术，积极探索建筑设计、施工、运行以及建筑材料的生产、运输等各阶段的节能技术，降低建筑能耗，减少能源消耗，实现建筑的可持续、高质量发展，为实现双碳目标提供坚实的保障。